U0384881

绿色工业建筑设计研究

魏莹莹 陈 波 李 文 著

吉林科学技术出版社

图书在版编目（ＣＩＰ）数据

绿色工业建筑设计研究 / 魏莹莹，陈波，李文著
. -- 长春：吉林科学技术出版社，2023.5
ISBN 978-7-5744-0475-5

Ⅰ．①绿… Ⅱ．①魏… ②陈… ③李… Ⅲ．①工业建
筑－建筑设计－研究 Ⅳ．①TU27

中国国家版本馆CIP数据核字(2023)第105655号

绿色工业建筑设计研究

著　魏莹莹　陈　波　李　文
出 版 人　宛　霞
责任编辑　吕东伦
封面设计　南昌德昭文化传媒有限公司
制　　版　南昌德昭文化传媒有限公司
幅面尺寸　185mm×260mm
开　　本　16
字　　数　295千字
印　　张　13.875
印　　数　1-1500册
版　　次　2023年5月第1版
印　　次　2024年1月第1次印刷

出　　版　吉林科学技术出版社
发　　行　吉林科学技术出版社
地　　址　长春市南关区福祉大路5788号出版大厦A座
邮　　编　130118
发行部电话/传真　0431—81629529　　81629530　　81629531
　　　　　　　　　　81629532　　81629533　　81629534
储运部电话　0431-86059116
编辑部电话　0431-81629510
印　　刷　廊坊市印艺阁数字科技有限公司

书　　号　ISBN 978-7-5744-0475-5
定　　价　90.00元

《绿色工业建筑设计研究》
编审会

前　言　Preface

随着社会经济水平的提高,建筑业也得到进一步发展,作为当前能源消耗较为严重的一项产业内容,做好工业建筑设计工作具有重要意义。工业生产是拉动经济增长、解决就业问题、提高人民生活水平的重要途径。绿色设计理念弥补了工业建筑在节能环保方面的缺陷,使工业建筑变得更加美观、实用。在工业设计中积极融入了绿色节能环保理念,也是新时期建筑业发展的必然趋势。

本书是绿色工业建筑设计研究方向的著作,本书从绿色建筑设计的基本理论介绍入手,针对绿色建筑设计的依据与原则、内容与要求、程序与方法进行了分析研究;另外对绿色建筑室内外环境控制、绿色工业建筑节能技术、旧工业建筑绿色再生设计、可持续建筑设计做了一定的介绍;还剖析了绿色建筑施工组织、成本与造价管理以及绿色建筑施工技术、绿色施工与环境保护管理措施等内容旨在摸索出一条适合绿色工业建筑设计的科学道路,帮助其工作者在应用中少走弯路,运用科学方法,提高效率。对绿色工业建筑设计研究有一定的借鉴意义。

在本书的策划和编写过程中,曾参阅了国内外有关的大量文献和资料,从其中得到启示;同时也得到了有关领导、同事、朋友及学生的大力支持与帮助。在此致以衷心的感谢。本书的选材和编写还有一些不尽如人意的地方,加上编者学识水平和时间所限,书中难免存在缺点,敬请同行专家及读者指正,以便进一步完善提高。

目 录 Catalogue

第一章　绿色建筑设计的基本理论

第一节　绿色建筑设计的依据与原则

(一) 绿色建筑的基本概念

建筑,从广义上讲是研究建筑和环境的学科,其涵盖的范围十分广泛。由于地域、观念、经济、技术等方面的差异,不同的学者对建筑的定义也不尽相同。大百科对"建筑"定义为:"人工建造的供人们进行生产、生活等活动的房屋或场所。"

绿色建筑是建筑的重要理念与形式。根据国家标准《绿色建筑评价标准》的定义,"绿色建筑是指在建筑的全寿命周期内,最大限度地节约资源(节能、节地、节水、节材)、保护环境和减少污染,为人们提供健康、适用和高效的使用空间,与自然和谐共生的建筑。"

(二) 绿色建筑的基本特点

绿色建筑的基本特点有如下三个方面。

绿色建筑的社会性主要是从建筑观念问题出发进行考量的,指的是这种建筑形式必须贴近现代人的生活水平、审美要求和道德、伦理价值观。

从绿色建筑的社会性出发,其要求建筑者在建设领域及日常生活中约束自身的行为,有意识地考虑建筑过程中生活垃圾的回收利用、控制烟气的排放,如何在建筑过程中做到节能环保等。

这些问题的解决不仅是技术问题,同时也体现出了绿色建筑设计者的建筑理念、生活习惯、个人意识等。建筑设计者如何从社会的角度出发进行设计,需要公共道德的监督和自我道德的约束。这种道德,即是所谓的"环境道德"或"生态伦理"。

除此之外，由于现代社会生活和工作节奏快，人们面临的压力大等问题，因此对建筑的舒适程度与健康程度都有着较强的关注，甚至对上述两个方面的关注要高于对建筑中能源和资源消耗的关注。这也给建筑设计者的绿色建筑设计带来了一定的难题。

绿色建筑设计者应该从建筑的社会性出发，在满足现代人心理需求的前提下进行设计。否则一味地强调建筑的环保性和节约性，其对人们的吸引力也不会提高。

绿色建筑是从环境和社会的角度出发进行的设计，因此对于社会的可持续发展有着积极的推动作用。但是，由于绿色建筑在初期建设阶段投资往往较高，很多建筑投资者并不十分看好这种建筑形式。

企业若想资源投资建设生态建筑，就应该从经济性出发，考虑建筑的全生命周期，并综合考虑绿色建筑的价值。具体来说，建筑设计者需要考虑以下两个要素：①如何降低建筑在使用过程中运行费用。②如何减少建筑对人体健康、社会可持续发展的影响。

所谓建筑的全生命周期是指从事物的产生至消亡的过程所经历的时间。就建筑而言，从能源和环境的角度，其生命周期是指从材料与构件生产（含原材料的开采）、规划与设计、建造与运输、运行与维护直至拆除与处理（废弃、再循环和再利用等）的全循环过程；从使用功能的角度，是指从交付使用后到其功能再也不能修复使用为止的阶段性过程，即是建筑的使用（功能、自然）生命周期。

绿色建筑的发展不仅需要科学的设计理念作支撑，还需要设计者立足于现有社会资源和技术体系，设计出真正满足人们生产、生活需求的建筑。因此，绿色建筑还应该具有技术性。

但是需要说明的是，绿色建筑的技术性也是和其社会性紧密相连的。虽然传统木质、岩石、黏土等结构建筑材料最为生态环保，但是却不能满足现代社会的生活方式。原始人的巢穴也是人类居住的场所，也是最环保的居住方式，但是时代不同，建筑的要求也应该更加多元化。

因此，绿色建筑在技术性的要求下应该使用新的技术与材料，融合绿色建筑设计者的理念与方式，结合现代社会的环保问题进行设计。

(二) 绿色建筑的基本要素

自然和谐是绿色建筑设计的基本要素之一，同时也体现出了绿色建筑的本质特征。

天道与人道、自然与人为的相通和统一。天代表着自然物质环境，人代表着认识与改造自然物质环境的思想和行为主体，合是矛盾的联系、运动、变化和发展，一是矛盾相互依存的根本属性。人与自然的关系是一种辩证和谐的对立统一关系。如果没有人，一切矛盾运动均无从觉察,何以言谈矛盾;如果没有天,一切矛盾运动均失去产生、存在和发展的载体;唯有人可以认识和运用万物的矛盾;唯有天可以成为人们认识和运用矛盾的物质资源。以天与人作为宇宙万物矛盾运动的代表,最透彻地表现了宇宙的原貌和变迁。绿色建筑在设计过程中要符合人类建筑活动的自然规律,做到人与建筑的和谐共生。

经久耐用是对绿色建筑的另一个基本要素,绿色建筑在正常运行维护的情况下,其使用寿命应该满足一定的设计使用年限,同时其功能性和工作性也能得到体现。需要指出的是,即便是一些临时性的绿色建筑物也要体现经久耐用的特点。

节约环保是绿色建筑的第三大基本要素。绿色建筑的节能环保是一个全方位全过程的节约环保概念,包括建筑用地、用能、用水和用材,这也是人、建筑与环境生态共存和两型社会建设的基本要求。

除了物质资源方面的有形节约外,还有时空资源等方面所体现的无形节约。这就要求建筑设计者在构造绿色建筑物的时候要全方位全过程地进行通盘的综合整体考虑。

安全可靠是绿色建筑的第四个基本要素,也是人们对作为其栖息活动场所的建筑物的最基本要求之一。

安全可靠从本质上就是崇尚生命、尊重生命,是指绿色建筑在正常的设计、施工和运用与维护条件下能够经受各种可能出现的作用和环境条件,并对有可能发生的偶然作用和环境异变仍能保持必需的整体稳定性和工作性能,不致发生连续性的倒塌和整体失效。对安全可靠的要求贯穿于建筑生命的全过程中,不仅在设计中要考虑到建筑物安全可靠的方方面面,还要将其有关注意事项向与其相关的所有人员予以事先说明和告知,使建筑在其生命周期内具有良好的安全可靠性及其保障措施和条件。

绿色建筑的安全可靠性不仅是对建筑结构本体的要求,而且也是对绿色建筑作为一个多元绿色化物性载体的综合、整体和系统性的要求,同时还包括对建筑设施设备及其环境等的安全可靠性要求。

科技先导是绿色建筑的第五大基本要素。这也是一个全面、全程和全方位的概念。

绿色建筑是建筑节能、建筑环保、建筑智能化和绿色建材等一系列实用高新技术因地制宜、实事求是和经济合理的综合整体化集成,绝不是所谓的高新科技的简单堆砌和概念炒作。

科技先导强调的是要将人类的科技实用成果恰到好处地应用于绿色建筑,也就是追求各种科学技术成果在最大限度地发挥自身优势的同时使绿色建筑系统作为一个综合有机整体的运行效率和效果最优化。我们对建筑进行绿色化程度的评价,不仅要看它运用了多少科技成果,而且要看它对科技成果的综合应用程度和整体效果。

(一) 人体工程学和人性化设计

绿色建筑不仅仅是针对环境而言的,在绿色建筑设计中,首先必须满足人体尺度和人体活动所需的基本尺寸及空间范围的要求,同时还要对人性化设计给予足够的重视。

人体工程学,也称人类工程学或工效学,是一门探讨人类劳动、工作效果、效能的规律性的学科。按照国际工效学会所下的定义,人体工程学是一门"研究人在某种工作环境中的解剖学、生理学和心理学等方面的各种因素;研究人和机器及环境的相互作用;研究在工作中、家庭生活中和休假时怎样统一考虑工作效率、人的健康、安全和舒适等问题的科学"。

建筑设计中的人体工程学主要内涵是:以人为主体,通过运用人体、心理、生理计测等方法和途径,研究人体的结构功能、心理等方面与建筑环境之间的协调关系,使得建筑设计适应人的行为和心理活动需要,取得安全、健康、高效和舒适的建筑空间环境。

人性化设计在绿色建筑设计中的主要内涵为:根据人的行为习惯、生理规律、心理活动和思维方式等,在原有的建筑设计基本功能和性能的基础之上,对建筑物和建筑环境进行优化,使其使用更为方便舒适。换言之,人性化的绿色建筑设计是对人的生理、心理需求和精神追求的尊重和最大限度的满足,是绿色建筑设计中人文关怀的重要体现,是对人性的尊重。

人性化设计意在做到科学与艺术结合、技术符合人性要求,现代化的材料、能源、施工技术将成为绿色建筑设计的良好基础,并赋予其高效而舒适的功能,同时,艺术和人性将使得绿色建筑设计更加富于美感,充满情趣和活力。

(二) 环境因素

绿色建筑的设计建造是为了在建筑的全生命周期内,适应周围的环境因素,最大限度地节约资源,保护环境,减少对环境的负面影响。绿色建筑要做到与环境的相互协调与共生,因此在进行设计前必须对自然条件有充分的了解。

地域气候条件对建筑物的设计有最为直接的影响。例如:在干冷地区建筑物的体型应设计得紧凑一些,减少外围护面散热的同时利于室内采暖保温;而在湿热地区的建筑物设计则要求重点考虑隔热、通风和遮阳等问题。在进行绿色建筑设计时应首先明确项目所在地的基本气候情况，以利于在设计开始阶段就引入"绿色"的概念。

日照和主导风向是确定房屋朝向和间距的主导因素，对建筑物布局将产生较大影响。合理的建筑布局将成为降低建筑物使用过程中能耗的重要前提条件。如在一栋建筑物的功能、规模和用地确定之后，建筑物的朝向和外观形体将在很大程度上影响建筑能耗。在一般情况下，建筑形体系数较小的建筑物，单位建筑面积对应的外表面积就相应减小，有利于保温隔热，降低空调系统的负荷。住宅建筑内部负荷较小且基本保持稳定，外部负荷起到主导作用，外形设计应采用小的形体系数。对于内部发热量较大的公共建筑，夏季夜间散热尤为重要，因此，在特定条件下，适度增大形体系数更有利于节能。

对绿色建筑设计产生重大影响的还包括基地的地形、地质条件以及所在地区的设计地震烈度。基地地形的平整程度、地质情况、土特性和地耐力的大小，对建筑物的结构选择、平面布局和建筑形体都有直接的影响。结合地形条件设计，保证建筑抗震安全的基础上，最大限度地减少对自然地形地貌的破坏，是绿色建筑倡导的设计方式。

其他影响因素主要指城市规划条件、业主和使用者要求等因素，如航空及通信限高、文物古迹遗址、场所的非物质文化遗产等。

（三）建筑智能化系统

绿色建筑设计中不同于传统建筑的一大特征就是建筑的智能化设计，依靠现代智能化系统，能够较好地实现建筑节能与环境控制。绿色建筑的智能化系统是以建筑物为平台，兼备建筑设备、办公自动化及通信网络系统，是集结构、系统服务、管理等于一体的最优化组合，向人们提供安全、高效、舒适、便利的建筑环境。而建筑设备自动化系统（BAS）将建筑物、建筑群内的电力、照明、空调、给排水、防灾、保安、车库管理等设备或系统构成综合系统，以便集中监视、控制和管理。

建筑智能化系统在绿色建筑的设计、施工及运营管理阶段均可起到较强的监控作用，便于在建筑物的全寿命周期内实现控制和管理，使其符合绿色建筑评价标准。

绿色建筑是综合运用当代建筑学、生态学及其他技术科学的成果，把建筑看成一个小的生态系统，为使用者提供生机盎然、自然气息深厚、方便舒适并节省能源、没有污染的建筑环境。绿色建筑是指能充分利用环境自然资源，并以不破坏环境基本生态为目的而建造的人工场所，所以，生态专家们一般又称其为环境共生建筑。绿色建筑不仅有利于小环境及大环境的保护，而且将十分有益于人类的健康。为了达到既有利于环境，又有利于人体健康的目的,应坚持以下原则。

(一)坚持建筑可持续发展的原则

规范绿色建筑的设计,大力发展绿色建筑的根本目的,是为了贯彻执行节约资源和保护环境的国家技术经济政策,推进建筑业的可持续发展,造福于千秋万代。建筑活动是人类对自然资源、环境影响最大的活动之一。我国正处于经济快速发展阶段,资源消耗总量逐年迅速增长。因此,必须牢固树立和认真落实科学发展观,坚持可持续发展理念,大力发展绿色建筑。

发展绿色建筑应贯彻执行节约资源和保护环境的国家技术经济政策。坚持发展中国特色的绿色建筑是当务之急,从规划设计阶段入手,追求本土、低耗、精细化,是中国绿色建筑发展的方向。制定《绿色建筑设计规范》的目的是规范和指导绿色建筑的设计,推进我国的建筑业可持续发展。

(二)坚持全方位绿色建筑设计的原则

绿色建筑设计不仅适用于新建工程绿色建筑的设计,同时也适用于改建和扩建工程绿色建筑的设计。城市的发展是一个不断更新和变化的动态过程,在这种新陈代谢的过程中,如何对待现存的旧建筑成为亟待解决的问题。其中包括列入国家历史遗址保护名单的旧建筑,还包括大量存在的虽然仍处于设计寿命期,但功能、设施、外观已不能满足当前需要,根据法规条例得不到保护的一般性旧建筑。随着城市的发展日趋成熟与饱和,如何在已有的限制条件下为旧建筑注入新的生命力,完成旧建筑的重生成为近几年来关注的热点问题。

城市化要进行大规模建设是一个永恒的课题。对城市旧建筑进行必要的改造,是城市发展的具体方式之一。世界城市发展的历史表明,任何国家城市建设大体都经历3个发展阶段,即大规模和新建阶段、新建与维修改造并重阶段,以及主要对旧建筑更新改造再利用阶段。工程实践充分证明,旧建筑的改建和扩建不仅有利于充分发掘旧建筑的价值、节约资源,而且还可以减少对环境的污染。在我国旧建筑的改造具有很大的市场,绿色建筑的理念应当应用到旧建筑的改造中去。

(三)坚持全寿命周期的绿色建筑设计原则

对于绿色建筑必须考虑到在其全寿命周期内,节能、节地、节水、节材、保护环境、满足建筑功能之间的辩证关系,体现经济效益、社会效益和环境效益的统一。建筑从最初的规划设计到随后的施工、运营、更新改造及最终的拆除,形成一个时间较长的寿命周期。关注建筑的整个寿命周期,意味着不仅在规划设计阶段充分考虑并利用环境因素,而且确保施工过程中对环境的影响最低,运营阶段能为人们提供健康、舒适、低耗、无害的活动空间,拆除后又对环境危害降到最低。绿色建筑要求在建筑的整个寿命周期内,最大限度地节能、节地、节水、节材与保护环境,同时满足建筑功能。

工程实践证明,以上这些方面有时是彼此矛盾的,如为片面追求小区景观而过多地用水,为达到节能单项指标而过多地消耗材料,这些部是不符合绿色建筑理念的;而降低建筑的功能要求、降低适用性,虽然消耗资源少,也不是绿色建筑所提倡的。节能、节地、节水、节材、保护环境及建筑功能之间的矛盾,必须放在建筑全寿命周期内统筹考虑与正确处理,同时还应重视信息技术、智能技术和绿色建筑的新技术、新产品、新材料与新工艺的应用。绿色建筑最终应能体现出经济效益、社会效益和环境效益的统一。

(四) 必须符合国家其他相关标准的规定

绿色建筑的设计除了必须符合《绿色建筑设计规范》外,还应当符合国家现行有关标准的规定。由于在建筑工程设计中各组成部分和不同的功能,均已经颁布了很多具体规范和标准,在《绿色建筑设计规范》中不可能包括对建筑的全部要求,因此,符合国家的法律法规与其他相关标准是进行绿色建筑设计的必要条件。

在《绿色建筑设计规范》中未全部涵盖通常建筑物所应有的功能和性能要求,而是着重提出与绿色建筑性能相关的内容,主要包括节能、节地、节水、节材与保护环境等方面。因此建筑方面的有些基本要求,如结构安全防火安全等要求,并未列入《绿色建筑设计规范》中。所以设计时除应符合本规范要求外,还应符合国家现行的有关标准的规定。

第二节　绿色建筑设计的内容与要求

绿色建筑的设计内容远多于传统建筑的设计内容。绿色建筑的设计是一种全面、全过程、全方位、联系、变化、发展、动态和多元绿色化的设计过程,是一个就总体目标而言,按照轻重缓急和时空上的次序先后,不断地发现问题、提出问题、分析问题、分解具体问题、找出与具体问题密切相关的影响要素及其相互关系,针对具体问题制定具体的设计目标,围绕总体的和具体的设计目标进行综合的整体构思、创意与设计。根据目前我国绿色建筑发展的实际情况,一般来说,绿色建筑设计的内容主要概括为综合设计、整体设计和创新设计三个方面。

(一) 绿色建筑的综合设计

所谓绿色建筑的综合设计是指技术经济绿色一体化综合设计,就是以绿色设计理念为中心,在满足国家现行法律法规和相关标准的前提下,在进行技术上的先进可行和经济的实用合理的综合分析的基础之上,结合国家现行有关绿色建筑标准,按照绿色建筑的各方面的要求,对建筑所进行的包括空间形态与生态环境、功能与性能、构造与材料、设施与设备、施工与建设、运行与维护等方面内容在内的一体化综合设计。

在进行绿色建筑的综合设计时,要注意考虑以下方面:进行绿色建筑设计要考虑到建筑环境的气候条件;进行绿色建筑设计要考虑到应用环保节能材料和高新施工技术;绿色建筑是追求自然、建筑和人三者之间和谐统一;以可持续发展为目标,发展绿色建筑。

绿色建筑是随着人类赖以生存的自然界,不断濒临失衡的危险现状所寻求的理智战略,它告诫人们必须重建人与自然有机和谐的统一体,实现社会经济与自然生态高水平的协调发展,建立人与自然共生共息、生态与经济共繁荣的持续发展的文明关系。

(二) 绿色建筑的整体设计

所谓绿色建筑的整体设计是指全面全程动态人性化的整体设计,就是在进行建筑综合设计的同时,以人性化设计理念为核心,把建筑当作一个全寿命周期的有机整体来看待,把人与建筑置于整个生态环境之中,对建筑进行的包括节地与室外环境、节能与能源利用、节水与水资源利用、节材与绿色材料资源利用、室内环境质量和运营管理等方面内容在内的人性化整体设计。

整体设计对绿色建筑至关重要,必须考虑当地的气候、经济、文化等多种因素,从6个技术策略入手:首先要有合理的选址与规划,尽量保护原有的生态系统,减少对周边环境的影响,并且充分考虑自然通风、日照、交通等因素;要实现资源的高效循环利用,尽量使用再生资源;尽可能采取太阳能、风能、地热、生物能等自然能源;尽量减少废水、废气、固体废物的排放,采用生态技术实现废物的无害化和资源化处理,以回收利用;控制室内空气中各种化学污染物质的含量,保证室内通风、日照条件良好;绿色建筑的建筑功能要具备灵活性、适应性和易于维护等特点。

(三) 绿色建筑的创新设计

所谓绿色建筑的创新设计是指具体进行个性化创新设计,就是在进行综合设计和整体设计的同时,以创新型设计理论为指导,把每一个建筑项目都作为独一无二的生命有机体来对待,因地制宜、因时制宜、实事求是和灵活多样地对具体建筑进行具体分析,并进行个性化创新设计。创新是以新思维、新发明和新描述为特征的一种概念化过程,创新是设计的灵魂,没有创新就谈不上真正的设计,创新是建筑及其设计充满生机与活力永不枯竭的动力和源泉。

(一) 绿色建筑设计的功能要求

构成建筑物的基本要素是建筑功能、建筑的物质技术条件和建筑的艺术形象。其中建筑功能是三个要素中最重要的一个，它是人们建造房屋的具体目的和使用要求的综合体现，是如居住、饮食、娱乐、会议等各种活动对建筑的基本要求，这是决定建筑形式、建筑各房间的大小、相互间联系方式等的基本因素。绿色建筑设计实践证明，满足建筑物的使用功能要求，为人们的生产生活提供安全舒适的环境，是绿色建筑设计的首要任务。例如在设计绿色住宅建筑时，首先要考虑满足居住的基本需要，保证房间的日照和通风，合理安排卧室、起居室、客厅、厨房和卫生间等的布局，同时还要考虑到住宅周边的交通、绿化、活动场地、环境卫生等方面的要求。

(二) 绿色建筑设计的技术要求

现代建筑业的发展，离不开节能、环保、安全、耐久、外观新颖等方面的设计因素，绿色建筑作为一种崭新的设计思维和模式，应当根据绿色建筑设计的技术要求，提供给使用者有益健康的建筑环境，并最大限度地保护环境，减少建造和使用中各种资源消耗。

绿色建筑设计的基本技术要求，包括正确选用建筑材料，根据建筑物平面布局和空间组合的特点，采用当今先进的技术措施，选取合理的结构和施工方案，使建筑物建造方便、坚固耐用。例如，在设计建造大跨度公共建筑时采用的钢网架结构，在取得较好外观效果的同时，也可获得大型公共建筑所需的建筑空间尺度。

(三) 绿色建筑设计的经济要求

建筑物从规划设计到使用拆除，均是一个物质生产的过程，需要投入大量的人力、物力和资金。在进行建筑规划、设计和施工过程中，应尽量做到因地制宜、因时制宜，尽量选用本地的建筑材料和资源，做到节省劳动力、建筑材料和建设资金。设计和施工需要制订详细的计划和核算造价，追求经济效益。建筑物建造所要求的功能、措施要符合国家现行标准，使其具有良好的经济效益。

建筑设计的经济合理性是建筑设计中应遵循的一项基本原则，也是在建筑设计中要同时达到的目标之一。由于可用资源的有限性，要求建设投资的合理分配和高效性。这就要求建筑设计工作者要根据社会生产力的发展水平、国家的经济发展状况、人民生活的现状和建筑功能的要求等因素，确定建筑的合理投入和建造所要达到的建设标准，力求在建筑设计中做到以最小的资金投入，去获得最大的使用效益。

(四) 绿色建筑设计的美观要求

建筑是人类创造的最值得自豪的文明成果之一，在一切与人类物质生活有直接关系的产品中,建筑是最早进入艺术行列的一种,人类自从开始按照生活的使用要求建造房屋以来,就对建筑产生了审美的观念。每一种建筑的风格的形式,都是人类为表达某种特定的生存理念及满足精神慰藉和审美诉求而创造出来的。建筑审美是人类社会最早出现的艺术门类之一,建筑中的美学问题也是人们最早讨论的美学课题之一。

建筑被称为"凝固的音符",充满创意灵感的建筑设计作品,是一座城市的文化象征,是人类物质文明和精神文明的双重体现,在满足建筑基本使用功能的同时,还需要考虑满足人们的审美需求。绿色建筑设计则要求建筑师要设计出兼具美观和实用的产品,设计出的建筑物除了要满足基本的功能需求之外,还要具有一定的审美性。

第三节　绿色建筑设计的程序与方法

绿色建筑设计的发展是实现科学发展观,提高质量和效率的必然结果。并为中国的建筑行业及人类可持续发展做出重要贡献。随着建筑技术与经济的不断发展,绿色建筑设计对未来建筑发展将起到主导作用。发展绿色建筑设计逐渐为人们认识和理解。绿色建筑设计贯穿了传统工程项目设计的各个阶段,从前期可研性报告、方案设计、初步设计一直到施工图设计,及施工协调和总结等各个阶段,均应结合实际项目要求,最大化地实现绿色建筑设计。

根据我国住房和城乡建设部颁布的《中国基本建设程序的若干规定》和《建筑工程项目的设计原则》中的有关内容,结合《绿色建筑设计规范》中的相关要求,绿色建筑设计程序基本上可归纳为以下七大阶段性的工作内容。

(一) 项目委托和设计前期的研究

绿色建筑工程项目的委托和设计前期的研究,是工程设计程序中的最初阶段。通常情况下,业主将绿色建筑设计项目委托给设计单位后,由建筑师组织协助业主进行工程项目的现场调查研究工作。其主要的工作内容是根据业主的要求条件和意图,制定出建筑设计任务书。设计任务书是确定工程项目和建设方案的基本文件,是设计工作的指令性文件,也是编制设计文件的主要依据。

绿色建筑工程项目的设计任务书,主要包括以下几方面内容:建筑基本功能的要求和绿色建筑设计的要求;建筑规模、使用和运行管理的要求;基地周边的自然环境条件;基地的现状条件、给排水、电力、煤气等市政条件和交通条件;绿色建筑能源综合利用的条件;建筑防火和抗震等专业要求的条件;区域性的社会人文、地理、气候等条件;绿色建筑工程的建设周期和投资估算；经济利益和施工技术水平等要求的条件；工程项目所在地材料资源的条件。

根据绿色建筑设计任务书的要求，首先设计单位对绿色建筑设计项目进行正式立项，然后建筑师和设计师同业主对绿色建筑设计任务书中的要求，详细地进行各方面的调查和分析，按照建筑设计法规的相关规定，以及我国关于绿色建筑的相关要求，对拟建项目进行针对性的可行性研究，在归纳总结出研究报告后方可进入下一阶段的设计工作。

（二）项目方案设计

根据业主的要求和绿色建筑设计任务书，建筑师要构思出多个设计方案草图提供给业主，针对每个设计方案的优缺点、可行性和绿色建筑性能与业主反复商讨，最终确定出一个既能满足业主要求、又符合建筑法规相关规定的设计方案，并通过建筑 CAD 制图、绘制建筑效果图和建筑模型等表现手段，提供给业主设计成果图。业主再把方案设计图和资料呈报给当地的城市规划管理局等有关部门进行审批确认。

项目方案设计是设计中的重要阶段，它是一个极富有创造性的设计阶段，同时也是一个十分复杂的问题，它涉及设计者的知识水平、经验、灵感和想象力等。方案设计图主要包括以下几方面的内容：建筑设计方案说明书和建筑技术经济指标；方案设计的总平面图；建筑各层平面图及主要立面图、剖面图；方案设计的建筑效果图和建筑模型；各专业的设计说明书和专业设备技术标准；拟建工程项目的估算书。

（三）工程初步设计

工程初步设计是指根据批准的项目可行性研究报告和设计基础资料，设计部门对建设项目进行深入研究，对项目建设内容进行具体设计。方案设计图经过有关部门的审查通过后，建筑师应根据审批的意见建议和业主提出的新要求，参考《绿色建筑评价标准》中的相关内容，对方案设计的内容进行相关的修改和调整，同时着手组织各技术专业的设计配合工作。

在项目设计组安排就绪后，建筑师同各专业的设计人员对设计技术方面的内容进行反复探讨和研究，并在相互提供各专业的技术设计要求和条件后，进行初步设计的制图工作。初步设计图属于设计阶段的图纸，对细节要求不是很高，但是要表达清楚工程项目的范围、内容等，主要包括以下几方面的内容：初步设计建筑说明书；初步设计建筑总平面图；建筑各层平面图、立面图和剖面图；特殊部位的构造节点大样图；与建筑有关的各专业的平面布置图、技术系统图和设计说明书；拟建工程项目的概算书。

对于大型和复杂的绿色建筑工程项目，在初步设计完成后进入下阶段的设计工作之前，需要进行技术设计工作，即需要增加技术设计阶段。对于大部分的建筑工程项目，初步设计还需要再次呈报当地的建设主管部门及有关部门进行审批确认。在我国标准的建筑设计程序中，阶段性的审查报批是不可缺少的重要环节，如审批未通过或在设计图中仍存在着技术问题,设计单位将无法进入下一阶段的设计工作。

(四) 施工图设计

根据绿色建筑初步设计的审查意见建议和业主新的要求条件,设计单位的设计人员对初步设计的内容应进行必要的修改和调整,在设计原则和设计技术等方面,如果各专业之间不存在太大的问题,可以着手准备进行详细的实施设计工作,即施工图设计。

施工图设计是工程设计的一个重要阶段。这一阶段主要通过图纸,把设计者的意图和全部设计结果表达出来,作为工程施工的依据,它是工程设计和施工的桥梁。施工图设计主要包括建筑设计施工图、结构设计施工图、给排水和暖通设计施工图、强弱电设计施工图、绿色建筑工程预算书。

(五) 施工现场的服务和配合

在工程施工的准备过程中,建筑师和各专业设计师首先要向施工单位进行技术交底,对施工设计图、施工要求和构造做法进行详细说明。然后根据工程的施工特点、技术水平和重点难点,施工单位可对设计人员提出合理化建议和意见,设计单位根据实际可对施工图的设计内容进行局部调整和修改,通常采用现场变更单的方式来解决图纸中设计不完善的问题。另外,建筑师和各专业设计师按照施工进度,应不定期地到现场对施工单位进行指导和查验,从而达到绿色建筑工程施工现场服务和配合的效果。

(六) 竣工验收和工程回访

建设工程项目的竣工验收,是全面考核建设工作,检查是否符合设计要求和工程质量的重要环节,对促进建设项目及时投产,发挥投资效果,总结建设经验有重要作用。建设工程项目竣工验收后,虽然通过了交工前的各种检验,但由于影响建筑产品质量稳定性的因素很多,仍然可能存在着一些质量问题或者隐患,而这些问题只有在产品的使用过程中才能逐渐暴露出来。因此,进行工程回访工作是十分必要的。

(七) 绿色建筑评价标识的申请

按照《绿色建筑评价标准》进行设计和施工的项目,在项目完成后可申请"绿色建筑评价标识。"绿色建筑评价标识是住房和城乡建设部主导并管理的绿色建筑评审工作。住房和城乡建设部授权机构依据《绿色建筑评价标准》和《绿色建筑评价技术细则》,按照《绿色建筑评价标识管理办法》,确定是否符合国家规定的绿色建筑各项标准。

绿色建筑标识评价有着严格的标准和严谨的评价流程。评审合格的项目将获颁发绿色建筑证书和标志。绿色建筑评价标识分为"绿色建筑设计评价标识"和"绿色建筑评价标识",分别用于对处于规划设计阶段和运行使用阶段的住宅建筑和公共建筑,"绿色建筑设计评价标识"有效期为 2 年,"绿色建筑评价标识"有效期为 3 年。

实施绿色建筑评价标识能推动我国《绿色建筑评价标准》的实施。该评价标识工作经过官方认可，具有唯一性。绿色建筑评价标识的开展填补了我国绿色建筑评价工作的空白，使我国告别了以国外标准来评价国内建筑的历史，在我国绿色建筑发展史上揭开了崭新的一页。

为了进一步加强和规范绿色建筑评价工作，引导绿色建筑健康发展，由住房和城乡建设部科技发展促进中心与绿色建筑专委会共同组织成立的绿色建筑评价标识管理办公室（以下简称"绿建办"）成立。"绿建办"设在住房和城乡建设部科技发展促进中心，成员单位有中国建筑科学研究院、上海建筑科学研究院、深圳建筑科学研究院、清华大学、同济大学等。"绿建办"主要负责绿色建筑评价标识的管理工作，受理三星级绿色建筑评价标识，指导一星级、二星级绿色建筑评价标识活动。

住房和城乡建设部委托具备条件的地方住房和城乡建设管理部门，开展所辖地区一星级和二星级绿色建筑评价标识工作。受委托的地方住房和城乡建设管理部门，组成地方绿色建筑评价标识管理机构，具体负责所辖地区一星级和二星级绿色建筑评价标识工作。地方绿色建筑评价标识管理机构的职责包括：组织一星级和二星级绿色建筑评价标识的申报、专业评价和专家评审工作，并将评价标识工作情况及相关材料交"绿建办"备案，接受"绿建办"的监督和管理。

绿色建筑评价标识的评价工作程序主要包括以下几个方面。

第一，"绿建办"在住房和城乡建设部网站上发布绿色建筑评价标识申报通知，申报单位可根据通知要求进行申报。

第二，"绿建办"或地方绿色建筑评价标识管理机构负责对申报材料进行形式审查，审查合格后进行专业评价及专家评审，评价和评审完成后由住房和城乡建设部对评审结果进行审定和公示，并公布获得星级的项目。

第三，住房和城乡建设部向获得三星级"绿色建筑评价标识"的建筑和单位颁发绿色建筑评价标识证书和标志（挂牌）；向获得三星级"绿色建筑设计评价标识"的建筑和单位颁发绿色建筑评价标识证书和标志（挂牌）。

第四，受委托的地方住房和城乡建设管理部门，向获得一星级和二星级"绿色建筑评价标识"的建筑和单位颁发绿色建筑评价标识证书和标志（挂牌）向获得一星级和二星级"绿色建筑设计评价标识"的建筑和单位颁发绿色建筑评价标识证书和标志（挂牌）。

第五，"绿建办"和地方绿色建筑评价标识管理机构，每年不定期、分批开展评价标识活动。

（一）整体环境的设计方法

所谓整体环境设计，不是针对某一个建筑，而是建立在一定区域范围内，从城市总体规划要求出发,从场地的基本条件、地形地貌、地质水文、气候条件、动植物生长状况等方面分析设计的可行性和经济性,进行综合分析、整体设计。整体环境设计的方法主要有:引入绿色建筑理论、加强环境绿化,然后从整体出发,通过借景、组景、分景、添景多种手法,使住区内外环境协调。

(二)建筑单体的设计方法

建筑的体型系数即建筑物表面积与建筑的体积比,它与建筑的热工性能密不可分。曲面建筑的热耗小于直面建筑,在相同体积时分散的布局模式要比集中布局的建筑热耗大,具体设计时减少建筑外墙面积、控制层高,减少体形凹凸变化,尽量采用规则平面形式。

外墙设计要满足自然采光、自然通风的要求,减少对电器设备的依赖,设计时采用明厅、明卧、明卫、明厨的设计,外墙设计要努力提高室内环境的热稳定。

采用良好的外墙材料,利用更好的隔热砖代替黏土砖,节省土地资源。采用弹性设计方案,提高房屋的适用性、可变性,具体表现在建筑结构、建筑设备等灵活性要求上。然后尽量采用建筑节能设计和建筑智能设计。

第二章　绿色建筑室内外环境控制

第一节　绿色建筑的室外环境

室外热环境的形成与太阳辐射、风、降水、人工排热（制冷、汽车）等各种要素相关。日照通过直射辐射和散射辐射形式对地面进行加热，与温暖的地面直接接触的空气层，由于导热的作用而被加热，此热量又靠对流作用转移到上层空气。室外环境中的水面、潮湿表面以及植物，会以各种形式把水分以蒸汽的形式释放到环境中去，这部分蒸汽又会通过空气的对流作用而输送到整个大环境中。同样，人工排热以及污染物会因为对流作用而得以在环境中不断循环。而降水和云团都会对太阳辐射有削弱的作用。

热环境是指影响人体冷热感觉的环境因素，主要包括空气温度和湿度。在日常工作中，人们随着四季的变换，身体对冷和热是非常敏感的，当人们长时间处于过冷或过热的环境中时，很容易产生疾病。热环境在建筑中分为室内热环境和室外热环境，在这里主要介绍室外热环境。

在我国古代，人们在城市选址时讲求"依山傍水"，除基本生活需求的便捷之外，利用水面和山体的走势对城市热环境产生影响也是重要的因素。一般来讲，水体可以与周围环境中的空气发生热交换，在炎热的夏天，会吸收一部分空气中的热量，使水畔的区域温度低于城市其他地方。而山体的形态可以直接影响城市的主导风向和风速，加之山体绿树成荫的自然环境，对城市的热环境影响很大。

在建筑组团的规划中，除满足基本功能之外，良好的建筑室外热环境的创造也必须予以考虑。通常，人们会利用绿化的营造来改善建筑室外热环境，但近年来，在规划设计中设计师们越来越注意到空气流通所产生的效果更好，人们发现可以利用建筑的巧妙布局创造出一条"风道"，让室外自然的风向和风速的调节有目的性，使规划区内的空气流通与建筑功能的要求相协调，同时也为建筑室内热环境的基本条件—自然通风创造条件，人们称之为"流动的看不见的风景"。所以说，建筑室外热环境是建造绿色建筑的非常重要的条件。

（一）中国传统建筑规划设计

中国传统建筑特别是传统民居建筑，为适应当地气候，解决保温、隔热、通风、采光等问题，采用了许多简单有效的生态节能技术，改善局部微气候。下面以江南传统民居为例，阐述气候适应策略在建筑规划设计中的应用。中国江南地区具有河道纵横的地貌特点，传统民居设计时充分考虑了对水体生态效应的应用。

①由于江南地区特有的河道纵横的地貌特征，城镇布局随河傍水、临水建屋、因水成市。水是良好的蓄热体，可以自动调节聚落内的温度和湿度，其温差效应也能起到加强通风的效果。②在建筑组群的组合方式上，建筑群体采用"间—院落（进）—院落组—地块—街坊—地区"的分层次组合方式，住区中的道路、街巷呈东南向，与夏季主导风向平行或与河道相垂直，这种组合方式能形成良好的自然通风效果。③建筑组群横向排列，密集而规整，相邻建筑合用山墙，减少了外墙面积，这样，建筑布局能减少太阳辐射的热，建筑自遮阳有较好的冷却效果。

（二）气候适应性策略及方法

生态小区规划与绿色建筑设计中的核心问题是气候适应性策略在规划与建筑设计中的实施。由于气候具有地域性，如何与地域性气候特点相适应，并且利用地域气候中的有利素，便是气候适应性策略的重点与难点。生态气候地方主义理论认为，建筑设计应该遵循气候—舒适—技术—建筑的过程，具体如下：①调研设计地段的各种气候地理数据，如温度、湿度、日照强度、风向风力、周边建筑布局、周边绿地水体分布等构成对地块环境影响的气候地理要素，这一过程也就是明确问题的外围条件的过程。②评价各种气候地理要素对区域环境的影响。③采用技术手段解决气候地理要素与区域环境要求的矛盾，例如建筑日照及其阴影评价、气流组织和热岛效应评价。④结合特定的地段，区分各种气候要素的重要程度，采取相应的技术手段进行建筑设计，寻求最佳设计方案。

（三）室外热环境设计技术措施

地面铺装的种类很多按照其自身的透水性能分为透水铺装和不透水铺装。透水铺装中，主要介绍水泥、沥青、土壤、透水砖的影响。

（1）水泥、沥青

水泥、沥青地面具有不透水性，因此没有潜热蒸发的降温效果。其吸收的太阳辐射一部分通过导热与地下进行热交换；另一部分以对流形式释放到空气中，其他部分与大气进行长波辐射交换。研究表明，其吸收的太阳辐射能需要通过一定的时间延迟才释放到空气中。同时由于沥青路面的太阳辐射吸收系数更高,所以温度更高。

（2）土壤、透水砖

土壤与透水砖具有一定的透水效果,因此降雨过后能保存一定的水分,太阳曝晒时可以通过蒸发降低表面温度,减少对空气的散热。其对环境的降温效果在雨后表现尤为明显,特别在中国亚热带地区,夏季经常在午后降雨,如能将其充分利用,对于改善城市热环境益处很多。

绿地和遮阳不仅是塑造宜居室外环境的有效途径,同时对热环境影响很大,绿化植被和水体具有降低气温、调解湿度、遮阳防晒、改善通风质量的作用。而绿化水体还可以净化水质,减弱水面热反射,从而使热环境得到改善。

（1）蒸发降温

通过水分蒸发潜热带走热量是室外环境降温的重要手段。对于绿地而言,被其吸收的太阳辐射主要分为蒸发潜热、光合作用和加热空气,其中光合作用所占比例较小,一般只考虑蒸发潜热与加热空气。与透水砖不同,绿地（包括水体）的蒸发量普遍较大,同时受天气影响相对较小,不会因为持续晴天造成蒸发量大幅下降。同时,树林的树叶面积大约是树林种植面积的75倍、草地上的草叶面积的 25～35 倍,因此可以大量吸收太阳辐射热,起到降低空气温度的作用。

绿地对小区的降温增湿效果,依绿地面积大小、树形的高矮及树冠大小不同而异,其中最主要的是需要具有相当大面积的绿地。同时环境绿化中适当设置水池、喷泉,对降低环境的热辐射、调解空气的温 / 湿度、净化空气及冷却吹来的热风等都有很大的作用。例如,在空旷处气温34℃,相对湿度54%,通过绿化地带后气温可降低 1.0～1.5℃,湿度会增加5%左右。所以在现代化的小区里,很有必要规划占一定面积、树木集中的公园和植物园。

地面种草对降低路面温度的效果也很显著,如某地夏季水泥路面温度50℃,而植草地面只有42℃,对近地气候的改善影响很大。

（2）遮阳降温

茂盛的树木能挡住50%～90%的太阳辐射热。草地上的草可以遮挡80%左右的太阳光线。正常生长的大叶榕、橡胶榕、白兰花、荔枝和白千层树下,在离地面1.5m高处,透过的太阳辐射热只有10%左右;柳树、桂木、刺桐和杜果等树下,透过的太阳辐射热为40%～50%。由于绿化的遮阴,可使建筑物和地面的表面温度降低很多,绿化了的地面辐射热为一般没有绿化地面的1/15～1/4。炎热的夏天,当太阳直射在大地时,树木浓密的树冠可把太阳辐射的20%～25%反射到天空中,把35%吸收掉。同时树木的蒸腾作用还要吸收大量的热。每公顷生长旺盛的森林,每天要向空中蒸腾8吨水。同一时间,消耗热量16.72亿千焦。天气晴朗时,林荫下的气温明显比空旷地区低。

（3）绿化品种与规划

建筑绿化品种主要分为乔木、灌木和草地。灌木和草地主要是通过蒸发降温来改善室外热环境，而乔木还具备遮阳、降温的作用。因此，从改善热环境的作用而言：乔木＞灌木＞草地。乔木的生长形态，有伞形、广卵形、圆头形、锥形、散形等。有的树形可以由人工修剪加以控制，特别是散形的树木。一般而言，南方地区适宜种植遮阳的树木，其树冠呈伞形或圆柱形，主要品种有凤凰树、大叶榕、细叶榕、石栗等。它们的特点是覆盖空间大，而且高耸，对风的阻挡作用小。此外，攀缘植物如紫藤、牵牛花、爆竹花、葡萄藤、爬墙虎、珊瑚藤等能构成水平或垂直遮阳，对热环境改善也有一定作用。根据绿色的功能，城市的绿化形态可分为分散型绿化、绿化带型绿化、通过建筑的高层化而开放地面空间并绿化等类型。分散型绿化可以起到使整个城市热岛效应强度减弱的效果；绿化带型绿化可起到将大城市所形成的巨大的热岛效应分割成小块的作用。

在夏季，遮阳是一种较好的室外降温措施。在城市户外公共空间设计中，如何利用各种遮阳设施，提供安全、舒适的公共活动空间是十分必要的。一般而言，室外遮阳形式主要有人工构件遮阳、绿化遮阳、建筑遮阳。下面主要介绍人工遮阳构件：

（1）遮阳伞（篷）、张拉膜、玻璃纤维织物等

遮阳伞是现代城市公共空间中最常见、方便的遮阳措施。很多商家在举行室外活动时，往往利用巨大的遮阳伞来遮挡夏季强烈的阳光。随着经济发展，张拉膜等先进技术也逐渐运用到室外遮阳上来。利用张拉膜打造的构筑物既可以遮阳、避雨，又有很高的景观价值，所以经常被用来构筑场地的地标。

（2）百叶遮阳

与遮阳伞、张拉膜相比，百叶遮阳优点很多：首先，百叶遮阳通风效果较好，大大降低了其表面温度，改善环境舒适度。其次，通过对百叶角度的合理设计，利用冬、夏太阳高度角的区别，获得更加合理利用太阳能的效果。最后，百叶遮阳光影富有变化，有很强的韵律感，能创造丰富的光影效果。

（3）绿化遮阳构件

绿化与廊架结合是一种很好的遮阳构件，值得大量推广。一方面其充分利用了绿色植物的蒸发降温和遮阳效果，大大降低了环境温度和辐射；另一方面绿色遮阳构件又有很高的景观价值。

第二节 绿色建筑的室内环境

建筑室内的噪声主要来自生产噪声、街道噪声和生活噪声。生产噪声来自附近的工矿企业、建筑工地；街道噪声的来源主要有交通车辆的喇叭声、发动机声、轮胎与地面的摩擦声、制动声、火车的汽笛声和压轨声等。飞机在建筑上低空飞过时也可以造成很大的噪声。建筑室内的生活噪声来自暖气、通风、冲水式厕所、浴池、电梯等的使用过程和居民生活活动（家具移动、高声谈笑、过于响亮的收音机和电视机声以及小孩吵闹声等）。住宅噪声的传声途径主要是经空气和建筑物实体传播，经空气传播的通常称为空气传声，经建筑物实体传播的通常称为结构传声。

（一）噪声的危害

人类社会工业革命的科技发展，使得噪声的发生范围越来越广，发生频率也越来越高，越来越多的地区暴露于严重的噪声污染之中，噪声正日益成为环境污染的一大公害。其危害主要表现在它对环境和人体健康方面的影响。

作

噪声影响睡眠的数量和质量。通常，人的睡眠分为瞌睡、入睡、睡着和熟睡四个阶段，熟睡阶段越长睡眠质量越好。研究表明，在 40 ~ 50dB 噪声作用下，会干扰正常的睡眠。噪声在 40dB 时，会使 10% 的人惊醒，60dB 时会使 70% 的人惊醒，当连续噪声级达到 70dB 时，会对 50% 的人睡觉产生影响。噪声分散人的注意力，容易使人疲劳、心情烦躁、反应迟钝、降低工作效率。当噪声为 60 ~ 80dB 时，工作效率开始降低，到 90dB 以上时，差错率大大增加，甚至造成工伤事故。噪声干扰语言交谈与收听，当房间内的噪声级达 55dB 以上时，50% 住户的谈话和收听受到影响，若噪声达到 65dB 以上，则必须高声才能交谈，如噪声达到 90dB 以上，则无法交谈。

噪声会造成人的听觉器官损伤。在强噪声环境下，人会感到刺耳难受、疼痛、听力下降、耳鸣，甚至引起不能复原的器质性病变，即噪声性耳聋。噪声性耳聋是指 500Hz、1000Hz、2000Hz 三个频率的平均听力损失超过 25dB。若在噪声为 85dB 条件下长期暴露 15 年和 30 年，噪声性耳聋发病率分别为 5% 和 8%；而在噪声为 90dB 条件下长期暴露 15 年和 30 年，噪声性耳聋发病率提高为 14% 和 18%。目前，一般国家确定的听力保护标准为 85 ~ 90dB。

噪声作用于中枢神经系统,使大脑皮层功能受到抑制,出现头疼、脑涨、记忆力减退等症状;噪声会使人食欲不振、恶心、肠胃蠕动和胃液分泌功能降低,引起消化系统紊乱;噪声会使交感神经紧张,从而出现心脏跳动加快、心律不齐,引起高血压、心脏病、动脉硬化等心血管疾病;噪声还会使视力清晰度降低,并且常常伴有视力减退、眼花、置孔扩大等视觉器官的损伤。

噪声自声源发出后,经过中间环节的传播、扩散到达接收者,因此解决噪声污染问题就必须从噪声源、传播途径和接受者三种途径分别采取在经济上、技术上和要求上合理的措施。

(1)降低噪声源的辐射

工业、交通运输业可选用低噪声的生产设备和生产工艺,或是改变噪声源的运动方式(如用阻尼隔震等措施降低固体发声体的震动,用减少涡流、降低流速等措施降低液体和气体声源辐射)。

(2)控制噪声的传播

改变声源已经发出的噪声的传播途径,如采用吸声降噪、隔声等措施。

(3)采取防护措施

如处在噪声环境中的工人可戴耳塞、耳罩或头盔等护耳器。

(二)环境噪声的控制

噪声控制方案的步骤如下:①调查噪声现状,以确定噪声的声压级;同时了解噪声产生的原因及周围的环境情况;②根据噪声现状和有关的噪声允许标准,确定所需降低的噪声声压级数值;③根据需要和可能,采取综合的降噪措施(从城市规划、总图布置、单体建筑设计直到构建隔声、吸声降噪、消声、减振等各种措施)。

城市的声环境是城市环境质量评价的重要方面。合理的城市规划布局是减轻与防止噪声污染的一项最有效、最经济的措施。我国的城市噪声主要来源于道路交通噪声,其次是工业噪声。道路交通噪声声级取决于车流量、车辆类型、行驶速度、道路坡度、交叉口和干道两侧的建筑物、空气声和地面振动等。工厂噪声是固定声源,其频谱、声级和干扰程度的变化都很大,夜班生产对附近的住宅区有严重的干扰。地面和地下铁路交通的噪声和震动,受路堤、路堑以及桥梁的影响,出现的周期、声级、频谱等都可能很不相同,这种噪声来自一个不变的方向,因而对城市用地的各部分的影响是不同的。而飞机噪声对整个建筑用地的影响是一样的,其干扰程度取决于噪声级、噪声出现的周期以及可能出现的最强的噪声源。

(1)与噪声源保持必要的距离

声源发出的噪声会随距离增加产生衰减,因此控制噪声敏感建筑与噪声源的距离能有效地控制噪声污染。对于点声源发出的球面波,距声源距离增加1倍,噪声级降低6dB;而对于线性声源,距声源距离增加1倍,噪声级降低3dB;对于交通车流,既不能作为点声源考虑,也不是真正的线声源,因为各车流辐射的噪声不同,车辆之间的距离也不一样,在这种情况下,噪声的平均衰减率介于点声源和线声源之间。

(2)利用屏障降低噪声

如果在声源和接收者之间设置屏障,屏障声影响区的噪声能够有效地降低。影响屏障降低噪声效果的因素主要有:①连续声波和衍射声波经过的总距离SWL;②屏障伸入直达声途径中的部分H;③衍射的角度0;④噪声的频谱。

(3)利用绿化减弱噪声

设置绿化带既能隔声,又能防尘、美化环境、调节气候。在绿化空间,当声能投射到树叶上时被反射到各个方向,而叶片之间多次反射使声能转变为动能和热能,噪声被减弱或消失了。专家对不同树种的减噪能力进行了研究,最大的减噪量约为10dB。在设计绿色屏障时,要选择叶片大、具有坚硬结构的树种。所以,一般选用常绿灌木、乔木结合作为主要培植方式,保证四季均能起降噪效果。

(三)建筑群及建筑单体噪声的控制

在规划及设计中采用缓和交通噪声的设计和技术方法,首先从声源入手,标本兼治,主要治本。在居住区的外围没有交通噪声是不可能的,控制车流量是减少交通噪声的关键。对于居住区的建设,在确定其用地前应从声环境的角度论证其可行性,切忌片面追求"城市景观"而不惜抛弃其他原则。要把噪声控制作为居住区建设项目可行性研究的一个方面,列为必要的基建程序。在住宅建成后,环境噪声是否达到标准,应作为验收的一个项目。组团一般以小区主干道为分界线,组团内道路一般不通行机动车,须从技术上处理区内的人车分流,并加强交通管理。主要措施如下:①可在居民组团的入口处或在居住区范围内统一考虑和设置机动车停车场,限制机动车辆深入居住组团。保持低的车流量和车速,避免行车噪声、汽车报警声和摩托车噪声的影响;②组团采用尽端式道路,或减少组团的出、入口数量,阻止车辆横穿居住组团。公共汽车首、末站不能设在居住区内部;③加强对居住区的交通管理,在居住组团的出、入口处或在居住区的出、入口处设置门卫、居委会或交通管理机构。

住宅退离红线总有一定的限度，绿化带宽度有限时隔声效果就不显著。替代的办法是临街配置对噪声不敏感的建筑作为"屏障"，降低噪声对其后居住区的影响。对噪声不敏感的建筑物是指本身无防噪要求的建筑物（如商业建筑）以及虽有防噪要求但外围护结构有较好的防噪能力的建筑物（如有空调设备的宾馆）。利用噪声的传播特点，在居住区设计时，将对噪声限制要求不高的公共建筑布置在临街靠近噪声源的一侧，对区内的住宅能起到较好的隔声效果。对于受交通噪声影响的临街住宅，由于条件限制而不能把室外的交通噪声降低到理想水平，一般多采用"牺牲一线，保护一片"的总平面布局。沿街住宅受干扰较大，但可在住宅个体设计中采取措施，而小区其他住宅和庭院则受益较大。

由于基地技术因素或其他限制，在缓和噪声措施未能达到政府所规定的噪声标准的情况下，用住宅围护阻隔的方法减弱噪声是一种较好的方法。在进行建筑设计前，应对建筑物防噪间距、朝向选择及平面布置等进行综合考虑。在防噪的平面设计中优先保证卧室安宁，即沿街单元式住宅，力求将主要卧室布置在背向街道一侧，住宅靠街的那一面布置住宅中的辅助用房，如楼梯间、储藏室、厨房、浴室等。当上述条件难以满足时，可利用临街的公共走廊或阳台，采取隔声减噪处理措施。

在外墙隔声中，门窗隔声性能应作为衡量门窗质量的重要指标。制作工艺精密、密封性好的铝合金窗、塑钢窗，其隔声效果明显好于一般的空腹钢窗。厚 4mm 单玻璃铝合金窗隔声量更是有显著的提高。改良后的双玻空腹钢窗也可达 30dB 左右。关窗，再加上窗的隔声性能好（或采用双层窗），噪声就可以降下来。但在炎热的夏季完全将窗密封是不可能的，可以应用自然通风采光隔声组合窗。目前，通风降噪窗隔声量可达 25dB 以上。这种窗用无色透明塑料板构成微穿孔共振吸声复合结构，除能透光、透视外，其间隙还可进行自然通风，同时又能有效降噪。据测，其实际效果相当于一般窗户关闭时的隔声量，无论在热工方面还是在隔声方面都基本上满足要求。

建筑内部的噪声大多是通过墙体传声和楼板传声传播的，主要是靠提高建筑物内部构件（墙体和楼板）的隔声能力来解决。当前，众多的高层住宅出于减轻自重方面的考虑广泛采用轻质隔墙或减少分户墙的厚度，导致其空气声隔声性能不能满足使用要求。当使用轻质隔墙时，应选用隔声性能满足国家标准要求的构造。另外，要保证分户墙满足空气声隔声的使用要求，分户墙应禁止对穿开孔。若要安装电源插座等，也应错开布置，尽量控制开孔深度，且做好密封处理。能达到设计目标隔声标准的分户墙可采取以下做法：① 200mm 厚加气混凝土砌块，双面抹灰；② 190mm 厚混凝土空心砌块墙，双面抹灰；③ 200mm 厚蒸压粉煤灰砖墙，双面抹灰；④双层双面纸面石膏板（每面 2 层厚 12mm），中空 75mm，内填厚 50mm 离心玻璃棉。

（一）日照与采光的关系

国家规定的日照要求指的是太阳直射光通过窗户照射到室内的时间长短（日照时间），对光的强弱没有规定。由于建筑窗的大小和朝向不同，建筑所在地区的地理纬度各异，加上季节和天气变化以及建筑周围的环境状况（挡光）的影响等，在一年中建筑的每天日照时间都不一样。

采光也是通过窗户获得太阳光，但不一定是直射太阳光，而是任意方向太阳光数量（亮度或照度）来建立适宜的天然光环境。与日照一样，采光受到各种因素影响，所获得的太阳光数量也是每时每刻都在变化的。

日照与采光的共同点是都利用太阳光，受到相同因素的影响，而且都有最低要求。根据国家《建筑日照参数标准》规定，在冬至或大寒日的有效日照时间段内阳光直接照射到建筑物内的时间长短定为日照标准。这是因为冬至或大寒日是我国一年中日照最不利的时间。同样，在侧窗采光中也是用最小采光系数值表示采光量，也就是建立天然光光环境的最低要求。

日照与采光的差别也十分明显。日照指的是获得太阳直射光照射时间，对于建筑光环境来说，日照与采光是一对好搭档，因为光环境中既需要天然光照射的时间又需要天然光的数量。没有采光就没有日照，有了采光还需要有好的日照。

（二）建筑与日照的关系

阳光是人类生存和保障人体健康的基本要素之一，日照对居住者的生理和心理健康都非常重要，尤其是对行动不便的老、弱、病、残者及婴儿；同时也是保证居室卫生、改善居室小环境、提高舒适度等的重要因素。每套住宅必须有良好的日照，至少应有一个居室空间能获得有效日照。如今城市的建筑密度大，高楼林立，住宅受到高楼挡光现象经常发生，通过法律解决日照问题已屡见不鲜，所以在建筑规划和设计阶段，无论影响他人或被他人影响的日照问题，首先都应在设计纸上做出判断和解决。

建筑的日照受地理位置、朝向、外部遮挡等外部条件的S制，常难以达到比较理想的状态。尤其是在冬季，太阳高度角较小，建筑之间的相互遮挡更为严重。住宅设计时，应注意选择好朝向、建筑平面布置（包括建筑之间的距离，相对位置以及套内空间的平面布置，建筑窗的大小、位置、朝向），必要时使用日照模拟软件辅助设计，创造良好的日照条件。

（三）采光的必要性

充足的天然采光有利于居住者的生理和心理健康，同时也有利于降低人工照明能耗，有利于降低生活成本。人类无论从心理上还是生理上已适应在太阳光下长期生活。为了获取各种信息、谋求环境卫生和身体健康，光成了人们生活的必需品和工具。采光自然成为人们生活中考虑的主要问题之一。采光就是人类向大自然索取低价、清洁和取之不尽的太阳光能,为人类的视觉工作服务。不利用太阳能或不能充分利用太阳能等于白白浪费能源。由于利用太阳光解决白天的照明问题无须费用,正如俗话所说,"不用白不用",何乐而不为呢?现在地球上埋藏的化石能源,如煤炭、石油等能源过度开发,日趋枯竭。为了开源节流,人们的目光已经转向诸如太阳能这样的清洁能源,自然采光和相关的技术显得特别重要。当然,目前的采光含义仍指建立天然光光环境,随着技术的进步,采光含义不断拓宽,终有一天,采光不仅为了建立天然光和人工光光环境,也为其他的用途提供廉价清洁的能源。

(四) 窗户与采光系数值

为了建立适宜的天然光光环境,建筑采光必须满足国家采光标准的相关要求,也就是如何正确选取适宜的采光系数值。首先根据视觉工作的精细程度来确定采光系数值。其规律是越精细的视觉工作需要越高的采光系数值,这已有明确的规定。另外,窗户是采光的主要手段,窗户面积越大,获得的光也越多。换句话说,窗地面积比的值越大,采光系数值也越大。在建筑采光设计中,知道了建筑的主要用途和功能以及窗地面积比这两项基本要素,就可计算采光系数。

在室内光环境设计时,能否取得适宜数量的太阳光需要精确的估算。采光系数是国家对建筑室内取得适宜太阳光提供的数量指标,它的定义是:在全阴天空下,太阳光在室内给定平面上某点产生的照度与同一时间、同一地点和同样的太阳光状态下在室外无遮挡水平面上产生的照度之比。由于采光系数不宜接受直射阳光的影响,与建筑采光口的朝向也就没有关系。关于室外无遮挡水平面上产生的照度,我国研究人员已科学地把全国分成 5 个光气候区,提供了 5 个照度,简化了复杂和多变的"光气候",于是主要影响采光系数值是太阳光在室内给定平面上某点产生的照度。照度由三部分光产生,即天空漫射光、通过周围建筑或遮挡物的太阳反射光和光线通过窗户经室内各个表面反射落在给定平面上的光。这三部分的光都可以用简单的图表进行计算,使采光系数的计算变得十分容易。

我国根据视觉作业不同,分成 5 个采光等级,并辅以相应的采光系数。每个等级又规定了不同功能或类型的建筑采用不同采光方式时的采光系数。目前,我国的绝大部分的建筑采光方式为侧面采光、顶部采光和两者均有的混合采光,因此不同的方式规定了不同的采光系数。

采光的质量像采光的数量一样是健康光环境不可缺少的基本条件。采光的数量(采光系数)只是满足人们在室内活动时对光环境提出的视功能要求,采光的质量则是人对光环境安全、舒适和健康提出的基本要求。采光的质量主要包括采光均匀度和窗眩光的控制。采光均匀度是假定工作面上的最小采光系数和平均采光系数之比。我国建筑采光标准只规定顶部采光均匀度不小于 0.7,对侧面采光不做规定,因为侧面采光取的采光系数为最小值，如果通过最小值来估算采光均匀度，一般情况下均能超过有些国家规定的侧面采光均匀度不小于 0.3 的要求。

采光引起的眩光主要来自太阳的直射眩光和从抛光表面来的反射眩光。窗的眩光是影响健康光环境的主要眩光源。目前，对采光引起的眩光还没有一种有效的限定指标，但是对于健康的室内光环境，避免人的视野中出现强烈的亮度对比由此产生的眩光，还可以遵守一些常用的原则，即被视的目标（物体）和相邻表面的亮度比应不小于 1∶3，而该目标与远处表面的亮度比不小于 1∶10。例如，深色的桌面上对着窗户并放置显示器时，在阳光下不但看不清目标，还要忍受强烈的眩光刺激。解决的办法是，首先可以用窗帘降低窗户的亮度，其次改变桌子的位置或桌面的颜色，使上述的两项比例均能满足。

（五）采光中需注意的其他问题

采光系数与窗的朝向无关。为了获得大的采光系数值，窗面积越大越有利。由于北半球的居民出于健康和心理原因，希望得到足够的日照，尤其是普通住宅的窗户，最好面朝阳或朝南开。直射阳光能量逐渐累积，使室内的空气温度不断升高，并正比于窗的太阳能量透过比和窗的面积，势必增加在夏季的空调负荷；在冬季，无论南向窗或北向窗，大面积窗户的散热又要增加采暖的负荷，因此采光窗的面积不是越大越好。国家建筑采光标准中根据窗地面积比得到的采光系数是合理和科学地体现了"够用"的原则，任何超过"够用"的原则，都要付出一定的代价。窗面积的大小可以直接影响建筑的保温、隔热、隔声等建筑室内环境的质量，最终影响人在室内的生活质量。

现代采光材料的使用，例如玻璃幕墙、棱镜玻璃、特殊镀膜玻璃等对改善采光质量有一定作用，有时因光反射引起的光污染也是十分严重的。特别在商业中心和居住区，处在路边的玻璃幕墙上的太阳映像经反射会在道路上或行人中形成强烈的眩光刺激。通过简单的几何作图可以克服这种眩光。例如，坡顶玻璃幕墙的倾角控制在 45° 以下，基本上可以控制太阳在道路上的反射眩光。对于玻璃幕墙建筑，避免大平板式的玻璃幕墙、远离路边或精心设计造型等是解决光污染比较有效的办法。

目前，采光形式主要有侧面采光、顶部采光和两者均有的混合采光，随着城市建筑密度不断增加，高层建筑越来越多，相互挡光比较严重，直接影响采光量，不少办公建筑和公共图书馆靠白天开灯来弥补采光不足，造成供电紧张。在建筑设计时，有时选用天井或采光井或反光镜装置等内墙采光方式，补充外墙采光的不足，同时也要避免太阳的直射光和耀眼的光斑。当然，最好办法是在城市规划的要求下，合理选址，严格遵守采光标准要求。

窗是采光的主要工具，也起着自然通风的作用。在窗尺寸不变的情况下，窗附近的采光系数和相应的照度随着窗离地高度的增加而减少，远离窗的地方照度增加，并有良好的采光均匀度，因此窗口水平上缘应尽可能高。落地窗无论对采光或通风均有良好效果，在现代住宅建筑采光窗设计中已成为时尚的做法，但对空调、采暖等其他建筑环境的影响需综合考虑。双侧窗使采光系数的最小值接近房间中心，可以增加房间可利用的进深。水平天窗具有较高的采光系数，有时可以比侧窗采光达到更高的均匀度，由于难以排除太阳的辐射热和积污，其使用受到严重制约。不管采用何种窗户，必须便于开启、利于通风和清洗，并要考虑遮阳装置的安装要求。

（六）开窗并不是采光的唯一手段

随着科技的发展，采光的含义也在不断地变化和丰富，开窗已经不是采光的唯一手段。过去，采光就是通过窗户让光进入室内，是一种被动式采光。现在，采光可以利用集光装置主动跟踪太阳运行，收集到的阳光通过光纤或其他的导光设施引入室内，使窗户作为主要采光手段的情况有所变化。将来，窗户主要作为人与外界联系的窗口，或作为太阳能收集器也是有可能的。目前，我国设计、制作和应用导光管的技术日趋成熟，可以把光传输到建筑的各个角落，而且夜间又可作为人工光载体进行照明，导光管是采光和照明均可利用的良好工具。

随着经济的发展，人们日益关注自己的生活质量。从"居者无其屋"到"居者有其屋"，再发展到当前的"居者优其屋"，人们对建筑的要求不断提高。如今，人们的目光更多地聚焦在与建筑自身息息相关的舒适性和健康性的层面上。室内热环境是指影响人体冷热感觉的环境因素，也可以说是人们在房屋内对可以接受的气候条件的主观感受。通俗地讲，就是冷热的问题，同时还包括湿度等。

（一）房间功能对日照的要求

在我国早期的住宅中，多以卧室为中心，卧室是住宅中的主要居住空间。在住宅的空间设计中，显然要将所有的卧室置于日照通风条件最佳的位置，为住户提供最好的享受自然能源的环境。近年来，随着住房条件的不断改善，住宅内部的休息区、起居活动区及厨卫服务区三大功能分区更趋向明确合理。卧室是供人们睡眠、休息兼存放衣物的地方，要求轻松宁静，有一定的私密性。白天人们工作、学习、外出，即使在家各种起居活动也不在卧室中。也就是说，以夜间睡眠为主、白天多是空置的卧室，向南还是向北，有无直接日照，对于建筑节能而言差别不大。在满足通风采光，保证窗户的气密性和隔热性的要求下，卧室不向南也不影响人对环境的适应性。

在现代住宅中，客厅已成为居住者各种起居活动的主要空间。白天的日照、阳光对于起居活动中心的客厅来讲，更有直接的节能意义。对于上班族来讲，由于实行双休日制度后，白天在家的时间增多了，约占全年总天数的 1/4，对于老年人、婴幼儿来讲，则多数时间是待在客厅里的，即使是学生，寒暑假、周末在家，其主要活动空间也是在客厅里，所以现在的住宅中，客厅的面积远比一个卧室大。白天，客厅的使用频率比卧室高得多，已是住宅中的活动中心，是现代住宅中的主要空间。如果客厅向南，客厅内的自然光环境和自然热环境都会比较理想，其节能效应是不言而喻的。

（二）人对热环境的适应性

面对艳阳高照的天气，夏季的高温对人体确实是个考验。不同人对室内高温热环境的容忍程度不同，有人会觉得酷热难耐，而另一些人就觉得没什么，这主要是因为热耐受能力是因人而异的。人体的热耐受能力与热应激蛋白有关，而这种热应激蛋白合成的增加与受热程度和受热时间有关。经常处于高温环境中，热应激蛋白的合成增加，使人体的热耐受力增强，以后再进入同样的环境中，细胞的受损程度就会明显减轻。

人对外部环境冷热度是有一定适应性的。在运动、静坐时身体都会产生大量的热。在极端条件下，核心体温可能从 37℃升至 40℃以上。当周围温度较高时，人体可以通过热辐射、对流、传导和蒸发来散热，随着周围温度的升高，通过这三种方式散热将越来越困难，此时，人体主要的散热方式为汗液在表皮的蒸发。

因此，在人与环境的相互关系中，人不仅仅是环境物理参数刺激的被动接受者，同时也是积极的适应者。但人对热环境的适应范围是有限的，当周围环境温度的提高影响人体健康时，就必须采用人工降温手段来调节。人对居室热环境有不同程度的调节行为，包括用窗帘或外遮阳罩来挡住射入室内的阳光，用开闭门窗或用电扇来调节室内的空气流速；自身对热环境的调节行为可以是身着舒适简便的家居服装、喝饮料、洗澡冲凉等。这些适应性手段无疑增加人们的舒适感，提高了他们对环境的满意程度。

（三）影响室内热环境的主要因素

影响室内热环境的因素，除了人们的衣着、活动强度外，还包括室内温度、室内湿度、气流速度以及人体与房屋墙壁、地面、屋顶之间的辐射换热（简称环境辐射）。人体与环境之间的热交换是以对流和辐射两种方式进行的，其中对流换热取决于室内空气温度和气流速度，辐射换热取决于围护结构内表面的平均辐射温度。这也意味着，影响人体舒适性的因素除上述几个方面外，还包括外衣吸热能力和热传导能力、人体运动量系数、风速、辐射增温系数等。

一般来说，空气温度、空气湿度和气流速度对人体的冷热感觉产生的影响容易被人们所感知、认识，而环境辐射对人体的冷热感产生的影响很容易被大家所忽视。如在夏天，人们常关注室内空气温度的高低，而忽视通过窗户进入室内的太阳辐射热以及屋顶和西墙因隔热性能差,引起内表高对人体冷热感产生的影响。事实上,由于屋顶和西墙隔热性能差,内表面温度过高,能使人体强烈地感到烘烤。如果室内空气温度高、气流速度又小,更会感到闷热难耐。

而在冬季的采暖房屋中,人们常关注室内空气温度是否达到要求,而并没有注意到单层玻璃以及屋顶和外墙保温不足,内表面温度过低,对人体冷热感产生的影响。实践经验告诉人们,在室内空气温度虽然达到标准,但有大面积单层玻璃窗或保温不足的屋顶和外墙的房间中,人们仍然会感到寒冷;而在室内空气温度虽然不高,但有地板或墙面辐射采暖的房间中,人们仍然会感到温暖舒适。

另外,室内空气的热均匀性也非常重要。夏天,在许多开空调的室内空间中,中心区域温度为23℃,但靠近窗或墙的区域温度高达50℃,这是由保温隔热差的建筑外墙或窗体造成的。热均匀性差不仅浪费大量的能耗费用,而且使特定区域暂时失去使用功能。人在这样大温差空间中生活工作,健康也受到很大的影响。

(四) 热舒适性指标与标准

热舒适性是居住者对室内热环境满意程度的一项重要指标。早在20世纪初,人们就开始了舒适感研究,空气调节工程师、室内空气品质研究人员等所希望的是能对人体舒适感进行定量预测。国际公认的ASHRAE 55热舒适性标准规定了温度和湿度的舒适性范围:温度为21~23℃,湿度为30%~70%,且两者是相互关联的,即较低的湿度对应较高的温度,较高的湿度对应较低的温度。

(五) 采暖方式对热舒适性的影响

我国北方地区传统的采暖是集中供热方式,在窗户下设散热器。传统的散热器主要靠空气对流,散热速度快、散热量大。以前主要由于采暖系统本身的缘故,导致无法进行局部调节,无法满足用户对热舒适性的要求。现在国内提倡分户采暖、分户计量,采用许多适于调节的采暖方式。低温辐射地板采暖就是其中的一种。低温辐射地板采暖是一种主要以辐射形式向周围表面传递热量的供暖方式。辐射地板发出的8~131μm远红外线辐射承担室内采暖任务,可以提高房间的平均辐射温度,辐射表面温度低于常规散热器,室内设定温度即使比对流式采暖方式低4~9℃,也能使人们有同样温暖的感觉,水分蒸发较少,红外线辐射穿过透明空气,可以克服传统散热器供暖方式造成的室内燥热、有异味、失水、口干舌燥等不适。对于地板辐射采暖,辐射强度和温度的双重作用减少了房间四周壁面对人体的冷辐射,室内地表面温度均匀,室温可以形成由下而上逐渐递减的"倒梯形"分布,人员活动区可以形成脚暖头冷的良好微气候,符合中医提倡的"温足而冷顶"的理论,从而满足舒适的人体散热要求,改善人体血液循环,促进新陈代谢。

此外,热辐射板是通过埋设于地板下的加热管—铝塑复合管或导电管,把地板加热到表面温度18~32℃,均匀地向室内辐射热量而达到采暖效果。空气对流减弱,大大减少了室内因对流所产生的尘埃飞扬的二次污染,有较好的空气洁净度和卫生效果。

(六)南方潮湿地区除湿的方式

中国南方地区的气候比较潮湿,尤其是在梅雨季节,给人们日常生活带来了许多困扰。我国长江以南大部分地区每年都会遭遇一年一度的梅雨季节,这时相对湿度高,极不舒适,而且阴雨天特别容易使人心情沉闷。

环境潮湿不仅让墙壁、衣物发霉,而且更是危害到人的健康。德国一项研究显示,室内湿度每增加10%,气喘发生率就会增加3%。此外,尘螨、霉菌也喜欢待在高湿度的地方。高温、高湿的环境,让细菌、病毒及变应源大肆蔓延,会引发过敏、气喘、异位性皮肤感染等诸多疾病,每逢梅雨季节,医院这些过敏性疾病的患者就会特别多。

事实上,潮湿是影响人们工作与生活的一个环境因素,如果室内某些东西曾经发出异味、变色、变质、光泽丧失、生锈、功能老化、寿命减短、长霉斑、长水纹甚至长虫,大都是潮湿的原因。因此,每个家庭都应该做好防潮措施,在条件允许的情况下,最好在家中放上一支湿度计,这样就能随时查看空气湿度,如果发现湿度太高,可以安装机械湿度调节器,如除湿机、抽湿机等。机械除湿的方式主要有除湿机去湿与空调制冷去湿两种。

除湿机的工作方式是在机器内部降温,把空气中的水分析出,空间的温度会略微上升,但温差不明显,比较适用于盛夏以外的潮湿季节,用电量也相对节约。空调器制冷模式作为空调的基本功能,对空调器结构设计、控制方式的要求比较低,造价低廉,但在用这种方式达到抽湿目的的同时必然会造成房间温度下降。

在人工制冷空调出现之前,解决室内环境问题的最主要方法是通风。通风的目的是排出室内的余热和余湿,补充新鲜空气和维持室内的气流场。建筑物内的通风十分必要,它是决定人们健康和舒适的重要因素之一。通风换气有自然通风和机械通风两种方式。

通风可以为人们提供新鲜空气,带走室内的热量和水分,降低室内气温和相对湿度,促进人体的汗液蒸发降温,使人们感到更舒适。目前,随着南方炎热地区节能环保意识的增强,夏季夜间通风和过渡季自然通风已经成为改善室内热环境、提高人体舒适度、减少空调使用时间的重要手段。

一般说来,住宅建筑通风包括主动式通风和被动式通风两个方面。住宅主动式通风是指利用机械设备动力组织室内通风的方法,一般与通风、空调系统进行配合。而住宅被动式通风是指采用"天然"的风压、热压作为驱动,并在此基础上充分利用包括土壤、太阳能等作为冷热源对房间进行降温(或升温)的被动式通风技术,包括如何处理好室内气流组织,提高通风效率,保证室内卫生、健康并节约能源。具体设计时应考虑气流路线经过人的活动范围;通风换气量要满足基本的卫生要求;风速要适宜,最好为 0.3 ~ 1.0m/s;保证通风的可控性;在满足热环境和室内人员卫生的前提下尽可能节约能源。应注意的是,住宅建筑主动式通风应合理设计,否则会显著影响建筑空调、采暖能耗。例如,采暖地区住宅通风能耗已占冬季采暖热指标的 30% 以上,原因是运行过程中的室内采暖设备不可控以及开窗时通风不可调节。

(一) 被动式自然通风

建筑通风是由于建筑物的开口处(门、窗等)存在压力差而产生的空气流动。被动式通风分热压通风和风压通风两类。热压通风的动力是由室内外温差和建筑开口(如门、窗等)高差引起的密度差造成的。因此,只要有窗孔高差和室内外温差的存在就可以形成通风,并且温差、高差越大,通风效果越好。风压通风是指在室外风的作用下,建筑迎风面气流受阻,动压降低,静压增高,侧面和背风面由于产生局部涡流,静压降低,与远处未受干扰的气流相比,这种静压的升高或降低统称为风压。静压升高,风压为正,称为正压;静压下降,风压为负,称为负压。当建筑物的外围结构有两个风压值不同的开口时就会形成通风。通常,室内自然通风的形成,既有热压通风的因素,也有风压通风的原因。

被动式自然通风系统又分为无管道自然通风系统和有管道自然通风系统两种形式。无管道通风是指上述所说的,经开着的门、窗所进行的通风透气,适于温暖地区和寒冷地区的温暖季节。而在寒冷季节里的封闭房间,由于门窗紧闭,故需专用的通风管道进行换气,有管道通风系统包括进气管和排气管。进气管均匀排在纵墙上,在南方,进气管通常设在墙下方,以利通风降温;在北方,进气管宜设在墙体上方,以避免冷气流直接吹到人。

在合理利用被动式自然通风的节能策略过程中,建筑师起着举足轻重的作用,没有建筑设计方案的可行性保证,采用自然通风节能是无法实现的。在建筑设计和建造时,建筑开口的控制要素—洞口位置、面积大小、个数、最大开启度等已成定局;在建筑使用过程中,通风的防与控往往是通过对洞口的关闭或灵活的开度调节实现的。建筑房间的开口越大,传热也越多,建筑的气候适应性越好,但抵御气候变化的能力越差。在高寒地区的冬季,通风换气与防寒保温存在着很大的矛盾,在进行通风换气时应认真考虑解决好这一矛盾。对通风预防策略的一个方面是使建筑房间尽可能变成一个密闭空间,消除其建筑开口。例如,在寒冷地区,设置门斗过渡空间较为普遍,通过门外加门、两门错位且一开一闭增强建筑的密闭功能;门帘或风幕的设置也是增强建筑密闭性的一种简易方式。但建筑是以人为本的活动空间,对于人流量较大的公共建筑,建筑入口通道的设计处理体现通风调控策略。

(二) 家庭主动式机械通风

当自然通风不能保证室内的温、湿度要求时,可启动电风扇进行机械通风。虽然空调采暖设备进入千家万户、居室装修成为时尚后,电风扇淡出了房间,机械通风的利用被大大淡化了。但实际上,风扇可以增加室内空气流动,降低体感温度。若空调、电扇切换使用,可以显著降低空调运行时间,强化夜间通风和建筑蓄冷效果。

在炎热地区，加强夜间通风对提高室内热舒适非常有效。一天中并非所有时刻室外气温都高于室内所需要的舒适温度。由于夜间的空气温度比白天更低，与舒适温度的上限（26℃）差值更大，因此加强夜间通风不仅可以保证室内舒适，而且有利于带走白天墙体的蓄热，使其充分冷却，减少次日空调运行时间，可以实现 2% ~ 4% 的节能效果。故而许多人把加强夜间通风视为南方建筑节能的措施之一。但夜间温度也是变化的，泛泛谈论夜间通风不够严谨；通风时间长短、时段的选择对通风实际效果至关重要，4:00 ~ 6:00 是夜间通风的最佳时段。

随着我国经济的发展和人们消费观念的变化，室内装修盛行，且装修支出越来越高，但天然有机装修材料（如天然原木）的使用越来越少。而大部分人造材料（如人造板材、地毯、壁纸、胶黏剂等）是室内挥发性有机化合物的主要来源，尤其是空调的普遍使用，要求建筑围护结构及门、窗等有良好的密封性能，以达到节能的目的，而现行设计的空调系统多数新风量不足，在这种情况下容易造成室内空气质量的极度恶化。在这样的环境中，人们往往会出现头疼、头晕、过敏性疲劳和眼、鼻、喉刺痛等不适感，人体健康受到极大的影响。

(一) 室内污染源与空气污染物

室内空气污染物的来源是多方面的，研究发现，室内空气污染物主要来源于室内和室外两个方面。室内来源主要有两个方面：一是人们在室内活动产生的，包括人的行走、呼吸、吸烟、烹调、使用家用电器等，可产生 SO_2、CO_2、NO_x 可吸入颗粒物、细菌、尼古丁等污染物。二是建筑材料、装修材料和室内家具中所含的挥发性有机化合物，在使用过程中可向室内释放多种挥发性有机化合物，如苯、甲苯、二甲苯、甲醛、三氯甲烷、三氯乙烯及 NH，等。室外来源主要是室外被污染了的空气，其污染程度会随时间不断地变化，所以其对室内的影响也处于不断变化中。

(二) 室内污染物对人体的危害

室内空气品质是一系列因素作用的结果，这些因素包括室外空气质量、建筑围护结构的设计、通风系统的设计、系统的操作和维护措施、污染物源及其散发强度等。室内空气污染一部分是外界环境污染由围护结构（门、窗等）渗入或由空调系统新风进入，其随地点、季节、时间等有较大的变化；绝大部分是由室内环境自身原因所造成的，污染程度随室内环境（如室内容积、通风量、自然清除等）和室内人员活动的不同有较大范围的变化。减少室内吸烟的人员数量和时间对减少污染程度也是非常关键的。

一般无家具的住宅的室内的污染主要来自地板、油漆、涂料等装潢材料，甲醛和苯的放散量较少，而油漆涂料在风干过程中挥发性有机化合物放散量较大。在对已入住的住宅调查中发现，因装修引起的污染正在逐步减少，取而代之的是由于新家具中的甲醛和挥发性有机化合物造成的第二次污染。在接受测试的三种有害物中，甲醛的问题最为严重，挥发性有机化合物的情况次之，苯的情况相对较好。

第三节　绿色建筑的土地利用

　　城市的发展与我国土地资源的总体供求矛盾越来越尖锐。土地危机的解决方法主要是：应控制城市用地增量，提高现有各项城市功能用地的集约度；协调城市发展与土地资源、环境的关系，强化高效利用土地的观念，以逐步达到城市土地的持续发展。

　　村镇建设应合理用地、节约用地。各项建筑相对集中，允许利用原有的基地作为建设用地。新建、扩建工程及住宅应当尽量不占用耕地和林地，保护生态环境，加强绿化和村镇环境卫生建设。

　　珍惜和合理利用土地是我国的一项基本国策。国务院有关文件指出，各级人民政府要全面规划，切实保护、合理开发和利用土地资源；国家建设和乡（镇）村建设用地必须全面规划、合理布局；要节约用地，尽量利用荒地、劣地、坡地，不占或少占耕地。

　　节地，从建筑的角度上讲，是建房活动中最大限度少占地表面积，并使绿化面积少损失、不损失。节约建筑用地，并不是不用地，不搞建设项目，而是要提高土地利用率。在城市中，节地的途径主要是：①适当建造多层、高层建筑，以提高建筑容积率，同时降低建筑密度；②利用地下空间，增加城市容量，改善城市环境；③城市居住区，提高住宅用地的集约度，为今后的持续发展留有余地，增加绿地面积，改善住区的生态环境，充分利用周边的配套公共建筑设施，合理规划用地；④在城镇、乡村建设中，提倡因地制宜，因形就势，多利用零散地、坡地建房，充分利用地方材料，保护自然环境，使建筑与自然环境互生共融，增加绿化面积；⑤开发节地建筑材料，如利用工业废渣生产的新型墙体材料，既廉价又节能、节地，是今后绿色建筑材料的发展方向。

　　在当今社会，人们越来越深刻地认识到作为人类生存环境基础的土地是不可再生的资源，特别是对于人口众多的我国，人均可利用的土地资源非常少，如果再不珍惜土地，将会严重影响我们当代和子孙后代的基本生存条件。

　　在城市规划与建筑设计时，一项评价建筑用地经济性的重要指标是建筑密度，建筑密度是建筑物的占地面积与总的建设用地面积之比的百分数，也就是建筑物的首层建筑面积占总的建设用地面积的百分比。一般一个建设项目的总建设用地要合理划分为建筑占地、绿化占地、道路广场占地和其他占地。

　　建筑密度的合理选定与节约土地关系十分密切，先举一个简单的例子：假设要在一座城市的一个特定的区域建设 30000m² 住宅，根据城市规划的总体要求，这一区域的建筑高度有限制，只能在地上部分建 10 层的住宅，而且地上各层的建筑外轮廓线和建筑面积要相同。两位建筑师分别做出了各自的设计方案：甲建筑师的方案建筑密度为 30%，这样推算，建筑的占地面积为 3000m²，建设总用地面积就需要 10000m²；乙建筑师的方案建筑密度为 40%，也照理推算，建筑的占地面积是 3000m²建设总用地面积就需要 7500m²。这样，乙建筑师的方案就比甲建筑师的方案在满足设计要求的前提下节约建设用地 2500m²。

　　从上面的举例中可以看到，同等条件下设计方案的建筑密度较高者更节约土地，但并非建筑密度越大越好，应控制在合理的范围内。前文中提到，在城市规划与建筑设计时，除建筑密度是影响建设用地面积的重要指标外，绿化占地、道路广场占地也是影响建设用地面积的重要因素。绿化占地面积与总的建设用地面积的百分比称为绿地率。在城市规划的基本条件要求中，一般都给出对绿地率的具体指标数据，大约为 30%，而现在提倡绿色建筑，建筑环境更应给予重视，所以绿色建筑设计的绿地率应大于 30%。由此，在建筑设计时可以进行调整的是建筑占地和道路广场占地之间的关系，道路广场占地主要是满足总的建设用地内的机动车辆和行人的交通组织以及机动车辆和自行车的停放需要，只要合理地减少道路广场占地面积，就有可能合理地增加建筑密度。

　　建设地下停车场是目前建筑师常用的方法，虽然建设成本略有增加，车辆的行驶距离也略有增加，但可以大幅度地减少道路广场占地面积，而且为积极倡导采用的人车分流设计手法提供了基础条件。还有一种方法在对首层建筑面积不是十分苛求的办公楼和住宅楼可以采用，那就是建筑的首层部分架空，将这部分面积供道路设计使用，也可以作为绿化用地使用，由于这种方法可以使建筑的外部造型产生变化，绿化环境的空间渗透也会出现奇妙的效果，不失为节约用地的一个好办法。

　　我国地下空间的历史可以追溯到秦汉时期，当时帝王的陵墓建筑中有较多的地下空间。我国古代一般为土葬，帝王们死后要把一些日常生活的用品带入地下陪葬，这些陪葬品要布置在安置棺椁的墓室旁，这就需要地下部分有一定的空间。陪葬品埋在地下，保密性较强。后来的帝王陵墓逐渐增加了地上部分的建筑规模，地下部分就显得不那么重要了，但传统观念使得地下墓室的形制一直流传到封建社会的最后一个王朝—清朝。

　　在日常工作中，人们也很早就发现了地下空间的重要性，史书记载早在西汉时期，随着连年的战乱，用于军事的地下防御工事应运而生。在普通老百姓的家中，躲避和隐藏的地下空间也开始出现。后来，人们又发现地下空间有着独特的内部温度、湿度条件，可以用来储藏一些反季节的生鲜蔬菜和其他食品，在 20 世纪中后期，我国华北、东北地区还有大量的地下储藏空间。

在国外，因为文化传统、生活习俗的不同，地下空间基本上用于防御、储藏。由于地质条件的限制，古代欧洲的地下空间以半地下的居多，便于采光和自然通风，或以堆土的方式使其成为完全的地下空间。在当今社会，欧洲的一些传统别墅的地下空间还完美地发挥着酒窖的储藏功能。

有着悠久历史的地下空间，在目前建筑技术日益发展的条件下，基本上可以实现地上建筑的功能要求，在开发和使用地下空间的同时，我们在完成着另一个重要的功能—节约土地。

随着我国城市化进程的加快，土地资源的减少成为必然。合理开发利用地下空间，是城市节约土地的有效手段之一。可以将部分城市交通，如地下铁路交通和跨江、跨海隧道，尽可能转入地下，把其他公共设施，如停车库、设备机房、商场、休闲娱乐场所等，尽可能建在地下，这样，可以实现土地资源的多重利用，提高土地的使用效率。

土地资源的多重利用还可以相对减少城市化发展占用的土地面积，有效控制城市的无限制扩展，有助于实现"紧凑型"的城市规划结构。这种城市减少了城市居民的出行距离和机动交通源，相对降低了人们对机动交通特别是私人轿车的依赖程度，同时可以增加市民步行和骑自行车出行的比例，这将使城市的交通能耗和交通污染大幅降低，实现城市节能和环保的要求。

但在利用地下空间时，应结合建设场地的水文地质情况，处理好地下空间的出、入口与地上建筑的关系，解决好地下空间的通风、防火和防地下水渗漏等问题，同时应采用适当的建筑技术实现节能的要求。今后，当人们享受着城市地下铁路带来的快捷交通的时候，其实也正在为城市的节约土地和创造美好的环境做出贡献。

随着人类社会的发展，任何事物都会发生从新到旧的转变，这是一种自然规律，是不以人们的意志而改变的。建筑作为大千世界中的个体事物，也逃脱不了从新到旧的这一过程。在任何一座拥有历史的城市中，都会存在着许多旧的建筑。旧的建筑一般分为两部分：一小部分是在建筑的使用过程中，这里曾经发生过重大历史事件或有重要历史人物在此居住、生活过，这些建筑通常作为历史遗址保护起来，供人们瞻仰、参观；而绝大部分是随着使用寿命的终结，被人为拆毁。

近年来，我国房地产投资规模高速增长，但由于城市的可供开发的土地资源有限，便出现了大量拆除旧建筑的现象。一座设计使用年限为50年的建筑，如果仅使用二三十年就被人为拆除，这种建筑短命现象无疑会造成巨大的资源浪费和严重的环境污染，也违背了绿色建筑的基本理念。

造成建筑不到使用年限就被拆除的原因是多种多样的，主要有三个方面的原因：一是由于城市的发展使得城市规划发生改变，土地的使用性质也会发生改变，如原来的工业区规划变更为商业区或住宅区,现存的工业建筑就会被大规模拆除;还有就是受房地产开发的利益驱动,为扩大容积率,增加建筑面积,致使处于合理使用年限的建筑遭受提前拆除的厄运。

二是由于原有建筑的功能或品质不能适应当今社会人们的要求,如二十世纪七八十年代兴建的大批住宅的功能布局已不能满足现代生活的基本要求,因而遭到人们观念上的遗弃。

三是由于建筑质量的问题,如按照国家和地方现行标准、规范衡量,旧建筑在抗震、防火、节能等方面达不到要求,或因为设计、施工和使用不当出现了质量问题。

对于因城市规划的改变,使得用地性质改变的区域,面临旧建筑的拆除时,首先应对旧建筑的处置进行充分的论证,研究改造后的功能可行性,不到建筑使用寿命的应考虑通过综合改造而继续使用。

如果旧建筑的性能不能满足新的要求,那么建筑的改造将会更具挑战性。建筑的长寿命和不断变化的功能需求是矛盾的,新建筑在建筑设计时就应考虑建筑全寿命周期内改造的可能性,建筑平面布局的确定、建筑结构体系的选择、设备和材料的选用等都要为将来改造留有余地,适用性能的增强在某种程度上可以延长建筑的寿命。而旧建筑要综合考虑技术和经济的可能性。

充分利用尚可使用的旧建筑,是节约土地的重要措施之一,这里提到的旧建筑是指建筑质量能保证使用安全或通过少量改造后能保证使用安全的旧建筑。对旧建筑的利用,可以根据其现存条件保留或改变其原有的功能性质。

旧建筑的改造利用还可以保留和延续城市的历史文脉,如果一座城市随处可见的都是新的建筑,就会使外来的游客感觉到城市发展史的断层,也会使城市的环境缺少了文化的底蕴。

城市的发展有着各自的多样性和独特性,可以说没有一座城市是按照严格意义上的城市规划发展而成的。在古代,虽然城市的规模较小,但人们只能规划控制城郭以内的地方,城郭之外,也就是护城河外的地区,规划就不控制了。在近现代,国外的城市规划师曾尝试建设"规划城市",较早的是法国的现代主义建筑大师勒·柯布西耶在印度的昌迪加尔做了一个小规模的城市中心区规划,其中部分建筑是完全按照建筑师的设想兴建的,后来柯布西耶去世了,没有人能真正理解他的设计本意,这个规划只能放弃了,城市的发展规划就由其他人完成了。澳大利亚首都堪培拉的建成,是由于当时悉尼和墨尔本两大城市争做首都,于是国会决议在两个城市的中间选址定都,堪培拉由此而来。澳大利亚政府邀请了美国建筑师格里芬担当规划任务,格里芬也不负众望,做出了城市结构清晰、功能布局合理的山水城市规划。许多年来,澳大利亚政府一直严格依据这一规划建设自己的首都,但近年来,随着城市常住人口的增加和旅游者的大批到来,政府的城市规划部门不得不重新修改原有的蓝图。

城市发展过程中的废弃地的产生就是最好的例证，也是城市规划变化中不可避免的。废弃地的利用要解决一些技术难题，如砖厂、沙石场遗留下来的多是深坑，土壤资源已缺失，加上雨水的浸泡，场地会失去原有的地基承载能力，遇到这种情况，只能采用回填土加桩基的方法，使原有废弃地的地基承载能力满足建筑设计的要求；对于垃圾填埋厂址，首先要利用科技手段将垃圾中对人们身体有害的物质清除掉，再利用上述方法提高地基的承载能力，如果有害物质不易清除，也可以用换土的办法保证废弃地的利用。

住区公共服务设施应按规划配建，合理采用综合建筑并与周边地区共享。公共服务设施的配置应满足居民需求，与周边相关城市设施协调互补，有条件时应考虑将相关项目合理集中设置。

根据《城市居住区规划设计规范》相关规定，居住区配套公共服务设施（也称配套公建）应包括教育、医疗卫生、文化、体育、商业服务、金融邮电、社区服务、市政公用和行政管理九类设施，住区配套公共服务设施，是满足居民基本的物质与精神生活所需的设施，也是保证居民居住生活品质的不可缺少的重要组成部分。为此，该规范提出相应要求，其主要的意义在于以下几点：①配套公共服务设施相关项目建综合楼集中设置，既可节约土地，也能为居民提供选择和使用的便利，并提高设施的使用率。②中学、门诊所、商业设施和会所等配套公共设施，可打破住区范围，与周边地区共同使用。这样既节约用地，又方便使用，还节省投资。

绿色建筑用地应尽量选择具备良好市政基础设施（如供水、供电、供气、道路等）以及周边有完善城市交通系统的土地，从而减少这些方面的建设投入。

为了减少快速增长的机动交通对城市大气环境造成的污染以及过多的能源与资源消耗，优先发展公共交通是重要的解决方案之一。倡导以步行、公交为主的出行模式，在公共建筑的规划设计阶段应重视其入口的设置方位，接近公交站点。为便于居民选择公共交通工具出行，在规划中应重视居住区主要出、入口的设置方位及城市交通网络的有机联系。居住区出、入口的设置应方便居民充分利用公共交通网络。

第三章 绿色工业建筑节能技术

第一节 工业建筑通风节能技术

自然通风是指利用建筑物内外空气的密度差引起的热压或室外大气运动引起的风压来引进室外新鲜空气达到通风换气作用的一种通风方式。相比于完全利用机械通风和空调的建筑,自然通风的建筑能耗会大大减少。这是因为当对建筑进行自然通风时,不需要消耗机械动力,同时在适宜的条件下又能获得巨大的通风换气量,因此是一种非常经济的通风方式。因此,工业建筑宜充分利用自然通风消除工业建筑余热、余湿。自然通风的优点主要包括以下几个方面。

第一,节约能源。自然通风的节约能源体现在以下几个方面:①降低风机能耗。自然通风降低了机械通风中驱动空气进行室内外流动的风机能耗;同时,由于自然通风不像机械通风一样需要风管输送空气来为建筑通风,因此降低了这部分驱动风管内空气的风机的能耗。②降低制冷负荷。虽然机械制冷可以与自然通风一起使用,但通常自然通风对机械制冷的依赖度较低。自然通风建筑物通常利用外部空气就可以充分控制室内的环境参数,如热湿负荷和空气质量。③自然通风建筑物内的人员往往对室内气候的波动有更高的接受度,即对于温度和湿度水平的接受范围更大。利用这点特性,可以使自然通风建筑室内夏季的可接受温度比机械通风建筑更高,而冬季的可接受温度比机械通风稍低,从而有效地降低用来调节室温的加热/制冷机械设备的能耗。

第二,灵活改善室内环境质量。室内人员通常希望能够通过调整窗户的开闭来控制建筑环境。对于机械通风的建筑来说,室内人员很难自行对通风系统进行调节。同时,为了保持机械通风系统的正常运行,通常是不能自行开闭窗户的。否则可能会对室内人员舒适度和通风系统能耗方面造成很大的影响。然而,自然通风可以很灵活地调整窗户的开启和关闭,这也是自然通风进行室内环境调节的重要手段。

第三,降低初投资成本。当使用机械通风和空调对室内环境进行调节时,需要大量的设备和配件，如风机、制冷设备、空气净化设备、风管、风口等。这些设备的成本可能会占到整个建筑成本的30%。尤其是在工业建筑中，为维持室内环境往往需要巨大的通风量，因此相关设备和配件的投资是十分巨大的，这些设备和配件也占据了大量的室内空间。对于自然通风来说，其所需的设备及管道系统占据的空间较少。当然，达到良好的自然通风效果设计也需要相应的成本，但总体而言这些成本远小于机械通风建筑。

第四，降低维修和更换成本。机械通风和空调的建筑物需要经常性的、定期的维护一并且维护与更换机械设备的费用往往非常大。然而，自然通风中的设备通常不需要维护，或是对维护需求很低。

机械通风的建筑一般需要在15～20年的时间内进行大修、翻修甚至更换设备。相比之下，防雨百叶、管道、避风天窗等自然通风中使用的设备通常可以持续使用更长的时间，即使需要进行更换，一般来说价格也是比较便宜的。

第五，与自然光照明相适应。建筑中提供充足的照明是十分必要的，而自然通风的工业建筑中往往设有大开口面积的天窗，因此可以充分利用自然光的照明。首先，可以有效降低用电量；第二，白天的阳光水平会有变化，这对内部人员的生理和心理都很有益。然而，自然光在照明的同时也会导致部分热量以辐射方式进入室内。通常在夏季的时候，为了保持建筑内部的凉爽、降低热量进入建筑，需要设置合适的外部遮阳，避免阳光直射入室内；在冬季，建筑室内需要供暖时，需要更多的自然光进入室内。由于冬季的太阳比夏季位置要低，因此可以将建筑的外部遮阳设施设计成最大限度地提高冬季阳光的室内照射，同时避免夏季的室内阳光直射。

第六，通风换气量大。相比于机械通风系统，由于自然通风系统的进、排风口面积往往较大，且只要热压和风压存在，通风就可以持续进行，因此自然通风建筑往往都有巨大的通风换气量。而对于机械通风建筑，由于受到通风系统容量、能耗等限制，往往无法达到自然通风的通风量。

虽然自然通风在大部分情况下是一种经济、有效的通风方式，但是，它同时也是一种难以进行有效控制的通风技术。因为自然通风受室外气象条件（温度、风速）的影响较大，通风量及通风效果难以控制。只有在对自然通风作用原理了解的基础上，才能合理利用自然通风，使其高效运行。

自然通风的动力包括热压与风压，本节分别对热压和风压的作用机理进行阐述，并对适用于工业建筑的自然通风量的应用形式和优化设计方法进行分析。

（一）自然通风的应用形式

为了提高自然通风的效果，应采用流量系数较大的进、排风口或窗扇，如在工程设计中常采用的性能较好的门、洞、平开窗、上悬窗、中悬窗及隔板或垂直转动窗、板等。

同时，提供自然通风用的进、排风口或窗扇，一般随季节的变换要进行调节。在不同的室外情况下采取不同的自然通风策略,对进排风口进行合理调节,才能最大化实现自然通风的效果。对于不便于人员开关或需要经常调节的进、排风口或窗扇,应考虑设计机械开关装置 – 否则自然通风效果很可能不能达到设计要求。

通风天窗是利用室内外温度差所形成的热压及风力作用所造成的风压来实现自然通风换气的一种通风装置,在工业建筑的自然通风设计中非常常见。

有时由于风压的作用,普通的天窗的迎风面排风窗口会发生倒灌现象,破坏正常自然通风形式,恶化室内环境。因此,在平时需要及时将迎风面天窗关闭,依靠背风面天窗的负压来排风。由于自然风风向的随机性,这种做法在实际应用中比较麻烦。为了让天窗可以稳定地排风,在任何工况下都不发生倒灌,因此需要在天窗上增加一些措施,保证天窗的排风口在任何风向下都处于负压区,这种天窗叫做避风天窗。

目前,常用的避风天窗有如下几种形式:矩形天窗、下沉式天窗、弧线(折线)天窗等。

(1)矩形天窗

矩形天窗是应用得较多的一种天窗。这种天窗在窗孔位置设计了各种形式的挡风板,可以有效避免风倒灌进入室内。这种天窗的采光面积大,窗孔集中在厂房的中部,当热源集中布置在厂房中部时,有利于迅速排出热气流。

(2)下沉式天窗

下沉式天窗的特点是把部分屋面下移,放在屋架的下弦上,利用屋架本身的高度(即上、下弦之间的空间)形成避风天窗。当自然风在屋面上吹过时,下沉部分自然就形成了负压区,有利于排出室内的热气流。根据下沉处理方法的不同,下沉式天窗可分为纵向下沉式、横向下沉式和天井式三种。

自然通风器是指依靠室内外温差、风压等产生空气的压差实现空气流通的通风器,一般可分为条形屋面通风器和球形自然通风器。利用自然通风技术,根据自然界空气对流、自然环境造成的局部气压差和气体的扩散原理,结合自身独特的结构设计,使空气流动,以提高室内通风换气效果,不需要机械动力驱动。在室外无风时,依靠室内外稳定的温差,能形成稳定的热压自然通风换气;当室外自然风风速较大时,依靠风压就能保证有效换气。

条形屋顶通风器是针对一般工厂厂房屋顶上装设的自然通风天窗的单一功能,予以改良设计而成。自行设计的整流骨架是由钢板一体成型,上方搭接通风盖,整流骨架两边则固定侧板,因此具备通风及采光等功能。这种自然通风装置具有结构简单、重量轻,不用电力也能达到良好的通风效果等优点,适用于高大工业建筑。

球形屋顶自然通风器完全不依靠机械通风,仅靠热压运行,其工作原理是利用自然风力推动涡轮叶壳的旋转,同时利用离心力诱导通风器内空气排出。涡轮叶壳上的叶片可以捕捉迎风面的风力,从而推动叶片、涡轮叶壳旋转。因为叶壳的旋转而产生的离心力,诱导了涡轮下方的空气从背风面的叶片间排出。随着空气的不断排出，室外的新鲜空气不断通过窗户、门等通风口得以补充，于是实现了对房间进行通风换气的目的。

此外，还有一种文丘里型的自然通风器。这种自然通风器上安装了诱导风管，在风吹过时通风器会将进风口旋转至迎风位置，利用风吹过通风器上横向的文丘里管内部产生的低压，产生抽吸效应，将室内空气吸到室外。

太阳能通风系统的原理是利用太阳能加热空气，增加空气的热压驱动力，强化自然通风。因其具有降低建筑供暖通风与空调能耗、改善室内空气品质及能源资源可再生等优点而广泛应用于生态建筑设计中。太阳能的优势使得太阳能通风作为一项能够利用太阳能强化自然通风的技术，在许多建筑场合得到应用。

太阳能通风主要的结构形式包括太阳能通风墙、太阳能烟囱、双层玻璃幕墙中庭通风、太阳能空气集热器等。其中，太阳能通风墙和太阳能烟囱的结构类似，两者的特点是由盖板、吸热板以及中间的空气流道共同组成的排风系统。太阳能烟囱通常有太阳能集热墙体和太阳能集热屋面两种典型结构。太阳能集热屋面又分为竖直式和倾斜式两种结构形式。此外，还有墙壁屋顶式的太阳能烟囱、辅助风塔通风的太阳能烟囱等。冬季需要引入室外新风时，开启通风墙外侧下部风口和内侧上部风口，此时室外冷空气在流过通风墙时被墙壁加热向上运动，在被充分加热后通过内侧风口送入室内；冬季不需要引入室外新风时，开启通风墙内侧上下部风口，室内冷空气进入通风墙，在其中被加热向上运动，通过上部风口回到室内，提高室内温度；夏季运行工况，开启通风墙内侧下部风口和外侧上部风口，室内空气进入通风墙，被墙壁加热向上运动，通过外侧上部风口排出室外。

（二）自然通风的优化设计原则

（1）进、排风口面积

热压自然通风设计时，应使进、排风口高度差满足热压自然通风的需求。厂房自然通风是利用热压作用和室外空气流动时产生的风压作用，使厂房内外空气不断交换，形成自然通风。

热加工车间在生产过程中，散发大量的余热和灰尘等污浊气体，恶化了厂房内部环境，必须通过有效地组织厂房自然通风，迅速排除余热和污浊气体而改善内环境质量。当厂房高度和生产散热量为一定时，合理协调进、排气口面积，是提高厂房自然通风效果的关键所在。

厂房自然通风设计的原则应该是尽量设法降低中和面的位置。因为中和面的位置低，就意味着由室外进入厂房内的新鲜空气，绝大部分或全部都流经工作区范围。显然，这对降低作业区温度、提高工作区空气质量，即提高自然通风效果，将起着决定性作用。减小天窗开口面积,对减小厂房结构断面、降低厂房土建工程投资起到较大的作用。

由自然通风原理可知,当进、排气量为定值时,降低中和面位置的关键手段,就是合理协调进、排气口面积的比值。

在利用外窗作为自然通风的进、排风口时,进、排风面积宜相近,应力求进气口面积不小于或大于排气口面积,这应该是提高自然通风效果的极为重要和有效的技术措施。当受到工业辅助用房或工艺条件限制,进风口或排风口面积无法保证时,应采用机械通风进行补充,形成利用热压的自然与机械的复合通风方式。在条件允许的情况下,可在地面设置进风口的方式,以增加进风面积。以地道作为热压通风进风方式,可获得较低的进风温度,提高热压通风效果。相似地,当排风面积无法保证时,应采用机械排风方式进行补充。

工业厂房自然通风设计,不能只根据既定的建筑布局,单纯通过通风计算来决定天窗开口面积。在进行厂房自然通风设计时,首先要在满足通风量需要的前提下,尽量降低中和面位置,即争取将进风口面积集中开设在房间下部作业区范围内。要尽量将遮挡厂房下部侧墙进风口位置的辅助建筑和设备移动位置,保证进风口的面积和进风量。若因特殊原因无法移动阻挡物位置,则要将其下部架空,为厂房留取进风口位置。这样做会增大一些初期投资,但可以大幅度提高厂房的自然通风效果。

(2)进、排风口高度

夏季由于室内外温差较小,故形成的热压小,为保证足够的进风量,消除余热、提高通风效率,自然进风口的位置应尽可能低、自然排风口的位置应尽可能高,以增加进、排风口的高度差,增强热压通风效果。参考国内外的相关资料,夏季自然通风进风口的下缘距离室内地坪的上限不应超过1.2m。冬季为防止冷空气吹向人员活动区,进风口下缘不宜低于4m,冷空气经过上部侧窗进入室内,当下降至工作区时,已经经过了一段混合加热的过程,这样就不至于使工作区过冷。如果进风口下缘低于4m,则应采取防止冷风吹向人员活动区的措施。

(3)进、排风口位置

除了合理设计进排风口的面积,还需要合理设计进排风口的位置,避免气流短路现象。

所谓气流短路,指由进气口进入厂房内的新鲜空气,在未进入作业区范围之前,就已经被加热而上升至天窗等排风口排出室外的现象。显然,这样的通风进气没有起到提高作业区空气质量和改善作业区热环境的作用。因此,为提高厂房自然通风效果,应尽量避免气流短路的现象。

高侧窗进气,即会造成气流短路现象。除了上述特殊情况之外,一般情况下是应尽量避免高侧窗进气。因为花费较多的投资,设置大面积的高侧窗,而又发挥不了应有的作用,是得不偿失的。这也就是说,通常设置在厂房起重机轨面以上的高侧窗,没有必要设计为开启窗,采用造价低廉的固定式采光带即可。但是考虑到起重机检修时操作人员的换气需要,尚须每隔一定距离在该采光带上设置一个换气口。

在某种情况下,为节省投资起见,有时自然通风设计将高侧窗作为排气口考虑,此种情况下当然需做成开启式窗。但为了避免因风压作用大于热压作用时出现倒灌现象，而扰乱厂房的自然通风组织、恶化室内环境，因此当设计采用高侧窗作为排气口时，必须像避风天窗一样，设置挡风板装置。

造成厂房气流短路现象的因素有多种，因此在进行自然通风设计中，应仔细分析，采取有效措施，尽量避免出现这种现象。

(1) 多跨厂房的自然通风布置

对于二类工业建筑，室内热源散发大量热量，为了提高自然通风效果，利用围护结构散热，在工艺条件允许的情况下，应尽量采用单跨结构。

但工业建筑受到工艺条件限制可能会出现不允许单跨结构的情况如大型钢铁企业中，有一些多跨热加工厂房，如热轧带钢厂的热卷库、热轧型钢厂的冷床区等。这类厂房内不但散热量很大，而且是多跨，有的厂房宽度可达150m以上。同时，由于厂房很宽，仅靠两侧外墙进气，不但送风口面积无法满足要求，而且送风的深度也远远无法达到要求。这就导致厂房中部位置形成严重的气流短路现象。此种情况下，如果只是通过自然通风计算求得天窗面积，设置更多天窗也难以满足室内通风的要求。此时可以考虑采取以下有效措施：

① 在热跨中部留取空跨或天井

在热跨中部留取空跨或者天井，可以使冷空气从空跨或者天井中进入室内，提高自然通风的通风量，在冷热跨之间形成良好的空气流动，不仅有利于通风、提高室内环境质量及有利于操作人员健康，对于热处理车间来说，还有助于加速材料的自然冷却速度，从而缩短生产运作进程，对生产工艺有很大帮助。

② 采取冷热跨交替的布局，避免热跨相邻

在多跨工业建筑中宜将冷热跨间隔布置，宜避免热跨相邻。这样可以利用冷跨天窗进气，同时应在冷热跨之间设置距地面3m左右的悬墙，这样可以使由冷跨天窗进入的新鲜空气流经热跨的作业区，再经热跨天窗排出。该悬墙的另一个作用是防止热跨上升的热气流侵入冷跨，使冷跨天窗不是进气，而成为热跨天窗排气的补充设施了。在许多工程设计中，由于在冷热跨之间未设置该悬墙，效果很不理想，究其原因就是冷跨天窗未很好地起到进气作用，而成为热跨排气的补充天窗，即使偶尔进气，也会形成气流短路。这就导致通风效果很不理想。

(2) 厂房的总平面布置

自然通风的原理决定了其通风效果的好坏很大程度上取决于室外的环境参数，如室外温度、风速和风向。因此，在厂房的总平面布置上，要尽量考虑最大化利用自然通风的有利条件，避免不利因素。

以风压自然通风为主的工业建筑，在确定其朝向时，应考虑利用夏季最多风向来增加自然通风的风压作用或形成穿堂风，因而以风压自然通风为主的工业建筑，其迎风面与夏季主导风向宜成60°~90°，且不宜小于45°。这样可以最大限度地利用风压来进行自然通风。

室外风吹过建筑物时，会在迎风侧形成正压区，在背风侧形成负压区。正压区和负压区的范围大小与建筑物的形状和高度密切相关。在这些区域范围内如果设有自然通风的送、排风口，那么通风的效果就会受到影响。上风向建设有高大厂房，而下风向的厂房较为低矮。这样当室外风吹过时，就会在高大建筑后侧形成很大范围的负压区，在负压区范围内，风速较低，多出现各种回流现象。这种建筑布置方式会产生多种问题：第一，下风向的低矮厂房无法充分利用风压进行自然通风，通风效果不好；第二，高大厂房的自然通风的排风系统要进行相应的调整，否则其排出的余热和污染物如果排放至负压区，很可能会再次进入低矮厂房，造成低矮厂房室内环境严重恶化；第三，低矮厂房的自然通风系统也需要进行相应的调整，否则其排放出的余热和污染物很可能进入负压区，而再次回到低矮厂房内，难以被真正排除。

周围空气被粉尘或其他有害物质污染的工业建筑，不能采用自然进风。由于目前工业建筑集中度较高，不同工业建筑所产生的污染物种类不同，因此在进行厂房总图设计时，必须充分考虑释放污染物的厂房对其他自然通风厂房的影响。同时，当厂房内部产生大量污染物时，也不能通过自然通风等手段将污染物释放到大气中。无组织排放对环境污染的程度大于有组织排放，这是因为有组织排放的废气都经过了高效的净化处理。

（3）生产工艺布置

在进行自然通风设计的时候，要根据生产工艺进行合理的布置。

①以热压为主进行自然通风的厂房，应当尽量将发热设备布置在天窗等排风口的正下方，以方便上升热气流直接通过天窗排出室外。②当热源靠近厂房的一侧外墙布置，且外墙与热源之间无工作地点时，该侧外墙的进风口，宜布置在热源的间断处，这样就避免了从进风口进入室内的空气被散热设备加热和污染，提高了通风效率和室内热舒适度。③当建筑利用穿堂风进行自然通风时，热源和污染源宜布置在厂房内主导风向下风侧，同时应在建筑下风侧设置挡风板等措施，防止刮倒风时余热和污染物被吹到室内，恶化室内环境。

（一）局部排风的基本形式

局部排风系统主要由局部排风罩、风管、风机和除尘净化处理设备组成。

①局部排风罩：局部排风系统的终端设备，用以捕集各种污染物；②排风管：输送被捕集的污染气体；③净化设备：在将污染气体排放至大气或者循环利用之前，将其中的污染物分离处理；④风机：为局部排风系统的气流运动提供动力。

局部排风系统的效率很大程度上取决于从污染物源头到排风口的运输过程。可以通过调节排风口结构和排风量、污染源的动量分布、使用辅助空气射流、优化环境气流分布和调整操作人员自身行为的方式来实现系统的优化。局部排风的性能取决于这些因素之间复杂的相互作用。

（二）局部排风的分类

在局部排风系统中，排风罩是系统的终端捕集装置。根据工艺和需求的不同，排风罩有各种形状、尺寸和设置方法。根据工作原理和方式的不同，局部排风罩可分为以下几种基本类型：①密闭排风罩；②接受式排风罩；③外部排风罩。

绝大多数排风罩可以归类到这三种排风罩形式中。有的时候，排风罩可能同时包含上述几类排风罩特征。不同形式的局部排风罩对于污染物的控制能力有很大不同。

密闭式排风罩（或称密闭罩）是将生产过程中的污染源密闭在罩内，同时进行排风，以保持罩内负压，防止污染物泄漏到罩外的一种排风罩形式。当密闭排风罩排风时，排风罩外的空气通过缝隙、操作孔口等渗入罩内，缝隙处的风速一般不应小于 1.5m/s。排风罩内的负压一般应在 5～10Pa 左右，排风罩排风量除了从缝隙和孔口进入的空气量外，还应考虑因工艺需要而进入的风量，或者污染源产生的气体量，或物料盛装时挤出的空气。

不同的因素导致密闭罩内不同位置的压力升高变为正压导致污染物从罩内扩散，因此，密闭罩的排风口位置应根据生产设备的工作特点以及污染气流的运动规律来确定。

对于输送散状物料的封闭罩，排风带走的物料越少越好，因此宜在物料少的地方接排风管，而且排风管入口处的风速不宜太大，其风速为：粉状物料不大于 0.7m/s；粒状物料不大于 1m/s；块状物料不大于 2m/s。另外，为防止因飞溅产生的高速气流溢出排风罩，在有高速气流处不应有孔口或缝隙；或适当加大密闭罩的体积，使高速气流自然衰减。密闭罩应当根据工艺设备的具体情况设计其形状、大小。最好将污染物散发位置密闭，这样可以降低排风量，比较经济节能。当无法将污染源密闭时，可将整个工艺设备密闭在罩内，同时开设检修门用于维修和操作。这样做的缺点是排风量较大，占地大。

当由于操作上的需要，无法将生产污染物的设备完全或部分地封闭，而必须开有较大工作面时，可以设置半密闭排风罩。属于这类排风罩的有柜式排风罩（或称通风柜、排风柜）、喷漆室、砂轮罩等。柜式排风罩分为吸气式和吹吸式两种。污染物密度小或产热量较大的工艺过程，由于污染气流受热向上运动，因此需要用上部排风；密度大或生产过程不产生热量时，为使排风口尽可能靠近污染物，可采用下部排风；密度不确定或者密度与空气接近时可选用上下同时排风，并随工艺不同对排风口风量进行调节。

有些生产过程或者设备本身会产生或者诱导一定的气流，这些气流带动污染物一起运动，根据具体形式有较为确定的运动方向，如热污染源上部会产生夹带污染物上升的浮羽流，砂轮磨削时会高速抛出磨削及大颗粒粉尘，诱导出大量较高速度的含尘气流等。由于这类污染气体有较高的速度，因此如果使用一般的外部排风罩需要很大的控制风速，控制效果也难以得到保障。因此，对于这类情况，在设置排风罩时应积极利用污染气流的运动,让罩口正对污染气流的自身运动方向,使污染气流直接进入排风罩内。这类利用污染气流自身运动进行捕集的排风罩被称为接收式排风罩(接受罩)。

接受式排风罩的外形与外部排风罩几乎相同,但二者的工作原理和设置形式有很大不同。对于接受式排风罩来说,污染气体在罩口外的运动主要是由生产过程本身造成的,接受式排风罩主要起接受这些污染物的作用。故接受式排风罩的排风量取决于污染气流的流量大小。因此,在相同的工作条件下,接受式排风罩所需的排风量远远小于一般的外部排风罩,同时控制效果也更好。同时,接受式排风罩的罩口尺寸不应小于罩口处污染气流的尺寸。

(1) 外部排风罩的基本原理

由于生产工艺的限制,当生产设备不能密闭时,应在污染源附近设置外部排风罩,利用外部排风罩的抽吸作用,在污染源周围形成低压区,使四周的空气都在压差作用下向排风罩口加速流动;从而使污染物被吸入外部排风罩内。这类排风罩统称为外部排风罩。外部排风罩是应用非常广泛的一种排风罩类型。

为保证污染物全部吸入罩内,必须在距吸气口最远的污染物散发点(即控制点)上造成适当的空气流动。控制点的空气运动速度称为控制风速(也称吸入速度)。这样就提出一个问题,外部排风罩需要多大的排风量,才能在污染物捕集位置造成必要的控制风速。

要解决这个问题,必须掌握污染源与排风口距离和控制风速之间的变化规律。因此,首先要研究排风罩口气流的运动规律。

汇流作用下的排风口可以看做是一个“点汇”,吸气汇流过程本质上是压差导致的空气流动。当吸气开始时,在吸气口附近形成低压区,周围气体都会在压差的作用下向此区域加速流动,这种亚声速的低速汇聚流动使流体的压力降低,因此在吸气过程中低压区会一直保持。排风口的有效控制范围随着与出口距离增加而快速衰减,因此,在设置排风口时,应尽量靠近污染源,并应该设法减小其吸气范围。

对于有较高速度的污染气流来说,很难利用外部排风罩进行控制。这时往往需要设置密闭罩或者接受罩。但是由于生产过程的多样性,在实践中,设计者和供应商应对实际情况下的控制风速进行检查,必要时还要进行实际验证。

(2) 外部排风罩的分类

根据外部排风罩设置位置和形式的不同,可分为上部排风罩、下部排风罩、侧吸排风罩和槽边排风罩等。不同类型的外部排风罩主要是为了更好地满足生产过箱的需要。例如,一些生产过程需要在污染源上部通过天车吊装,因此就不能设置上部排风罩;一些生产过程是在敞口槽内完成的,例如电解和电镀,此时适合设置槽边排风罩,等等。

（三）局部排风的优化设计原则

①根据排风罩捕集效率的高低，应按照密闭排风罩、半密闭排风罩和外部排风罩的顺序来设置局部排风罩。即当有条件设置密闭排风罩的时候，尽可能不设置半密闭排风罩和外部排风罩。②根据污染源的不同形式和性质，选用与污染物情况相适应的排风罩。

局部排风罩的设置应靠近污染源，其形状和尺寸应与污染源对应。

在高温过程产生的热羽流或者热浮射流中，距热源表面 $1 \sim 2$ 倍热源直径或 $1 \sim 2$ 倍长边尺寸处，热羽流断面会发生收缩，气流覆盖范围宽度最小且流速较高。局部排风罩口位于此高度易于获得较高的捕集效率。故集中热源上部设置局部排风罩时，其罩口高度宜在距热源表面 $1 \sim 2$ 倍热源直径或 $1 \sim 2$ 倍长边尺寸高度处。

当排风罩距离热污染源较近时，排风罩的形状应与污染源形状相对应，实现最小的排风罩面积捕集污染物，在相同排风量的情况下获得更高的排风控制风速，从而提高排风罩的捕集效率。

当排风罩距离热污染源较远时，排风罩口形状需对应热羽流横断面形状。对于一定长宽比范围内的热羽流，在运动过程中其形状都会逐渐趋近于圆形。因此，当排风罩距离污染源较远时，如炼钢厂房中的屋顶排风罩，相同排风罩口面积下，宜根据热羽流发展的规律设置圆形排风罩。

①排风罩的吸气气流方向应尽可能与污染气流的运动方向一致。当污染气流与排风气流的方向一致时，能有效增大污染物实际吸入风速，同时减小污染物的扩散，有利于提高排风罩捕集效率。②排风罩的吸气气流不应经过操作人员呼吸区，同时不应让污染物进入操作人员的呼吸区。操作人员不应该面向或者背对排风气流。当背对排风气流时，会在操作人员面前产生负压区，负压区内气流不易扩散，易产生污染物聚集。此时操作人员呼吸区处于负压区内，会导致操作人员吸入污染物；当面对排风气流时，污染气流会经过操作人员的呼吸区后再进入排风罩，同样会危害操作人员健康。③排风罩的设计和配置应尽量不影响操作工艺。例如，对于有天车吊装需求的生产过程，则不能设置顶部排风罩或者上部接收罩，这时应考虑设置侧吸式排风罩或者下吸式排风罩。④在设置排风罩时，要充分考虑周边干扰的影响。常见的周边干扰有：附近其他生产过程产生的气流运动；大风天气的自然影响；冷却空调、风扇气流的影响；附近打开门窗进、排风的影响；车辆、设备运动产生的气流；在附近移动的操作人员；设计不合理的补风。

第一，由于生产工艺等限制，排风罩不能设置在污染源附近，或排风罩形状和尺寸不能与污染源对应时，应针对具体情况合理设置法兰边、挡板、气幕等装置来降低排风罩口吸气范围,限制污染物在到达排风罩前的扩散和掺混,以提高排风罩的排气效率。

在排风罩口设置法兰边,可以有效阻挡排风罩口后方的空气被吸入排风罩内,从而在罩口前方创造一个更大的控制范围。

设置挡板提高排风罩口的排风效率,其原理主要基于两方面:①设置挡板限制了污染气流对周围空气的卷吸。靠近挡板的污染气流运动可以利用镜像原理,采用两个相同羽流叠加后的总流量的一半来计算。点热源羽流在受限挡板条件下相同断面上的流量仅为非受限条件下的 63% 左右。②设置挡板使污染气流在运动时受到康达效应影响,产生附壁作用,降低了污染气流的扩散。

第二,当污染物的流动并非均匀时,有时需要调节排风罩口的速度分布,这可以通过在排风罩内设置多种形式的导流板来实现。例如,当受热上升的污染气体在被排风罩捕集时,由于排风罩边缘的速度较低,因此可能会出现部分污染气体从排风罩边缘脱离控制的情况。这时就需要考虑加强排风罩边缘的排风速度,利用导流板可以有效地提高排风罩边缘的风速,从而降低污染气体逃逸的几率。

第三,低回流排风罩口设计,设计局部排风罩时应注意排风罩口形状。如果设计不当,会使气流在排风罩口产生流动分离、回流和较强的湍流,从而降低排风罩的捕集效率。

当气流被吸入没有设置任何设施的排风罩口时,在罩口会出现气流分离现象,产生负压回流区。回流区的存在会对排风罩产生两种负面影响:①部分已经被吸入排风罩的污染气体会随着回流区的运动重新脱离排风罩的控制,从罩口边缘逃逸到建筑环境中,从而降低排风罩的捕集效率;②由于回流区的存在,导致排风罩口处的流线收缩,相当于排风罩口截面积减小,排风阻力增大,有效排风量降低,从而进一步降低了排风罩的捕集效率。

对于越大的排风罩,这种罩口气流流动分离现象越明显。要减小排风罩口的回流区,可在排风罩口设置"喇叭"形法兰板,让排风罩口边缘附近气流平滑进入排风罩,进而有效降低排风罩口的流动分离、减小回流区,进而有效提高排风效率。

对于一些面积较大、工作人员较少且位置相对固定的场合,如果采用全面通风会造成很大的能耗,可以采用局部送风方式;这样就只需要对工作人员工作的地点进行环境保证。另外,采用局部送风方式时,有时可以允许工作人员根据自身需求对送风参数进行调节,以实现满足不同需求的个性化送风。

(一)局部送风的基本形式

对于面积较大、操作人员较少的生产车间,用全面通风的方法改善整个车间的生产环境,既困难又不经济。例如有些车间,只需要对操作人员和重点位置进行送风,就可以有效降低局部环境温度,降低局部污染物浓度。这种在局部地点营造良好空气环境的通风方法称之为局部送风。在工业建筑环境控制中,局部送风经常用来对室内人员、重点设备和产品所处局部环境进行调节和保护。局部送风系统一般由送风口、送风管、空气处理设备和风机等部分组成。

①送风口：局部送风系统的终端设备，用来将新鲜空气送到指定位置；②送风管：输送新鲜空气；③空气处理设备：将室外空气或室内循环空气进行处理，使其参数达到送风标准；④风机：为局部送风系统的气流运动提供动力。

局部送风系统的效率高低，主要取决于送风口到送风目标之间的新鲜空气输运过程。输运过程与送风口结构、送风量、送风参数、环境气流和送风目标特性（如操作人员自身行为）密切相关。局部送风系统的性能取决于这些因素之间的复杂相互作用。因此，在设计应用局部送风系统时，要充分考虑到各种影响因素的作用。

（二）局部送风的分类

如果操作人员经常停留的工作地点辐射强度和空气温度较高，或者工作地点散发有害气体或粉尘不允许采用再循环空气时（如铸造车间的浇注线），可以采用系统式局部送风装置。采用系统式局部送风的基本原理是利用射流的基本理论。

送风空气一般要经过冷却处理，可以用人工冷源，也可以用天然冷源（如利用地道冷却），进行空气降温。

系统式局部送风系统在结构上与一般送风系统完全相同，差别在于送风口的结构。常见的送风口形式是一个渐扩短管，它适用于工作地点比较固定的场合。旋转式送风口，出口设置有导流叶片，喷头与风管之间采用可转动的活动连接，可以任意调整送风气流方向。旋转式送风口适用于工作地点不固定，或设计时工作地点还难以确定的场合。球形喷口，它可以任意调节送风气流的喷射方向，广泛应用于生产车间的长距离送风。当工作地点较为固定，且需要局部送风对操作人员进行较为全面的保护时，可选用大型送风口。这种送风口的送风可以整个覆盖住操作人员的活动范围，对操作人员的保护效果最好。

"Air dress"送风系统是基于康达效应的一种个性化送风系统。其送风是基于一种环形的条缝形风口，工作原理是：从环形条缝形风口垂直向下送出的送风气流在向下运动的过程中，将会由于康达效应的作用而贴附于人体表面，同时因为其具有向下运动的动量，继而沿着人体表面继续向下运动，此时在人体表面就形成了一层干净、舒适的空气，就像是在人体表面穿上了一件空气衣"Air dress"，因此称为"Air dress"送风系统。

"Air dress"送风不直接吹向人的头部，且需要的风量小，因此具有如下优点：①满足人体呼吸区的新风量要求；②满足整个人体微环境的热舒适性要求；③实现人体的整体防护；④避免吹风感；⑤更加节能。

(三) 局部送风的优化设计原则

局部送风系统应符合下列要求：①不得将有害物质吹向人体。②局部送风系统应设置合理的送风范围，不宜让局部送风气流干扰污染气流的运动和排风系统对污染物的捕集。③局部送风系统应根据现场实际情况，例如操作人员的劳动性质和劳动强度来设定送风速度和温度，尽量减少操作人员的吹风感。④操作人员活动范围较大时，宜采用可移动或可旋转送风口。

(一) 吹吸式通风的基本原理

为提高捕集效率，局部排风罩往往要求设置在尽可能靠近污染源的位置。然而由于工业生产中的限制，污染源距离排风罩口较远时，宜采用吹吸式通风系统。吹吸式通风作为局部通风中的一种，是利用吹风罩形成定向的吹风气流和排风罩形成的排风气流一起组成的联合装置，吹吸式通风系统不仅可以很好地控制污染物和有害气体，还能在很大程度上节省风量，降低能耗，所以吹吸式通风系统装置比起仅设置局部排风装置，具有控制污染物效果好、控制区域灵活、节能等众多优点，同时系统风量小、抗外界干扰气流能力强，可以广泛应用在各种场合。

在吹吸气流中，送风射流的稳定性相对较强，速度衰减很慢，其在轴心处当吹风距离大于风口宽度的 2 倍时仍可以保持完好，大于 20 倍的位置处风速依旧在 20% 以上，可知送风射流的控制能力非常强；但排风气流衰减则很快，所以如果把吹风气流和排风气流联合起来工作，既可以弥补排风气流衰减快的弱点，还可以增加控制范围和距离。

吹吸式通风系统广泛应用于各类场合，在工业生产中对污染物的捕集效果明显，它使用送风射流让污染物与周围空气隔断，既对污染区进行了有效的控制，还降低了对工作人员操作的影响。吹吸式通风系统的运行和维护费用也相对较低，初投资也比较少，是一种很理想的控制局部环境、排除污染物的通风方式。

鉴于考虑吹吸作用的方法和适用条件不同，吹吸式通风系统存在多种不同的设计计算方法。影响吹吸系统工作的因素很多，如吹吸风口的结构形式和尺寸，吹吸口有无挡板，吹吸风量的大小和比例，处理对象的尺寸和工艺条件等，而现有计算法考虑的因素不同。另一个因素是如何考虑吹气气流与吸气气流的作用方式，吹出气流可以吹到比较远的地方，能量衰减得比较慢，而吸入气流则能量衰减得比较快，二者的关系如何，应该分别考虑还是联合考虑。以下从考虑吹吸气流有无相互作用的角度，将现有的吹吸式通风设计方法进行分类。

(二) 吹吸式通风的分类

根据送风气流的气流特性及对污染物的控制方式不同，吹吸式通风主要可分为敞口槽吹吸式通风和工作区吹吸式通风两种。

高速流场的敞口槽吹吸式通风和低速流场的工作区吹吸式通风（利用平行流吹吸式通风控制污染）之间的区别为：①控制区域不同。敞口槽吹吸式通风适用于控制工业槽内的污染物扩散；平行流吹吸式通风主要用于工业厂房内工作区域的局部环境控制，适用于排风口设置位置距离污染源较远的情况。②控制风速不同。敞口槽吹吸式通风是利用从吹风口吹出的高速气流所形成的空气幕阻挡从工业槽内散发出来的污染物向周围环境传播，并使之随吹吸气流经排风罩排出；平行流吹吸式通风是利用从吹风口均匀吹出的低速吹风射流所形成的宽阔的吹吸气流流场来控制污染物的传播，同时，用处理过的新鲜空气组成平行流，不但向操作者提供新鲜空气，同时不让污染空气与操作者接触而直接排除。

（三）吹吸式通风的优化设计原则

吹吸式通风性能的好坏，主要取决于送风、污染源、排风三个要素。只有合理匹配这三个要素之间的关系，吹吸式通风才能实现真正的高效节能。根据三个要素之间不同的配置，吹吸式通风可以分为四种典型状态：发散状态、过渡状态、封闭状态和强吸状态。

当三个要素匹配极度不合理时，吹吸式通风呈发散状态，即大量污染物不受通风系统控制逸散到室内环境中。其中，当送风射流速度严重不足时，送风气流直接被污染气流推开，流向送风口上游方向。当送风量提高而排风量不足时，部分污染物会突破送风空气幕的影响逸散到环境中。当送风量过大时，送风和污染物的混合气流不能完全被排风口捕集，从而导致部分混合气流逸散到环境中。这三种情况下的吹吸式通风都没有起到相应的作用，因此是失效的。

（1）障碍物位置对吹吸流场速度分布的影响

障碍物的存在对障碍物后流场影响显著。送风射流在障碍物前方与障碍物碰撞，流动在此流域形成流动滞止区，转向沿物体壁面向周围流动，在障碍物后的很大范围内，速度都比较低，随着距离的增加，汇流作用对流场的控制起到主导作用，其下游速度逐渐恢复。障碍物距离吹风口越近，障碍物对速度分布的影响越大，障碍物后低速区的范围越大。障碍物离吹风口越近，障碍物对流场的影响越大。障碍物后低速区范围对污染物控制有一定的影响。在局部通风系统中，一般需要有控制风速，根据污染源的性质以及干扰气流来确定控制风速，如果吹吸流场的风速过低，就不能抵御干扰，容易造成污染物的扩散。一般将最低控制风速取为 0.3m/s，因此要尽量避免在障碍物后低速区存在干扰气流。

（2）障碍物尺寸对吹吸流场速度分布的影响

障碍物的存在使流场发生变化体现在两个方面：一是使射流流场发生了偏转流场变宽；二是障碍物周边的流场发生了比较大的变化，各障碍物迎风面速度急剧下降，至障碍物处形成流动滞止区，转向沿物体壁面向周围流动，在障碍物后形成低速区。各障碍物对迎风面前的影响比较接近，但各障碍物对背风面区域的影响与障碍物尺寸有较大关系。

随着障碍物长度的增加，障碍物后低速区的范围减小。障碍物越长，对于其不利的一方面是，根据前文中障碍物位置对流场影响的规律，障碍物迎风面距离吹风口越近，障碍物后的低速区越大。然而，对其有利的有两点，其一是障碍物越长，分离的边界层会出现二次附着，射流沿着障碍物流动，在障碍物后分离时的宽度变窄，减小了障碍物背风面的低速区；另外一点是因为障碍物越长，越靠近吸风口，吸风口的回流作用增强，吸风口附近的负压，对射流流体造成了一定的抽吸作用，减小了低速区的范围，使得障碍物后速度恢复较快。总体而言，障碍物长度的增加对流场影响很小，吹吸气流控制长度不同的障碍物对流场影响的能力基本相同。

障碍物背风面涡流区的宽度与障碍物的宽度相当，随障碍物宽度增加而增加。障碍物宽度＜吹吸风口的宽度，障碍物对气流的影响在流场的有效作用范围内；障碍物宽度≥吹吸风口的宽度，障碍物后低速区的范围增大，气流对该位置的控制能力下降，会有气流逃逸。

总而言之，障碍物的尺寸对吹吸式通风的效果有较大的影响，在设计吹吸式通风时应积极考虑障碍物尺寸对吹吸式通风的影响。

（四）涡旋排风

空气涡旋排风是根据柱状空气涡旋原理，利用柱状空气涡旋强负压梯度、高轴向速度、长输送距离的特性，通过设置合理的送、排风形式，在污染物与排风罩口之间人工生成柱状空气涡旋的一种排风形式。

柱状空气涡旋是一种自然界中常见的流动现象，如大自然中的龙卷风和尘卷风。尽管运动尺度、生成方式都有不同，但这类涡旋运动都满足流体力学中对涡旋运动的描述，涡旋的生成都要满足类似的必要条件。在涡旋排风研究范围内，柱状空气涡旋生成和存在有三个必要条件。

（1）上升气流

上升气流是空气涡旋向上运动的动力，由于气流上升导致下部气压降低，在涡旋形成后空气不断上升运动。

（2）下部角动量气流

角动量气流存在于涡旋靠近底部平面附近，为涡旋不断提供维持旋转所需的角动量同时补充涡旋向上运动的空气。

（3）底部平面

根据亥姆霍兹定理，涡管不能在流体中凭空产生或者消失，一端必定会连接在壁面或者液面上,或者封闭成环形。对于柱状空气涡旋,底部平面必不可少。

在实际应用中,涡旋排风系统存在多种实现形式。但其流场结构特征基本保持相同,涡旋排风的流场可以划分为三个区域。

(1) 涡核区

该区域为柱状空气涡旋的核心区域,速度分布和压力分布类似兰金涡(Ran-kine vortex)的内部结构。

(2) 外部自由涡区

该区域内空气缓慢绕涡核区域转动,速度分布和压力分布类似兰金涡的外部结构。

(3) 边界层区

根据通道涡原理,在边界层区的气体微团受到底部平面的摩擦阻力,边界层气流切向速度减小,因此边界层内压差力大于离心力,气体产生向涡旋中心的径向运动。

在涡旋排风中,根据不同的角动量送风方式,外部自由涡的轴向速度分布略有不同,但基本流场结构保持一致。

(1) 空气涡旋排风罩

根据龙卷风等柱状空气涡旋的生成原理,利用下部切向设置的风机形成带角动量送风气流,配合排风口处的排风气流,形成柱状空气涡旋。柱状空气涡旋具有显著的负压梯度和轴向上升速度,可有效限制底部平面污染源释放的污染物的扩散,并快速将污染物输送至排风罩口排出室外,从而有效提高顶吸排风系统的捕集效率。与传统上吸式排风罩相比,柱状空气涡旋排风罩控制距离长,污染物控制效率较高,尤其是对于相对密度较大,在气流中跟随性较差的污染物控制效果较好。

(2) 气幕旋风排风罩

这种排风罩在排风罩四角安装四根送风立柱,以一定的角度按同一旋转方向向内侧吹出连续的气幕,形成气幕空间。在气幕中心上方设有排风口。在旋转气流中心由于吸气而产生负压,这一负压核心给旋转着的空气分子以向心力,而空气分子由于旋转作用将产生离心力。在向心力和离心力平衡的范围内,旋转气流形成涡流,涡流收束于负压核心四周并射向排风口。由于利用了龙卷风原理,涡流核心具有较大的上升速度。试验研究表明,其上升速度沿高度的变化不大,有利于捕集远离排风口的有害物。这种排风罩的优点是:可以远距离捕集粉尘和有害气体;由于有一个封闭的气幕空间,污染气流与外界隔开,用较小的排风量即可有效排除污染空气;具有较强的抗横向气流干扰的能力。

(3) 旋转气幕式排风罩

这种排风罩在排风罩口附近设置诱旋射流喷口,具体实现方式为使用呈一定角度的导流叶片,或送风管切向送风等,使从射流口喷射出具有一定扩散角的旋转射流。一方面,这种旋转射流可有效限制排风罩吸入周围环境洁净空气,起到一定的屏蔽作用;另一方面,旋转射流通过空气黏性传递动量,使内部污染气体获得一定的角动量,从而形成柱状空气涡旋流场,提高了对污染物的捕集能力。

第二节　工业建筑供暖与空调系统节能技术

供暖就是用人工方法通过消耗一定的能源向室内供给热量,使室内保持生活或工作所需温度的技术、装备、服务的总称。供暖系统是为使建筑物达到供暖目的,而由热源或供热装置、散热设备和管道等组成的网络。

(一) 供暖系统的分类与选择

供暖系统按照承担热负荷的介质种类不同可以分为热水供暖系统、蒸汽供暖系统和热风供暖系统。

(1) 热水供暖系统

①热水供暖系统分类

以热水作为热媒的供暖方式称为热水供暖。热水供暖系统根据不同特征可进行四种分类。根据系统循环动力可分为重力循环系统和机械循环系统;根据供、回水方式的不同可分为单管系统和双管系统;根据系统管道敷设方式的不同可分为垂直式系统和水平式系统;根据热媒温度的不同可分为低温水供暖系统和高温水供暖系统。

②热水供暖系统工作原理

热水供暖系统的循环动力称为作用压头。热水供暖系统分为重力循环系统和机械循环系统。

重力循环系统依靠水的密度差进行循环,该作用压头称为重力作用压头。水在锅炉中受热,温度升高到体积膨胀,密度减少到已,加上来自回水管冷水的驱动,使水沿供水管上升流到散热器中。在散热器中热水将热量散发给房间,水温降低,密度增大并沿回水管回到锅炉内重新加热,这样周而复始地循环,不断把热量从热源送到房间。

膨胀水箱的作用是容纳系统水温升高因热膨胀而多出的水量,并补充系统水温降低或泄漏时所缺少的水量、稳定系统压力及排除水在加热过程中所释放出来的空气。为了顺利排除系统中的空气,水平供水干管标高应沿水流方向逐渐降低,因为重力循环系统出水流速较小，可以采用汽水逆向流动，使空气从管道高点所连膨胀水箱排除。重力循环系统不需要外来动力，运行时无噪声、调节方便、管理简单。由于作用压头小，水管管径大，通常只用于没有集中供热热源的小型建筑物中。

和重力循环系统相比，机械循环系统的循环动力来自循环水泵，称为机械作用压头，水在系统中的工作流程和重力循环基本类似。膨胀水箱通常接到循环水泵的入口侧，在此系统中，膨胀水箱不能排气，所以在系统供水干管末端设排气装置集中排气。集气罐连接处为供水干管最高点。机械循环系统作用半径大，是集中供暖系统的主要形式。

机械循环热水供暖系统的作用压头由水泵提供的机械作用压头和重力作用压头组成。严格来说热水流过管路和散热器，都有温降，都会产生重力作用压头。由于水在管路中的温降较小，在设计和分析机械循环热水供暖系统时，通常忽略不计水在管路中冷却产生的重力作用压头，只考虑水在散热器内冷却产生的重力作用。

（2）蒸汽供暖系统

以蒸汽为热媒来加热室内空气实现供暖的系统称为蒸汽供暖系统。蒸汽作热媒主要用于工业建筑及其辅助建筑。蒸汽从热源沿蒸汽管路进入散热设备，蒸汽凝结放出热量后，凝水通过疏水器再返回热源重新加热。

蒸汽凝结水包括蒸汽供暖系统凝结水、汽—水热交换器凝结水、以蒸汽为热媒的空气加热器的凝结水、蒸汽型吸收式制冷设备的凝结水等。凝结水回收系统一般分为重力、背压和压力凝结水回收系统，可按工程的具体情况确定。从节能和提高回收率方面考虑，热力站应优先采用闭式系统。当凝结水量小于 10t/h 或距热源小于 500m 时，可用开式凝结水回收系统。

①蒸汽供暖系统分类

蒸汽供暖系统可按以下几种方式分类。根据供汽压力的大小，将蒸汽供暖系统分为三类，供汽表压力大于 0.07MPa 时，称为高压蒸汽供暖系统；供汽表压力不大于 0.07MPa 时，称为低压蒸汽供暖系统；当系统中的压力低于大气压力时，称为真空蒸汽供暖系统。根据蒸汽干管布置的不同，蒸汽供暖系统可有上供式、中供式、下供式三种；根据立管的数量可分为单管蒸汽供暖系统和双管蒸汽供暖系统。在单管蒸汽供暖系统中，通向各散热器的供汽和凝结水立管和支管共用一根管道；双管蒸汽供暖系统中通向各散热器的供汽和凝结水立、支管分别为两根管。由于单管蒸汽供暖系统中蒸汽和凝结水在同一条管道中流动，而且经常是反向流动，易产生水击和汽水冲击噪声，所以单管蒸汽供暖系统用得很少，多采用垂直双管蒸汽供暖系统。

根据凝结水回收动力可分为重力回水系统和机械回水系统；根据凝结水系统是否通大气可分为开式系统（通大气）和闭式系统（不通大气）；根据凝结水充满管道断面的程度可分为干式回水系统和湿式回水系统。凝结水干管内不被凝结水充满，系统工作时该管道断面上部充满空气，下部流动凝结水，系统停止工作时，该管内全部充满空气，这种凝结水管称为干式凝结水管，这种回水方式称为干式回水。凝结水干管的整个断面始终充满凝结水，这种凝结水管称为湿式凝结水管，这种回水方式称为湿式回水。

②蒸汽供暖系统的特点

热水在系统散热设备中，靠其温度释放出热量，而且热水的相态不发生变化。蒸汽在系统散热设备中，靠水蒸气凝结成水放出热量，相态发生了变化。

热水在封闭系统内循环流动，其状态参数变化小，蒸汽在系统管路内流动时，其状态参数变化比较大，还会伴随相态变化。

蒸汽供暖系统中的蒸汽比容，较热水比容大得多。由于热水供暖系统中会出现前后温度滞后的现象，所以蒸汽管道中的流速，通常可采用比热水流速高得多的速度，这样可大大避免前后加热滞后的现象。

蒸汽系统存在的"跑、冒、滴、漏"导致能耗变高，能源消耗要比热水系统多20% ~ 40%。由于一些工业企业的供暖或空调用汽设备的凝结水未采取回收措施或设计不合理和管理不善，大约有50%的锅炉凝结水不能回收，造成大量的热量损失及锅炉补水量的增加。

蒸汽的饱和温度随压力增高而增高。常用的工业蒸汽锅炉的表压力一般可达1.275MPa，相应的饱和蒸汽温度约为195℃。它不仅可以满足大多数工厂生产工艺用热的参数要求，甚至可以作为动力使用（如用在蒸汽锻锤上）。蒸汽作为供热系统的热媒，适应范围广，在工业中得到了广泛应用。

③低压蒸汽供暖系统

低压蒸汽供暖系统中蒸汽压力低，"跑、冒、滴、漏"的情况比较缓和，为了简化系统，一般都采用开式系统。根据凝结水回收的动力将其分为重力回水系统和机械回水系统两大类。按供汽干管位置可为上供式、下供式和中供式。低压蒸汽暖系统用于有蒸汽汽源的工业建筑、工业辅助建筑和值班室等场合。

重力回水低压蒸汽供暖系统的主要特点是供汽压力小于0.07MPa以及凝结水在有坡管道中依靠其自身的重力回流到热源。上供式重力回水低压蒸汽供暖系蒸汽干管位于供给蒸汽的所有各层散热器上部。同理，下供式重力回水低压蒸汽供暖系统蒸汽干管位于供给蒸汽的所有各层散热器下部。锅炉内的蒸汽在自身压力作用下，沿蒸汽管输送进入散热器，同时将积聚在供汽管道和散热器内的空气驱赶入凝结水管，经连接在凝结水管末端的空气管排出。蒸汽在散热器内冷凝放热，凝结水靠重力作用返回锅炉，重新加热变成蒸汽。在蒸汽压力作用下，总凝结水管内的水位比锅筒内水位高出锅筒蒸汽压力折算的水柱高度，水平凝结水干管的最低点比总凝结水管内的水位还要高出200 ~ 250mm，以保证水平凝结水干管内不被水充满。系统工作时，该管道断面上部充满空气，下部流动凝结水；系统停止工作时，该管内充满空气。水平凝结水管称为干式凝结水管。总凝结水管的整个断面始终充满凝结水，称为湿式凝结水管。

重力回水低压蒸汽供暖系统简单，不需要设置占地的凝结水箱和消耗电能的凝结水泵；供汽压力低只要初调节时调好散热器入口阀门，原则上可以不装疏水器，以降低系统造价。一般重力回水低压蒸汽供暖系统的锅炉位于一层地面以下。当供暖系统作用半径较大，需要采用较高的蒸汽压力才能将蒸汽送入最远的散热器时,锅炉的标高将进一步降低。如锅炉的标高不能再降低,则水平凝结水干管内甚至底层散热器内将充满凝结水,空气不能顺利排出,蒸汽不能正常进入系统,从而影响供热质量,系统不能正常运行。因此,重力回水低压蒸汽供暖系统只适用于小型蒸汽供暖系统。

中供式机械回水低压蒸汽供暖系统:由蒸汽锅炉输送来的蒸汽沿蒸汽管输送进入散热器,散热后凝结水汇集到凝结水箱中,再用凝结水泵沿凝结水管送回热源重新加热。凝结水箱应低于底层水平干式凝结水干管,干管末端插入凝结水箱水面以下。从散热器流出的凝结水靠重力流入凝结水箱。空气管在系统工作时排除系统内的空气,在系统停止工作时进入空气。通气管用于排除凝结水箱水面上方的空气。水平凝结水干管仍为干式凝结水管。图中的高度力用来防止凝结水泵汽蚀。疏水器用于排除蒸汽管中的沿途凝结水以减轻系统的水击。机械回水低压蒸汽供暖系统消耗电能,但热源不必设在一层地面以下,系统作用半径较大,适用于较大型的蒸汽供暖系统。

在中供式系统中蒸汽干管位于供给蒸汽的各层散热器的层间。原则上无论是上供式、中供式还是下供式系统都可用于重力回水或机械回水低压蒸汽供暖系统中。由于在上供式系统的立管中蒸汽与凝结水同向流出,有利于防止水击和减少运行时的噪声,从而较其他形式应用较多。

④高压蒸汽供暖系统

在工业生产中,生产工艺用热往往需要使用较高压力的蒸汽。因此,利用高压蒸汽作为热媒,向车间及其辅助建筑物供热,是一种常用的供热方式。

高压蒸汽供暖系统多用于对供暖卫生条件和室内温度均匀性要求不高、不要求调节每一组散热器散热量的工业建筑。系统的供汽表压力大于 0.07MPa,但一般不超过0.39MPa。

一般高压蒸汽供暖系统与工业生产用汽共用汽源,而且蒸汽压力往往大于供暖系统允许最高压力,必须减压后才能和供暖系统连接。

⑤凝结水回收利用与节能

蒸汽在用热设备内放热凝结后,凝结水从用热设备出来后,经疏水器、凝结水管道返回热源的管路及其设备组成的整个系统,称为凝结水回收系统。

在蒸汽供暖系统中,回收利用用汽设备凝结水是一项重要的节能、节水的措施,这种方式可以节约锅炉燃料。由于凝结水所具有的热量占蒸汽热量的15% ~ 30%,若有效利用这部分热量,将会节约大量燃料。相对于不回收凝结水的系统,凝结水回收改造的节能潜力大于热力系统中的其他环节。

此措施还可节约工业用水。凝结水一般可以直接作为锅炉给水,这样将大幅度节约工业用水,即便凝结水被污染,也有相应的水处理方法,经过处理的水仍然可以有效地利用。由于凝结水可直接用于锅炉给水,因此凝结水回收系统可节约锅炉给水的软化处理费用。热量的回收可减少锅炉的燃料消耗量燃料消耗量的减少也就降低了烟尘和 SO_2 的排放量,因此,这种措施还可减轻对大气的污染。若蒸汽疏水阀出口向大气排放,排放凝结水时会产生很大的噪声。回收凝结水时，疏水阀的出口连接在回收管上，排放声音不易扩散到外部，所以这种系统可减轻噪声污染。如果凝结水直接向大气排放，由于凝结水的再蒸发，会使工厂内热气弥漫，工作环境恶化，并给设备的维修和管理带来不良影响。实行凝结水回收后，消除了因排放凝结水而产生的热汽，生产环境可以得到显著改善。回收凝结水，可提高锅炉的给水温度，因此可提高表观锅炉效率。

(3) 热风供暖系统

热风供暖系统是以热空气为供暖介质的对流供暖方式。热水管路中的热水进入到暖风机后与冷空气换热，将冷空气加热，冷空气吸收热量变成热空气后由暖风机将其送出供暖房间，从而保证房间中人体的舒适度。一般指用暖风机、空气加热器将室内循环空气或从室外吸入的空气加热的供暖系统。适用于建筑耗热量较大以及通风耗热量较大的车间，也适用于有防火防爆要求的车间。其优点是可以分散或集中布置，热惰性小，升温快，散热量大，设备简单，投资效果好。但因为热风供暖系统蓄热量小，室内热环境稳定性差，严寒及寒冷地区的工业建筑不宜单独采用热风系统进行冬季供暖，宜采用散热器供暖、辐射供暖等系统形式。

热风供暖的形式有：集中送风，管道送风，悬挂式和落地式暖风机等。其主要的形式是集中送风，集中热风供暖是指通过风道与空气分布装置将热空气送至供暖区域的供暖方式。适用于允许采用再循环空气供暖的车间，如机械加工、金工装配、工具辅助和焊接车间的备料工段等。对于内部隔断较多、全面散发灰尘以及大量排毒的车间，不宜采用集中送风供暖。与分散式管道送风供暖方式相比较，集中热风供暖不仅可以节省大量送风管道与供暖管道的投资，而且车间温度梯度小。

需要注意的是，位于寒冷地区或严寒地区的工业建筑采用热风供暖时，宜采用散热器供暖系统作为值班供暖系统。当不设值班供暖系统时，热风供暖应采取减小温度梯度的措施，并应符合两项规定：第一，热风供暖空气加热机组不宜少于两台。其中一台机组的最小供热量应保持非工作时间工艺所需的最低室内温度，且不得低于 5℃。第二，高于 10m 的空间，应采取自上向下的强制对流措施。

采用集中送热风供暖时，还应符合下列规定：工作区的最小平均风速不宜小于 0.15m/s；送风口的出口风速，应通过计算确定，一般情况下可采用 5 ~ 15m/s；送风温度不宜低于 35℃并不得高于 70℃。

暖风机是由通风机、电动机及空气加热器组合而成的联合机组。适用于各种类型的车间，当空气中不含灰尘和易燃或易爆性的气体时，可作为循环空气供暖用；暖风机可独立作为供暖用，一般用以补充散热器散热的不足部分或者利用散热器作为值班供暖，其余热负荷由暖风机承担。选择暖风机或空气加热器时，其设备的散热量应留有 20% ~ 30% 的余量。余量选取时考虑暖风机和空气加热器产品样本上给出的散热量都是在特定条件下通过对出厂产品进行抽样热工试验得出的数据，在实际使用过程中，受到一些因素的影响，其散热量会低于产品样本标定的数值。影响散热量的因素主要有：加热器表面积尘未能定期清扫、加热盘管内壁结垢和锈蚀、绕片和盘管间咬合不紧或因腐蚀而加大了热阻、热媒参数未能达到测试条件下的要求。另外，放大空气加热器供热能力还可保证在极端工况下送风系统不吹冷风。

采用暖风机热风供暖时，宜采用噪声低的设备，且应符合以下规定：应根据厂房的几何形状、工艺设备布局及气流作用范围等因素，设计暖风机台数及位置；室内空气的循环次数，宜大于或等于 1.5 次 /h；热媒为蒸汽时，每台暖风机应单独设置阀门和疏水装置。暖风机出风口的百叶角度应可调节，且宜操控。

在我国建筑节能的各个环节中，供暖（供热）系统的节能潜力很大。供暖系统的选择对建筑节能有重要的影响。完整的供热系统包括三部分：一是热源，如锅炉或热泵；二是室外管网；三是室内终端设备。在每一部分都存在较大的节能潜力。比如在设计阶段，供暖的节能途径有：充分利用各种可能条件促进辐射热进入室内；从表面辐射、开口部位辐射及部位内部辐射等方面来抑制辐射热的损失；从减小温度差、导热面积、热导率或增加材料厚度（材质相同时）等方面来抑制导热损失；从风势、开口部位和缝隙及冷风的性质等方面来抑制对流热损失；通过对建筑造型和材料的选择实现蓄热的目的。

为了保证工业建筑中供暖系统满足生产工艺需求，在选择供暖方式时，应考虑建筑物的功能及规模、所在地区气象条件、能源状况、能源政策、环保等要求，最终通过技术经济比较确定。工业建筑的功能及规模差别很大，供暖可以有很多方式。如何选定合理的供暖方式，达到技术经济最优化，应根据综合技术经济比较确定。

供暖系统按热媒不同分为热水供暖系统、蒸汽供暖系统和热风供暖系统。热水和蒸汽是集中供暖系统最常用的两种热媒。从实际使用情况看，热水作热媒不但供暖效果好，而且锅炉设备、燃料消耗和司炉维修人员等比使用蒸汽供暖减少了 30% 左右。但在工业建筑中热水作热媒不一定是最佳选择，而应根据建筑类型、供热情况和当地气候特点等条件选择供暖工质，例如，由于蒸汽来得快、热得快，蒸汽供暖对严寒地区的高大厂房尤为适用。

除考虑上述因素外，在工业建筑选择供暖形式时应符合下列规定：当厂区只有供暖用热或以供暖用热为主时，应采用 95 ~ 70℃ 的热水作热媒；当厂区供热以工艺用蒸汽为主时，生产厂房、仓库、公用辅助建筑物可采用蒸汽作热媒，其蒸汽压力宜为 0.1 ~ 0.2MPa；生活、行政辅助建筑物应采用热水作热媒；有条件利用余热或可再生能源供暖时，其热媒参数及是否配备辅助热源装置作为调节手段，可根据工程需要与当地实际情况确定。

在选择供暖系统的具体形式时，还应考虑系统的节能效果。供暖系统的节能在供热管网的水力平衡、管道保温及散热设备等方面也采取相应措施。

供热管网是将供热系统的热量通向室内终端设备（即热用户）的管路系统。为了保证用户的供热需要，除了要使热媒（蒸汽或热水）达到合格的输出温度外，还要在传输过程中尽量减少热量损失。采用传统供热管网保温材料热媒从锅炉出口经热网输送到热用户时，平均温度会降低 6℃ 以上。由于供暖管道保温不良，输送损失过多，造成能源浪费，因此必须对管网采用新型保温材料进行保温,以达到节能目的。目前,许多工程已用岩棉毡取代水泥瓦保温,也有采用预制保温管的,即内管为钢管。外套聚乙烯或玻璃钢管,中间用聚氨酯泡沫保温,不设管沟,直埋地下,管道热损失小,施工维护方便。

供暖时室温不均的情况比较普遍,即离热源近的区域室温偏高,离热源远的区域室温偏低,其原因除了管网热损失外,主要是热网热量分配不均。流经各用户散热器处的水流量与设计要求不符,也就是水力工况失调。如果要使室温过低区域的温度升高,必然会使其余区域的温度偏高,这就浪费了能源。应通过对供暖系数进行全面的水力热力平衡计算。

供热管网的水力平衡用水力平衡度来表示。所谓水力平衡度,就是供热管网运行时各管段的实际流量与设计流量的比值。该值越接近1,说明供热管网的水力平衡度越好。为保证供热管网的水力平衡度,首先在设计环节就应进行仔细的水力计算及平衡计算。然而,尽管设计者作了仔细的计算,但是供热管网在实际运行时,由于管材、设备和施工等方面出现的差别,各管段及末端装置的水流量并不可能完全按设计要求输配,因此需要在供暖系统中采取一定的措施,从而保证供热管网水力平衡度良好,为选择供暖系统形式提供可靠的依据。

供热管网在供暖系统中完成热的传递,热水经过热力管网将热量传送给热用户,但是由于热用户的性质不同、需要的热量不同、距离锅炉的远近不同等因素,会造成系统中各用户的实际流量与设计要求流量之间的不一致的现象,这就是水力失调。系统水力失调实质上是由于系统各环路为实现阻力平衡而导致的,水力失调必然要造成热用户的冷热不均和锅炉的燃气浪费。

为确保各环路实际运行的流量符合设计要求,在室外热网各环路及建筑物入口处的供暖供水管或回水管上应安装平衡阀或其他水力平衡元件,并进行水力平衡调试。目前,采用较多的是平衡阀及平衡阀调试时使用的专用智能仪表。实际上,平衡阀是一种定量化的可调节流通能力的孔板;专用智能仪表不仅用于显示流量,更重要的是配合调试方法,原则上只需对每一环路上的平衡阀作一次性的调整,即可使全系统达到水力平衡。这种技术尤其适用于逐年扩建热网的系统平衡,因为只要在每年管网运行前对全部或部分平衡阀重作一次调整,即可使管网系统重新实现水力平衡。

选择供暖系统时,还要考虑管道保温对供暖系统的节能效果的影响。供热管网在热量从热源输送到各热用户系统的过程中,由于管道内热媒的温度高于环境温度,热量将不断地散失到周围环境中,从而形成供热管网的散热损失。管道保温的主要目的是减少热媒在输送过程中的热损失,节约燃料,保证温度。热网运行经验表明,即使有良好的保温,热水管网的热损失仍占总输热量的 5% ~ 8%,蒸汽管网占 8% ~ 12%,而相应的保温结构费用占整个热网管道费用的 25% ~ 40%。

供热管网的保温是减少供热管网散热损失,提高供热管网输送热效率的重要措施。然而,增加保温厚度会带来初投资的增加。因此,如何确定保温厚度以达到最佳的效果,是供热管网节能的重要内容,也是影响供暖系统选择的重要因素。

（二）供暖系统负荷影响因素及末端装置特性

在冬季,为了维持室内空气一定的温度,需要由供暖设备向供暖房间供出一定的热量,称该供热量为供暖系统的热负荷。

为设计供暖系统,即为了确定热源的最大出力(额定容量),确定系统中管路的粗细和输送热媒所需安装的水泵的功率,以及为了确定室内散热设备的散热面积等,均须以本供暖系统所需具有的最大的供出热量值为基本依据,这个所需最大供出热量值叫做供暖系统的设计热负荷。由于影响供暖热负荷值的主要因素是室内外空气的温差,故我们把在室外设计温度下,为维持室内空气在卫生标准规定的温度,也就是说,维持室内空气为设计温度,所必须由供暖设备供出的热量叫做供暖系统的设计热负荷。

决定着供暖热负荷值的因素,对一已知房间而言,是房间的得热量与失热量。在稳态传热条件下,用房间在设计条件下的得失热量的平衡,或者说,在设计条件下,列出房间的热平衡式,便可确定房间的供暖设计热负荷。

在供暖设计热负荷计算中,通常涉及的房间得失热量有:通过建筑围护物的温差传热量;通过建筑围护物进入室内的太阳辐射热量;通过建筑围护物上的孔隙及缝隙渗漏的室外空气吸热量;从开启的门、窗、孔洞等处冲入室内的室外空气的吸热量。其他的得失热量不普遍存在。

散热器、暖风机和翅片管单元等都是供暖系统的末端装置。其中,散热器是最常见的供暖系统末端散热装置,其功能是将供暖系统的热媒(蒸汽或热水)所携带的热量,通过散热器壁面传给房间,常用的为铸铁散热器和钢制散热器。其中,铸铁散热器中的翼型散热器则多用于工业建筑。钢制散热器与铸铁散热器相比具有金属耗量少、耐压强度高、外形美观整洁、体积小、占地少、易于布置等优点,但易受腐蚀、使用寿命相对较短。其中,厚壁型钢制柱散热器、钢制高频焊翅片管对流散热器由于安全耐用性高,多用于工业建筑。

选择散热器时,主要考虑以下几个方面:散热器的承压能力、耐腐蚀性、结垢性,在有灰尘散发的车间选择不易容尘的散热器。具体选取时应符合下列规定:散热器的工作压力应满足供暖系统的要求,并应符合国家现行相关产品标准的规定;散热器在供暖系统中的位置决定了其工作压力,各类型散热器产品标准均明确规定了各种热媒下的允许承压,工作压力应小于允许承压;放散粉尘或防尘要求较高的工业建筑,应采用表面光滑且易于清扫的散热器;具有腐蚀性气体的工业建筑或相对湿度较大的房间,应采用耐腐蚀的散热器;采用钢制散热器时,应满足产品对水质的要求,在非供暖季节供暖系统应充水保养;钢制散热器腐蚀问题比较突出,选用时应考虑水质和防腐问题。供暖系统运行水质应符合《采暖空调系统水质》的规定,非供暖季节应充水保养;蒸汽供暖系统不应采用板型和扁管型散热器,不应采用薄钢板加工的钢制柱型散热器。工程经验表明,板型和扁管型散热器用于蒸汽供暖系统时,易出现漏汽情况。

当确定了散热器的类型时，就需要合理布置散热器，布置散热器时，主要考虑散热器布置的均匀性，布线不要违背生产工艺要求。工业建筑中，散热器的安装只考虑散热器的功能性，一般均采用明装，且宜安装在外墙窗台下，这样从散热器上升的对流热气流能阻止从玻璃窗下降的冷气流，使流经工业建筑的空气比较暖和，给人以舒适的感觉。

供暖系统的散热末端装置的选取，要考虑实际工程情况，选择合理的散热末端。

（一）空调系统的分类与气流组织形式

（1）按系统用途分类

可以分为舒适性空调系统和工艺性空调系统。工艺性空调多用于工业建筑，而舒适性空调多用于民用建筑。

（2）按空气处理设备集中程度分类

按空气处理设备集中程度分为集中式空调系统、半集中式空调系统、分散式空调系统，具体分类的主要特点及使用情况如下所述：

①集中式空调系统

对工作介质进行集中处理、输送和分配的空调系统。集中式空调系统的特点是空气集中处理到送风状态点并通过风管输送到室内，空气承担室内热湿负荷，空气比热小，风管断面尺寸大；每个房间的送风状态参数不易调节；造价相比于半集中式低且管路系统相比于半集中式简单。因此，集中式空调系统形式广泛应用于大型民用、公共建筑和工业建筑。

②半集中式空调系统

除了有集中的空气处理机组外，半集中空调系统还设有分散在各空调房间内的二次设备（又称末端装置）。半集中式空调系统的特点是同时使用空气和水（或者制冷剂）来承担室内热湿负荷。此时，集中输送的部分仅为热湿处理后的新鲜空气，因此风管风道较小；而室内则分散设置由水和制冷剂直接换热的装置，消除室内大部分热湿负荷。相较于集中式系统来说，方便调节室内温湿度，布置灵活。相较于分散式系统来说，新风量有保证。主要使用在厂房辅助生活用房，比如员工生活宿舍楼等。系统的主要形式有：风机盘管系统、诱导式系统以及各种冷热辐射式空调系统。

③分散式空调系统

又称局部式空调系统。每个房间的空气处理分别由各自的整体式局部空调机组承担，根据需要分散于空调房间内，不设集中的空调机房。分散式系统的特点：不需要风管，可以购买现成的设备。只能处理室内热湿负荷，但是室外新风通过自然渗透进入室内，新风量难以保证。一般使用在工厂车间的小办公室、值班室。系统的主要形式有：单元式空调器、窗式空调器和分体式空调器系统等。

(3)按承担室内负荷所用的介质种类分类

按承担室内负荷所用的介质分为全空气系统、全水系统、空气—水系统、制冷剂系统，具体分类的主要特点及使用情况如下所述：

①全空气系统

空调房间的热湿负荷，全部由集中设备处理过的空气负担的空调系统。全空气空调系统通过向室内输送冷、热空气向房间提供冷、热量，对空气的冷却去湿、加热加湿处理完全由集中于空调机房内的空气处理机组完成，因此也常称为集中式空调系统。由于空气比热小，系统风量大，所以需要较大的风管空间。此类系统的主要形式有：一次回风系统、二次回风系统等。

工业厂房的空调系统多采用全空气空调系统，因此对于全空气系统的节能手段重点关注。其中，自控系统在空调系统中的广泛运用节约了大量空调运行能耗，下面将具体介绍自控系统在全空气空调系统中的运用。

由于人员或物料等条件随时间的变化，采用风机变频实现变风量运行可以收到明显的节能效果。当负荷发生变化时，通过自控系统可以联动调节，可以使风机的转速下降，能耗降低。因此，全空气空调系统的空气处理机组的风机较适宜采用变频装置。当采用定风量系统时，宜采用新风与回风的焓值控制方法。焓值控制方法，是在空气调节过程中，夏季对空气的处理无论是控制送风水蒸气分压力还是控制露点温度都要根据空气的温度、相对湿度全面考虑，即要由被处理的空气的热焓值来决定。在一次回风和变风量送风系统中采用了焓差控制法，系统中装有焓差控制器它可以根据新风和回风的焓差控制新风量、回风量以及排风量的大小。

为了测量空气的焓值，在新风入口处和回风管道中装有两组温度传感器和湿度传感器，分别测出新风的干球温度和相对湿度以及回风的干球温度和相对湿度，然后将这些参数信号送入焓差控制器中。焓差控制器把新风、回风的焓值进行比较后将信号送入控制器中，通过执行机构控制、调节新风阀门和回风阀门的开度，调整新风和回风的风量比，使空调机组最大限度地利用室外空气的热焓。当室外新风的焓值比室内回风的焓值高时，通过焓值控制关闭新风门，打开回风阀门；反之，当室外新风焓值比室内同风焓值低时，通过焓值控制使新、回风混合，亦即在新风的焓值比回风的焓值低时，通过控制系统打开新风门。这种在夏季对室外新风最低热焓值的选择，可使空调制冷系统的负荷降到最低程度而有利于节能，焓差控制的优越性即在于此。

②全水系统

空调房间的热湿负荷，全部由集中设备处理过的水与房间直接换热而负担的空调系统。由于水的比热大，所以管道空间较小。当然，仅靠水来消除余热、余湿并不能解决室内的通风换气问题，所以这种系统一般不单独使用。其系统的主要形式有：风机盘管机组系统、冷热辐射系统等。

③空气—水系统

空调房间的热湿负荷,由处理过的空气和水与房间直接换热而共同负担的空调系统。除向房间送入处理过的空气外,还在房间内设置以水作介质的末端设备对室内空气进行冷却和加热。此类系统的主要形式有:风机盘管机组加新风空调系统、新风加冷辐射空调系统等。由于新风经过风机盘管时,增加了风机盘管的负担,导致能耗增大或新风不足,所以采用风机盘管加新风系统时,将新风直接送入空调区,不宜经过风机盘管再送出。

④制冷剂系统

空调房间的热湿负荷,全部由制冷剂与房间直接换热而负担的空调系统。也称为机组式系统。由于制冷剂不能长距离输送,系统规模有所限制,制冷剂系统也可与空气系统结合为空气—制冷剂系统。此类系统的主要形式有:单元式空调器、窗式空调器、分体式空调器等。

(4)按集中系统处理的空气来源分类

集中系统处理的空气来源分为封闭式系统、直流式系统和混合式系统,这三种系统形式的主要特点及使用情况如下所述:

①封闭式系统

所处理的空气全部来自空调房间本身没有室外空气补充,系统形式为再循环空气系统。封闭式系统一般适用于仓库值班室,小型办公室,人员不密集的场所。

②直流式系统

处理的空气全部来自室外,室外空气经处理后送入室内,然后全部排出室外的系统形式为直流式系统。直流式系统一般适用于控制区有有毒有害气体散发的场合,或者对于空气品质要求比较高的场所。

③混合式系统

运行时混合一部分回风,这种系统既能满足卫生要求,又经济合理。系统形式为一次回风系统和二次回风系统。混合式系统比直流式系统节约大量能耗,一般适用于对空气品质要求不苛刻的场合。

第一,对于工业建筑来说,其具有空间高大的特点,即空间内的开间和进深比较大。全空气系统集中处理空气,风管截面积大,方便整体开启、整体关闭机组。因此,宜选用全空气单风管定风量系统。当在设计新风管及排风系统时,应满足在过渡季时全新风或加大新风比的需求,因定风量全空气系统通常按照满足最小新风量要求进行设计,空调系统不仅要考虑设计工况,而且还应考虑全年各个季节时系统的运行模式。在过渡季节,空气系统采用全新风或增大新风比运行,充分利用室外较低温度的冷空气,可以消除余热,有效地改善工作环境,节省空气冷却所需要消耗的能量。因此,应增大新风进风口和新风管的断面尺寸,实现全新风运行。

全空气定风量系统易于消除噪声、过滤净化和控制空气调节区温湿度,且气流组织稳定，因此，推荐用于要求较高的工艺性空气调节系统。

第二，一个系统有多个房间或区域，各房间的负荷参差不齐，运行时间不完全相同，且各自有不同要求时，宜选用空气—水风机盘管系统、空气—水诱导器系统等，一般适用于负荷密度不大、湿负荷也较小的场合，如工业厂区的客房、办公室等。如果这些系统中有多个房间的负荷密度大、湿负荷较大，应选用单风道变风量系统或双风道送风，推荐优先使用单风道变风量系统。双风道送风主要是为了满足工艺要求：由于双风管送风方式因为有冷、热风混合过程，会造成能量损失，且有初投资大、占用空间大等缺点，一般工艺无特殊要求时，不推荐使用。

不仅送风方式对空调系统的节能影响非常大，气流组织在空调系统中也扮演着非常重要的角色，不合理的气流组织形式会造成室内工作区温度分布不均匀、局部风速过大、空调能耗过高、污染物在室内聚积等。空调房间的气流组织与送风口的形式、数量和位置，排风口的位置，送风参数，风口尺寸，空间的几何尺寸以及污染源的位置和性质等有关。

目前，主要采用的气流组织形式分为混合式与置换式两种。工业建筑大多为高大建筑，如果按照民用建筑采用全面空调，即使用混合稀释的气流组织方法对整个房间空气状态进行控制，则会非常耗能而且不经济、不实用。所以，在满足工艺要求的条件下，应减少空调区的面积，当采用局部空调能满足要求时，不应采用全面空调。全面空调即为全室性空调。既然全室性空调不能在工业建筑中应用得很好，那么置换式的气流组织方式为解决这类问题，提供了一个好的思路。

混合式的气流组织形式非常经典，是一种将空调处理后的空气与室内空气充分搅混，将室内的污染物、湿度、温度充分混合稀释后，由排风系统排出。这种系统在民用建筑中和一些洁净度要求不高的厂房中广泛应用。

置换式的气流组织方式是指将经过热湿处理的新鲜空气以较小的风速及湍流度沿地板附近送入室内人员活动区，并在地板上形成了薄的空气湖。空气湖由温度较低、密度较大的新鲜空气扩散形成。新鲜空气随后流向热源（人或设备）产生浮升气流，浮升气流会不断卷吸室内的空气向上运动，到达一定的高度后，受热源和顶板的影响，形成湍流区。排风口设置在房间的顶部，将热浊的污染气体排出。置换式气流组织方式的运用场合：室内有高温热源；高大空间的单体建筑。而对于工业厂房往往两者都满足，因此在工业场合的运用非常广泛。下面重点介绍置换通风的节能优势。

置换通风不仅在提高空气品质方面有较为突出的优势，同时置换通风也具有较好的节能效益。可以从冷负荷、送风温度、新风量、风机能耗四个方面分析冷负荷的减少。室内冷负荷主要由三个部分组成：室内人员与设备的负荷；上部灯具的负荷；围护结构和太阳辐射的负荷。与传统空调的负荷相比，室内冷负荷理论值较小，这是因为室内存在温度梯度，室内温度升高将会使室内传入的热量减少，因此室内冷负荷降低；送风温度升高。为了达到较好的热舒适性，相较而言，置换通风的送风温度要比传统空调送风温度高。制冷机组的 COP 增大，运行效率上升，降低运行能耗；新风量降低。置换通风不会以全室为研究对象，而是以人体的活动区为对象。置换通风的排污能力要优于传统空调送风；新风量减少，全新风系统的风机能耗下降。置换通风的风速比混合式的风速要低，因此送风的风速下降，风管的压力损失下降，风机的能耗下降。

通过针对不同的工业建筑选择合适的空调系统和有效的气流组织，对于营造满足要求的室内热湿环境、有效消除室内余热余湿和降低空调系统的运行能耗有着非常重要的影响。

（二）空调系统负荷的影响因素及热湿处理设备特性

相较于供暖系统来说，空调系统冬夏均可以使用。因此，空调系统的负荷计算就分为了冬夏两季；除此之外，空调系统还可以对室内湿度进行控制。空调系统负荷包括：冬季热负荷，夏季热负荷，湿负荷。

空调系统相比于采暖系统来说，不仅仅可以调节室内的温度而且可以调节室内的湿度。在工业场所，湿负荷主要考虑人员和没有独立排风装置的工艺水槽的散湿过程，此外，在工业中随着工艺流程可能有各种材料表面蒸发水汽或者管道漏汽，这些湿负荷的确定方法可以通过查找手册，也可以从现场调查得到数据。需要注意的有两点：第一是当空调房间维持微正压的时候，不考虑冷风渗透和冷风侵入量；第二是厂房内有高温热源时，需要从热负荷中扣除这部分热量。避免热负荷计算值过大，造成设计过程的不节能。下面重点探讨空调的夏季冷负荷。

在夏季，工业厂房中除了因为通过围护结构传热引起的热量，还有建筑中的人员、生产设备会向室内散出大量热量。若要维持室内温度和湿度不变，必须把这些室内多余的热量从室内移出，此称之为冷负荷。冷负荷主要来源分为外扰（包括围护结构传入室内的热量、室外渗透空气带入的热量，等等）和内扰（包括室内散湿过程产生的潜热量、设备散热量、人员的显热量，等等）。

空调区的夏季冷负荷，应根据各项得热量的种类、性质以及空调区的蓄热特性，分别进行逐时转化计算，确定出各项冷负荷。简单分析下传入室内的热量，可以确定以下几项：通过围护结构传入的热量；通过围护结构透明部分进入的太阳辐射热量；人体散热量；照明散热量；设备、器具、管道及其他内部热源的散热量；食品或物料的散热量；室外渗透空气带入的热量（看是否维持房间正压）；伴随各种散湿过程产生的潜热量；非空调区或其他空调区转移来的热量。值得注意的是，应该区分得热量和冷负荷的基本概念。冷负荷与得热量有时相等，有时则不等。围护结构的热工特性和得热量决定了得热与负荷的关系。在瞬时得热中的潜热得热及显热得热中的对流成分是直接放散到房屋空间中，成为瞬时冷负荷，而显热得热的辐射成分由于围护结构、家具等物体的蓄热能力，使得热量传递到空气中时存在时间延迟，所以辐射成分不能立即成为瞬时冷负荷。

为满足空调房间送风温、湿度的要求,在空调系统中必须有相应的热湿处理设备,以便能对空气进行各种热湿处理,达到所要求的送风状态。

在空调工程中,需要使用空气处理设备才能实现冷热量转移过程,如空气的加热、冷却、加湿、减湿设备等。作为与空气进行热湿交换的介质有水、水蒸气、冰、各种盐类及其水溶液、制冷剂及其他物质。根据各种热湿交换设备的特点不同可将它们分成两大类:直接接触式热湿交换设备和表面式热湿交换设备。前者包括喷水室、蒸汽加湿器、高压喷雾加湿器、湿膜加湿器、超声波加湿器以及使用液体吸湿剂的装置等;后者包括光管式和肋管式空气加热器及空气冷却器等。有的空气处理设备,如喷水式表面冷却器,则兼有这两类设备的特点。

直接接触式热湿交换设备的特点是,与空气进行热湿交换的介质直接与空气接触,通常是使被处理的空气流过热湿交换介质表面,通过含有热湿交换介质的填料层或将热湿交换介质喷洒到空气中去,形成具有各种分散度液滴的空间,使液滴与流过的空气直接接触。在这里主要介绍喷水室。

喷水室的主要构成部分:循环水管,溢水管,补水管,泄水管,喷嘴,一挡水板等。为了观察和检修的方便还设置防水灯和检查门。工程上的喷水室大体上有立式和卧式、单级和双级、低速和高速之分。

喷水室的主要优点是实现多种空气处理过程,具有一定的净化空气的能力,耗金属量少和容易加工。但是也有对水质要求高、占地面积大、水泵能耗多的缺点。所以,一般以调节湿度为主要目的的纺织厂、卷烟厂等工程中大量使用。

表面式热湿交换设备的特点是,与空气进行热湿交换的介质不与空气接触,二者之间的热湿交换是通过分隔壁面进行的。根据热湿交换介质的温度不同,壁面的空气侧可能产生水膜(湿表面),也可能不产生水膜(干表面)。在空调工程中广泛使用表面式换热器。表面式换热器因结构简单、占地面积少、对于水质要求不高、水系统阻力小等优点,已成为常用的空气处理设备。表面式换热器包括空气加热器和表面式冷却器两类。前者用热水或蒸汽作热媒,后者用冷水或者制冷剂作为冷媒。因此,表面冷却器又分为水冷式和直接蒸发式。其构造主要分为光管式和肋管式两种。光管式效率过低,目前已经很少使用。主要使用肋管式。

表面式换热器的安装要注意以下几点:第一,以蒸汽为热媒的空气加热器最好不要水平安装,以免聚积凝结水而影响传热性能;第二,垂直安装的表冷器必须使肋片处于垂直位置,否则将会因肋片上部积水而增加空气阻力;第三,以蒸汽为热媒时,各台换热器的蒸汽管只能采用并联,需要空气温升大时采用串联。

热湿处理过程是空气调节非常经典的内容,空气达到相同状态点的途径有多种,但是总有一种较为节能而且处理过程简单的方法,需要工程人员在思考方案时,多方面考量,给出较优的空气处理过程方案。空气处理设备已经发展得比较成熟,可以根据现有手册与经典计算公式选用。

（一）蒸发冷却空调系统分类与工作原理

蒸发冷却空调系统可以按三种分类形式分类：按空气处理设备集中程度分类，按产出介质（产出介质是经过蒸发冷却后获得的冷水或冷风，其中在间接蒸发冷却空调器中获得的冷风介质叫做一次空气）形式分类和按技术形式分类。

蒸发冷却空调系统按照空气处理设备的集中程度可以分为集中式、半集中式和分散式通风空调系统。

蒸发冷却空调系统按照产出介质分类可分为：风侧蒸发冷却空调系统、水侧蒸发冷却空调系统。根据蒸发冷却空调原理，采用包含直接或者间接蒸发冷却方法获取冷风的空调系统形式称为风侧蒸发冷却空调系统。根据蒸发冷却空调原理，采用包含直接或者间接蒸发冷却方法获取冷水的空调系统形式称为水侧蒸发冷却空调系统。

蒸发冷却空调系统按照技术形式分类可分为：直接蒸发冷却空调技术、间接蒸发冷却空调技术、间接—直接蒸发冷却复合空调技术、蒸发冷却—机械制冷联合空调技术。按技术形式分类最能体现蒸发冷却空调系统的特点，下面对这种技术形式分类展开介绍。

直接蒸发冷却空调技术：产出介质与工作介质（工作介质是指进行蒸发冷却的产生冷量的这一部分介质，其中在间接蒸发冷却空调器中所采用的冷风介质叫做二次空气）直接接触进行热湿交换，产出介质与工作介质之间既存在热交换又存在质交换，以获取冷风的技术。利用直接蒸发冷却技术的设备有蒸发式冷风机冷风扇、直接蒸发冷却空调机组。

间接蒸发冷却空调技术：产出介质与工作介质间接接触，仅进行显热交换而不进行质交换以获取冷风的技术。利用间接蒸发冷却的设备主要有板翅式间接蒸发冷却器、管式间接蒸发冷却器、露点间接蒸发冷却器等。间接蒸发冷却设备对空气进行等湿降温，降低空气的湿球温度，因此一般与直接蒸发冷却设备联用，提高机组的空气处理温降。

间接—直接蒸发冷却复合空调技术：将间接蒸发冷却与直接蒸发冷却加以复合，以获取冷风的技术。目前，主要设备有板翅式间接—直接蒸发冷却空气处理机组、管式间接—直接蒸发冷却空气处理机组、表冷间接—直接蒸发冷却空调机组等。

蒸发冷却—机械制冷联合空调技术：将蒸发冷却与机械制冷加以联合来获得所需的空气状态的空调技术。目前，蒸发冷却与机械制冷联合通风空调形式主要有切换式运行、一体化机组、联合运行等。

作

按技术形式分为四类空调系统，但单从蒸发冷却原理上分为两种：直接蒸发冷却工作原理，间接蒸发冷却工作原理。

(1)直接蒸发冷却空调工作原理

直接蒸发冷却空调的原理是利用自然条件中空气的干、湿球温度差来获取降温幅度。蒸发动力是水与空气直接接触界面处存在水蒸气分压力差,室外空气在风机的作用下流过被水淋湿的填料而被冷却,空气的干球温度降低而湿球温度保持不变,蒸发冷却器通过液态水汽化吸收潜热来降低空气温度。

当冷却器使用循环水时,喷淋到填料上的水温等于冷却器进风湿球温度,在空气与水温差作用下,空气传给水的显热量在数值上恰好等于在二者水蒸气分压力差的作用下,水蒸发到空气中所需要的汽化潜热,总热交换为零。此过程中忽略水蒸发带给空气的水自身原有的液态热,称为等焓冷却加湿过程,简称绝热加湿过程。

当冷却器使用非循环水、喷淋水温度和空气湿球温度不等时,空气与外界有热交换,所以冷却过程是非绝热冷却过程。当喷淋水温度高于湿球温度而低于干球温度时,空气传给水的显热量在数值上小于在二者水蒸气分压力差作用下水蒸发到空气中所需要的汽化潜热,即显热交换量小于潜热交换量,空气的焓值增加。

(2)间接蒸发冷却工作原理

间接蒸发冷却是将被冷却空气(一次空气)与喷淋侧空气(二次空气)利用通道隔开,在湿通道内喷淋循环水,二次空气发生直接蒸发冷却过程,干通道中的一次空气只被冷却不被加湿。喷淋装置采用循环水,则可近似认为水温在整个过程中保持不变,喷淋水充当了传热媒介,吸收一次空气释放的显热,再以潜热的形式传递给二次空气,最终随着二次空气的运动而带走。间接蒸发冷却空调的结构虽然比较复杂,但比直接式蒸发冷却空调有着较高的适用性。因为在理论上,空气通过直接蒸发冷却只能达到出口的湿球温度,而间接蒸发冷却可以达到入口空气的露点温度,此外间接蒸发冷却可以比直接蒸发冷却更好地控制湿度。虽然间接蒸发冷却技术有结构比较复杂和实际一次空气难达到露点要求的缺点,但间接蒸发冷却系统的适用性较直接式蒸发冷却系统更广。

目前,在实际工程中应用的传统间接蒸发冷却器有两种基本形式:板式和管式间接蒸发冷却器。可以看出,无论是板式还是管式间接蒸发冷却器,一、二次空气被换热间壁隔开,一次空气在干通道内水平流动,喷淋水在湿通道内从上向下流动,二次空气在湿通道内从下向上流动与喷淋水进行热质交换作用,带走一次空气中的显热使其得到冷却降温。

由于板式间接蒸发冷却器内一、二次空气通道较为狭窄,整体结构较为紧凑,与管式间接蒸发冷却器相比,具有较高的换热效率,得到了人们较多的关注,因此在实际工程中也得到了更多的应用。

(二)蒸发冷却空调设计注意事项

《工业建筑供暖通风及空气调节设计规范》给出以下三种情况适合使用蒸发冷却空调系统:室外空气计算温度小于23℃的干燥地区;显热负荷大,但散湿量较小或无散湿量,且全年需要降温为主的高温车间;湿度要求较高的或湿度无严格限制的车间。

在室外气象条件满足要求的前提下,推荐在夏季空调室外设计湿球温度较低的干燥地区(通常在低于23℃的地区),采用蒸发冷却空调系统,降温幅度大约能达到10~20℃左右的明显效果。

工业建筑是应用蒸发冷却空调的最大领域,例如高温车间、空调区相对湿度较高的车间。对于工业建筑中的高温车间,如铸造车间、熔炼车间、动力发电厂汽机房、变频机房、通信机房(基站)、数据中心等,由于生产和使用过程散热量较大,但散湿量较小或无散湿量,且空调区全年需要以降温为主,这时,采用蒸发冷却空调系统,或蒸发冷却与机械制冷联合的空调系统,与传统压缩式空调机相比,耗电量只有其1/10~1/8。全年中过渡季节可使用蒸发冷却空调系统,夏季部分高温高湿季节蒸发冷却与机械制冷联合使用,以有利于空调系统的节能。对于纺织厂、印染厂、服装厂等工业建筑,由于生产工艺要求空调区相对湿度较高,宜采用蒸发冷却空调系统。另外,在较潮湿地区(如南方地区),使用蒸发冷却空调系统一般能达到5~10℃左右的降温效果。江苏、浙江、福建和广东沿海地区的一些工业厂房,对空调区湿度无严格限制,且在设置有良好排风系统的情况下,也广泛应用蒸发式冷气机进行空调降温。

室外设计湿球温度低于16℃的地区,其空气处理可采用直接蒸发冷却方式,设计冷水供水温度宜高于室外计算湿球温度3~3.5℃,露点温度较低的地区宜采用间接蒸发冷却,设计冷水供水温度高于室外计算湿球温度5℃;夏季室外计算湿球温度较高的地区,为强化冷却效果,进一步降低系统的送风温度、减小送风量和风管面积时,可采用组合式蒸发冷却方式,例如在一个间接蒸发冷却器后,再串联一个直接蒸发冷却器,或者在两个间接蒸发冷却器串联后,再串联一个直接蒸发冷却器。在直接蒸发冷却空调系统中,由于水与空气直接接触,其水质直接影响到室内空气质量,其水质必须符合规范《采暖空调系统水质》的要求。

第四章　旧工业建筑绿色再生设计

第一节　环境优化设计

(一) 旧工业建筑绿色再生设计概念

从 20 世纪 90 年代开始,受到国外旧工业建筑改造的启示以及国内可持续发展观念的影响,旧工业建筑的改造利用逐渐受到人们的重视。经过这些年的发展,通过新功能的注入,不少旧工业建筑完成改造重获新生。但我们不难发现,我国大多数的旧工业建筑改造都还停留在使用功能以及艺术层面的改造,改造再利用过程中很少关注绿色建筑理念的应用,无法在低能耗的前提下,为人们提供一个舒适的室内环境,而且在建造过程中往往伴随着严重的资源浪费和环境污染。

为了贯彻落实可持续发展的概念,使旧工业建筑的改造不是一时的再生,而是可持续的再生,旧工业建筑绿色再生设计应运而生。旧工业建筑绿色再生设计是指将改造设计与绿色建筑技术紧密结合,以环境友好的方式改善室内环境,实现资源的可持续利用。具体来说,就是在可持续发展的前提下,在绿色再生设计过程中,尽量选择被动式节能技术以及天然材料,减少建筑垃圾以及建造过程对环境造成的影响。为人们提供一个节能、舒适、健康的使用环境,达到人、建筑、环境的和谐共生。

(二) 旧工业建筑绿色再生设计原则

由于旧工业建筑具有复杂多样的特点,改造和再利用的形式千差万别,为了更好地实现旧工业建筑的绿色再生,在改造设计中,我们必须建立相应的改造原则,将其纳入理性化、规范化的轨道上,改变以往存在的盲目性和随意性。在旧工业建筑的改造设计中应遵循以下原则,以满足经济、环境、能源、建筑单体、技术等多层次联动的要求。

绿色再生设计应遵循的首要原则即可持续发展。通过绿色再生设计，让改造后的旧工业建筑能够适应不断变化的人城市环境的多重需要实现其可持续再生为实现这一原则，主要通过适应气候的建筑设计手段、可再生能源及资源利用技术的应用、智能化技术的植入，使得闲置的旧工业建筑萌发出新的生机。

绿色生态原则，与可持续发展原则类似，但各有侧重。可持续发展是通过合理设计，有效运用绿色技术手段，让建筑物在全寿命周期内实现四节一环保的目的。而绿色生态则是立足于整个生态环境的高度，它是绿色再生设计中的一个宏观的全局规划，旨在实现建筑与环境的和谐共生。

绿色再生设计不仅要实现旧工业建筑的重生，还要通过合理的规划，带动周边经济的发展，促进整个区域的复兴繁荣，只有这样，才能为旧工业建筑注入运转的动力，实现其绿色再生的目标。因此在改造设计时，应充分考虑建筑的区位、周边的经济环境及日后的发展规划等。

旧工业建筑是城市文明进程最好的见证者，这些建筑物正是"城市博物馆"关于各个时代的最好展品。因此在绿色再生设计中要坚持保护发展相结合的原则，既要满足现在的发展需求，又要尽量保护利用其原貌。通过对其合理的改造设计展示城市文化的多样性，提升建筑乃至城市的文化品位和内涵。

旧工业建筑的室外环境设计既要考虑原建筑的独特性及其历史意义，又要与整个区域甚至整个城市相融合。一个改造项目的外部环境也是整个城市有机环境的缩影。通过对旧工业建筑外部环境有效合理的改造重塑，以达到优化城市形态，美化城市形象，提高城市吸引力的目的。旧工业建筑外部环境的优化设计应结合旧工业建筑的历史价值，做出合适的改造方案。

（一）建筑外观环境设计

对于具有明显地域特色、时代特征、历史价值的旧工业建筑，改造设计时，应保留大部分原有建筑的基本形态，并对其进行必要的维护修整或更换局部构件。新建的部分应与原始风格相协调，形成与原始工业环境相融合的空间。同时还应保留建筑周围的环境，如原有的道路、景观、设施，尊重原有的精神和文脉，营造一种历史回放的感觉。

对于一些具有独特外形结构的地标性旧工业建筑，如水塔、烟囱、煤气堡等，应根据需要重塑外部环境。设计时应针对人们所熟悉的建筑特征，以原旧工业建筑或构筑物为依托，进行合理的二次设计，在最大限度保留城市记忆的基础上，给人们带来全新的建筑体验。如维也纳煤气储罐改造就是完整地保留了建筑的外部形体特征并加以改造利用。

对于一般性旧工业建筑，在外形上并无特别明显的历史美学价值和特征，因此这类建筑外部形象设计自由度大，设计师可以借助原有结构，充分发挥想象力和创造力，创造出新的形象。

（二）建筑周边环境设计

旧工业建筑的绿色再生除了建筑本身的改造外，还应注重周边环境的整理。室外的环境直接影响着建筑所处的环境状态，从而影响到人们的舒适度和健康。因此在旧工业建筑的改造中，应研究其微气候特征。根据建筑功能的需求，通过合理的外部环境设计来改善既有的微气候环境，创造建筑节能以及健康舒适的有利环境，具体方法如下：

地面材料。室外地面的材料对室外环境的舒适度影响巨大，因此建筑室外环境的改善可以通过有选择地更换不合理的地面材料来实现。例如将硬质路面换成透水性地面，将停车场地面换成中空的植草砖，在室外铺设绿化地带等，通过这些方法可以增加土壤的保水能力，补充地下水，减少土壤的径流系数，有效降低室外地面温度，营造出适宜的小气候，降低热岛强度。遇到暴雨时还可以缓解室外排水系统的排水压力。

绿色景观。绿色植物是调节室外热环境的重要因素，它能在夏季通过光合作用、蒸腾作用吸收一大部分太阳辐射热。高大茂密的树木还能让建筑避免阳光的直接照射，调节建筑的室内温度。因此选择合理的植物搭配，不仅能美化环境，还可以利用植物的季节性变化来改善微气候。

水体景观。在炎热的夏季，水体的蒸发能吸收掉大量热量，从而降低室外温度。同时水体也具有一定的热稳定性，会造成昼夜间水体和周围空气温度的波动，导致两者之间产生热风压，促进空气流动。在旧工业建筑的改造中，也可在建筑周围建景观湿地，既能调节室外环境温度和空气湿度，形成良好的局部微气候环境，还能用来净化雨水和中水。

在园区内对周围环境进行生态景观配置，在建筑周围布置树木、植被、绿草等。既能有效地遮挡风沙、净化空气，还能遮阳、降噪；创造舒适的人工自然环境，在建筑附近设置水面，利用水来平衡环境温度、降风沙及收集雨水等。

对于旧工业建筑周边景观的配置应结合当地的自然条件、自然资源、历史文脉、地域文化等合理配置。具体来说应遵循以下原则：尽量选用本地植物，既容易成活又具有地方特色；植物配置时应多种类多层次，丰富室外环境。

（一）室内风环境优化设计

自然通风是改善室内环境的基本方法之一，其主要原理是通过压力差来形成气流，将室外空气引入室内，带动空气流动，实现室外新鲜空气的补充交换。虽然一些先进的机械送风设备可以满足室内风环境的需求，但这样往往伴随着高能耗，与绿色再生理念相背离。因此，在旧工业建筑的绿色再生设计中，应尽量通过结构的调整等实现自然通风，为人们提供一个舒适宜人的室内风环境。

（二）室内光环境优化设计

旧工业建筑改造中室内光环境的优化设计，即加大自然光的利用效果与范围，尽可能地减少人工采光。自然光的使用既能减少能耗、节约资源、保护环境，又有利于使用者的身心健康。

在旧工业建筑的改造设计中，可以通过有效的设计手段，改善室内的光环境。例如可以适当增加窗户、天窗，加大采光；结合中庭、采光天井、反光镜装置等内部手段增加天然光的辐射范围。

（三）室内热环境优化设计

热环境是指影响人体冷暖感觉的环境因素，主要包括空气温度和湿度。室内热环境的优化设计，主要是指通过合理的设计，尽量减少能源消耗设备的使用，为人们提供一个舒适的室内热环境。

在改造中可以通过室内设计布局，形成横向纵向的风道通廊，配合植入的通风采光井，通过良好的风环境有目的地调节室内温度和湿度，营造宜人的室内热环境。此外还能通过增加维护结构的保温性能，提高室内热环境的舒适度。

第二节　结构节能改造

旧工业建筑外部形体的改造，不仅影响着旧工业建筑历史面貌的展现，还直接影响着建筑的能耗。因此在建筑形体改造设计时，应结合当地的气候状况及周边环境，在满足功能的前提下，设计出合适的形体，以提高能源的利用率，减少能源的消耗，并为人们提供健康舒适的室内环境。

通过旧工业建筑外形的绿色再生设计达到利用建筑形体来引导建筑内部的自然通风，增加采光，以及通过外形的凹凸变化，产生自遮阳效果的目的。要达到这种目的有两种方法：加法和减法。

（一）加法

加法就是将已有的两个或两个以上的建筑单体，通过穿插、连接、叠加等方式组合成一个新的建筑功能体，或者在原有建筑的基础上，加建一部分形体，使旧工业建筑既能满足新的功能需求，又能达到节能环保的目的。

（二）减法

减法即在一个较大的几何形体中减去一个或数个较小的形体后重新形成的新形体。也就是说将原来相对集中的建筑形式改成相对分散的建筑形式，在相对完整的建筑体形中切削出独立的空间形式。

旧工业建筑往往内部空间较大，在改造中为了适应新的需求，应对内部空间进行重组。通过空间的重新组合和联系，打破建筑室内外的界限，达到改善室内环境，增加自然采光、通风的效果。

（一）空间划分

旧工业建筑一般内部空间大，结构承载力强，在进行空间划分时比较灵活，主要有两种划分方式：空间水平分隔和空间垂直分层。

将旧工业建筑由大尺度的内部空间改造成小空间时，可以保留主体结构不变，在水平方向上加建分隔墙体，将整体的大空间划分为若干个小空间。除了新建墙体，还可以灵活布置家具、植物、交通空间来达到水平分隔的效果。这样可以减少视线阻断,增加内部空间的流动性。

对于内部空间高大的旧工业建筑的改造可以通过垂直分层加建内部支撑结构与楼板,使其满足新功能的使用需求。此外空间的垂直分层不仅丰富了空间层次,而且充分利用了竖向空间,节约土地成本。

(二)空间嵌套

在原有的旧工业建筑的内部空间嵌套一个新的功能体,这样就在建筑内部形成了两个相互独立的功能体系。既保护了原有建筑,又满足了新的使用需求。且工业建筑的内层表皮与新建的外层表皮形成双表层系统,风格独特。新的内部空间与原有的建筑空间形成新与旧的反差,给人们带来独特的体验。

(三)空间延伸

对于旧工业建筑中的辅助性房屋,建筑空间不大,原有内部空间的容量不能满足新功能的需求,改造设计时可以在不破坏原有结构的基础上,通过空间的延伸来扩大空间的容量。在设计时应注意既要满足建筑使用功能上的要求,又要处理好新旧建筑之间关系,新建部分既要与原有建筑融为一体,又要体现其独特风格。

(四)空间重组整合

旧工业建筑原有的空间划分不能满足使用需求时,可以将原有的若干功能空间经过合理的设计加以处理,重新组合加以利用,形成新的空间效果。这是一个联零为整的过程,常用的方法有拆除部分墙体贯通空间和通过连廊串联空间。

建筑腔体是指建筑通过合适的空间形体,运用相应的生态技术措施以及适当的细部构造,与环境自然因素相结合,与环境进行能量交换时,内部的运作机制与生物腔体相似,通过一些技术手段高效、低能耗地营造出舒适宜人的室内环境。

(一)利用风压的自然通风原理

风压是形成自然通风的主要因素,由于建筑物的阻挡,建筑的迎面风和背面风由于压力的变化产生压力差,建筑上的空洞由于正负压差的作用而产生了气体流动,使室内的空气循环流动。在炎热潮湿的地区,白天温度高,热辐射强,雨水充沛,这类旧工业建筑改造的任务就是遮阳、通风以及防潮。

（二）利用热压通风的拔风原理

热压通风就是由于室内外的温差，导致空气的密度不同，从而热空气上升，冷空气下降的一种自然通风方式。

（三）利用太阳光的自然采光原理

利用建筑腔体同样能增加室内的采光。利用腔体的侧部或顶部来引入自然光，还可以在腔体内部设置反射井，使各个空间能用到自然光，改造中充分利用自然光源能大大地减少能源的消耗。

（四）综合利用导风的气井原理

在建筑内部设置导风管，辅以相应的技术措施，让导风管在任何情况下都能形成自然通风。

旧工业建筑改造时通过腔体的植入能有效调节室内的热、光环境以及通风状况，在整个建筑中起到生态缓冲的作用。根据腔体在建筑中的作用和位置的不同，我们将腔体分为4种类型：外廊式、中庭式、大跨式、自由式。每种都有自己的优缺点及适用范围。下面详细介绍一下在旧工业建筑改造中使用比较广泛的中庭式建筑腔体：

中庭式是将建筑腔体设置在建筑的中心，将各个空间联系在一起。通过腔体调节室内环境。中庭有两种明显的气候控制特点：温室效应和烟囱效应。温室效应是由于太阳的短波辐射通过玻璃温暖室内建筑表面，而室内建筑表面的波长较长的二次辐射则不能穿过玻璃反射出去，因此中庭获得和积蓄了太阳能，使得室内温度升高。烟囱效应是由于中庭较大的得热量而导致中庭和室外温度不同而形成中庭内气流向上运动。

为了维持中庭良好的物理环境，应针对不同季节采用不同的气候控制方式。冬季：白天应充分利用温室效应，并使得中庭顶部处于严密封闭状态，夜晚利用遮阳装置增大热阻，防止热量散失。夏季：应采取遮阳措施，避免过多太阳辐射进入中庭，同时应利用烟囱效应引导热压通风，中庭底部从室外进风，从中庭顶部排出。同时注意，要避免室外新风通过功能房间进入中庭，否则将导致该功能房间新风量增大而导致冷负荷大幅度增加。过渡季：当室外温度较低时（如低于25℃时），则应充分利用中庭的烟囱效应拔风，带动各个功能房间自然通风，及时带走聚集在功能房间室内和中庭的热量。

建筑的外围护结构不仅是划分室内外的分界线，还是建筑节能的主要门户。在夏季和冬季，室内外温差大，围护结构的保温性能直接影响建筑的使用能耗，因此在旧工业建筑的绿色再生设计中也应考虑围护结构的更新。我们这里考虑的主要是对建筑节能影响比较大的外墙、门窗以及屋顶。

(一) 外墙的改造

外墙是室内外能量交换的界面,因此通过对外墙的改造,来达到改善室内环境、降低建筑能耗是旧工业建筑绿色再生应重点考虑的方法。对外墙的改造主要从风、光、热三个方面进行考虑。通过外墙的改造,有效地利用这三个因素,创造出舒适健康的室内环境。

外墙的能源消耗主要是由于室内外的温差,夏季室外的热源通过墙体进入室内使温度升高;冬季室内的热源通过墙体分散到室外使室内温度降低,从而增大了能源的消耗。在外墙的改造中通过提高外墙的保温性能减少室内外环境的热交换,改善室内环境的舒适度。

外墙的通风改造主要是通过对外墙表皮的改造得以实现。采用相应的技术手段,将建筑的外表皮改造成复合表皮。这种复合表皮分为两层,中间是空气间层。利用烟囱效应的原理产生热压通风在每层的上下位置设置通风口,使空气在这个小腔体内实现循环,促进室内外能源的交换,达到隔热的效果。这种表皮被称之为"呼吸式幕墙"。

外墙遮阳改造就是通过改造利用建筑表皮的变化来达到遮阳的效果,或是在建筑表皮上设置可调节的遮阳设施,可根据实际情况进行调节,变换遮阳的形式。也可以通过遮阳设施来调节室内采光,利用建筑表皮系统产生折射、绕射、衍射等现象,既减少了阳光的直接辐射,又能实现自然采光。

(二) 外窗的改造

虽然外窗所占围护结构的面积不大,但据统计其热损失能达到围护结构损失的40%左右,是旧工业建筑节能改造应重点考虑的对象。建筑外窗承担通风、采光、保温隔热等功能,而旧工业建筑的外窗因年代久远,围护性能差,而且保温隔热性能不强导致建筑能耗加大,影响室内舒适性。在建筑外窗的改造中,多采用全部更换的改造方式。将年代久远的、老化的外窗替换成双层玻璃、中空玻璃等气密性好、技术成熟的外窗。能大大降低建筑使用能耗,改善室内环境。

(三) 屋顶改造

屋顶的保温隔热性能很大程度地影响着顶层空间的室内舒适性,以及建筑的使用能耗。因此在旧工业建筑的改造中,屋顶改造也是不容忽视的。屋顶的改造主要是通过改善保温隔热性能得以实现,在寒冷的地区在屋顶设保温层,以阻止室内热量散失;在炎热的地区则是在屋顶设置隔热降温层以阻止太阳的辐射热传至室内;而在冬冷夏热地区(黄河至长江流域),建筑节能则要冬夏兼顾。如今,旧工业建筑屋顶的改造方式多种多样,各有优缺点，设计时应根据项目地所处气候环境等选取最合适的改造方法，尽量选择绿色环保的保温隔热材料。具体的改造方式如下所述。

屋面架空法也叫空气流通隔热法。就是在屋顶建一个大概 30cm 左右的空心夹层，即通风隔热的空气层，这也是一种植入腔体的改造方法。当夏季阳光暴晒的时候，一方面利用隔热板来阻挡太阳的直接辐射，另一方面利用风压将架空层内的空气不断排出，从而达到降低屋面温度的效果。

水隔热法对屋顶的质量要求比较高，对屋面的抗渗性能要求很高，因此在旧工业改造中并不常用。这种做法就是在屋顶维持浅浅的水洼，大概 15cm 深，利用水的蒸发散热以及水面的反射，能带走大量太阳辐射热，有效合理地降低室内温度，提高室内舒适度。

反射法的原理就是通过在屋顶设置反射能力强的面层，以此来反射太阳辐射。这种方式能反射大约 65% 的太阳辐射，节能 20% ~ 30%，而且施工方便，造价低，是一个不错的屋面改造方式。根据反射面层材料的不同分为两种方法，一种方法是白光纸反射法，就是在屋顶铺设一层表面光滑的白光纸，材质为锡纸，不易沾油污，且能强烈反光隔热；另一种是涂料反射法，在屋顶涂上浅色的反射涂料，以此反光隔热。

在屋顶铺设土层，并种植上合适的植物，利用植物的光合作用、蒸腾作用等来吸收直接照射在屋面的太阳辐射，起到保温隔热的效果。这种方式既能有效改善室内环境，减少能耗，又能美化环境，调节室外微气候。但是应注意，这种改造方式对屋顶的结构、质量要求比较高，进行绿化改造时，一定要注意设计好屋面的排水、防水系统。同时，对于绿化植物的选择也需认真考虑，应适宜当地气候环境，并且以浅根系的植物为宜。

将保温隔热的材料铺设于屋面上，这种方式具有保温隔热以及防水的双重功效，而且具有材料重量轻、材料强度高、力学性能好、使用年限长、施工方便，施工周期短等优点。常用的保温隔热板材有玻璃钢板、XPS 板、EPS 板等，在选用时结合自身需求，选取合适的保温隔热材料。

第三节　节能技术植入

(一) 太阳能的使用

对于南部地区来说,拥有丰富的太阳能资源,而且是高效的可再生能源。因此在旧工业建筑的绿色再生改造中,植入太阳能系统是一个非常好的节能手段。太阳能利用主要是通过光电板等设备将太阳能辐射热收集起来,通过相应的技术手段将其转换成其他能源形势,如电能、热能、化学能等。主要利用的有两种形式:太阳能光热系统和太阳能光伏发电系统。

太阳能光热系统主要是将太阳的辐射热转变成热能加以利用。如太阳能热水器、太阳能采暖房、太阳能温室等。太阳能光伏发电系统就是利用太阳能光电板将太阳辐射热转化为电能后,供人们使用的一种太阳能利用形式。在旧工业建筑改造时,要考虑太阳能与建筑的一体化设计。一般在建筑的围护结构上铺设光伏设备,或直接将光电薄膜作为建筑表皮,产生的电能直接供一部分设备使用。光伏设备的布置方式直接影响太阳能的接收效率,因此在设计时应根据建筑的位置、日照条件以及建筑外表面的形体等选择一个最优的布置方式。

在旧工业建筑改造时,应将太阳能系统作为建筑的构成元素与建筑结合在一起,保持建筑风格上的统一,太阳能设备作为建筑构件的一部分,既能起到节能环保的作用,又能节省造价。

(二) 水资源的回收利用

我国的水资源总体偏少,在全球范围内,我们属于轻度缺水国家,而且水污染问题日益突出。因此水资源的有效利用在旧工业建筑的改造中也应认真考虑,与旧工业建筑的改造统一规划设计。现阶段节约水资源,做到循环使用的方法有两种:雨水回收利用和中水利用。

在旧工业建筑的改造中,我们可以通过对建筑屋顶、室外地面以及排水系统等的改造设计,实现雨水回收。例如可以用屋顶来收集雨水,将室外地面换成透水性路面,在室外设置绿化场地。通过改造将收集的雨水简单处理后实现再次利用,这样不仅能提高水资源的利用率,还能在暴雨时缓解室外排水系统的排水压力。

中水是指生活污水处理后,达到规定的水质标准,可在一定范围内重复使用的非饮用水。中水利用是对该处理过的水的再次循环使用。中水利用是环境保护、水污染防治的主要途径，是社会、经济可持续发展的重要环节。因此，在旧工业建筑的改造中也可以建立中水利用系统，将中水用于景观及生活方面，如清扫、冷却水、绿化浇灌等能大大降低水资源的使用。

（三）能源的高效利用

为了维持居住空间的环境质量，在寒冷的季节需要取暖以提高室内的温度，在炎热的季节需要制冷以降低室内的温度，干燥时需要加湿，潮湿时需要抽湿，而这些往往都需要消耗能源才能实现。从节能的角度讲，应提高供暖（制冷）系统的效率，它包括设备本身的效率、管网传送的效率、用户端的计量以及室内环境的控制装置的效率等。在旧工业建筑的改造中，首先，根据建筑的特点和功能，设计高能效的暖通空调设备系统，例如：热泵系统、蓄能系统和区域供热、供冷系统等。然后，在使用中采用能源管理和监控系统监督和调控室内的舒适度、室内空气品质和能耗情况。如通过传感器测量周边环境的温、湿度和日照强度，然后基于建筑动态模型预测采暖和空调负荷，控制暖通空调系统的运行。

为降低建筑在使用过程中的能耗，要求相应的行业在设计、安装、运行质量、节能系统调节、设备材料以及经营管理模式等方面采用高新技术。如在供暖系统节能方面就有三种新技术：①利用计算机、平衡阀及其专用智能仪表对管网流量进行合理分配，既改善了供暖质量，又节约了能源；②在用户散热器上安设热量分配表和温度调节阀，用户可根据需要消耗和控制热能，以达到舒适和节能的双重效果；③采用新型的保温材料包敷送暖管道，以减少管道的热损失。

新技术、新产品的使用往往能有效降低建筑能耗，如低温地板辐射技术，它是采用交联聚乙烯（PEX）管作为通水管，用特殊方式双向循环盘于地面层内，冬天向管内供低温热水（地热、太阳能或各种低温余热提供）；夏天输入冷水可降低地表温度（国内只用于供暖）；该技术与对流散热为主的散热器相比，具有室内温度分布均匀，舒适、节能、易计量、维护方便等优点。

新的高性能材料的研发使用也是实现建筑节能的一个有效方式。随着科技的发展、技术的进步，一大批具有保温隔热、强度高、造价低、施工方便等优越性能的材料正改变着建筑能耗的使用流量。

门窗具有采光、通风和围护的作用，还在建筑艺术处理上起着很重要的作用。然而门窗又是最容易造成能量损失的部位。为了增大采光通风面积或表现现代建筑的性格特征，建筑物的门窗面积越来越大，更有全玻璃的幕墙建筑。这就对外围护结构的节能提出了更高的要求。

对门窗的节能处理主要是改善材料的保温隔热性能和提高门窗的密闭性能。从门窗材料来看,近些年出现了铝合金断热型材、铝木复合型材、钢塑整体挤出型材、塑木复合型材以及 UPVC 塑料型材等一些技术含量较高的节能产品。

其中使用较广的是 UPVC 塑料型材,它所使用的原料是高分子材料—硬质聚氯乙烯。它不仅生产过程中能耗少、无污染,而且材料导热系数小,多腔体结构密封性好,因而保温隔热性能好。

为解决大面积玻璃造成能量损失过大的问题,运用高新技术将普通玻璃加工成中空玻璃、镀贴膜玻璃(包括反射玻璃、吸热玻璃)、高强度 LOW-E 防火玻璃(高强度低辐射镀膜防火玻璃)、采用磁控真空溅射方法镀制含金属银层的玻璃以及最特别的智能玻璃。智能玻璃能感知外界光的变化并做出反应。智能玻璃可分为两类,一类是光致变色玻璃,在光照射时,玻璃会感光变暗,光线不易透过;停止光照射时,玻璃复明,光线可以透过。在太阳光强烈时,可以阻隔太阳辐射热;天阴时,玻璃变亮,太阳光又能进入室内;另一类是电致变色玻璃,在两片玻璃上镀有导电膜及变色物质,通过调节电压促使变色物质变色,调整射入的太阳光(但因其生产成本高,还不能实际使用)。在旧工业建筑再生中,通过对门窗材料的更新,有效降低建筑使用能耗。

第四节　旧工业建筑绿色再生技术

建筑的外围护结构主要包括外墙体、屋面保温隔热、门窗等,既是划分室内与室外的分割线,也是建筑能耗中的主要门户。根据调研结果,我国旧工业建筑围护结构的保温隔热性能较差,但再生项目由于使用功能的变更使其保温隔热性能的要求有了大幅提升,所以旧工业建筑围护结构的节能改造显得尤为重要。

(一)外墙节能改造技术

在同样的室内外温差条件下,建筑围护结构保温性能的好坏,直接影响到流出或流入室内热量的多少。从建筑传热耗热量的构成来看,外墙所占比例最大,因此,提高围护结构中墙体的保温能力十分重要。

对于具有一定历史价值的旧工业建筑,再生时,应注意对既有墙体的保护,应以保护性修复为原则,采用清理、修补、维护的方式处理外墙。这类建筑的节能技术一般需要选择外墙内保温或是外墙夹芯保温的方式;对于外墙没有保护要求的建筑,其节能技术在理念上与一般建筑外墙节能技术一致,是通过墙体结构与保温材料的结合,以提高外墙的保温隔热性能。

（1）适用范围广泛

外墙保温技术适用范围广泛，不仅适用于需要保暖的冬季寒冷的北方地区，也适用于炎热的需要空调的南方地区。同时，不仅适用于新建筑，也适用于节能改造的建筑。

（2）保温效果显著

由于保温材料放置在建筑物外墙的外面，基本上消除在建筑物的各部分的热桥的影响。外墙保温技术可以最大限度地发挥有效隔热的效用，能够使用更薄的保温材料，以实现更高的节能效率。

（3）保护主体结构

保温材料放置于建筑物保温层中，大大减少了自然的温度、湿度、紫外线辐射等对主要结构的影响。随着厂房层数的增加，温度对垂直结构的影响愈发明显，继而厂房向外的膨胀和收缩可能引起厂房内部结构部件的开裂，外墙保温技术可以减少结构内部温度产生的应力。

（4）有效改善室内环境

外墙保温技术不仅提高了外墙的隔热性能，同时也增加了室内的热稳定性。它能够在一定程度上防止雨水对墙壁的浸湿，提高了墙体的防水性能，以避免室内结露、发霉等现象的发生，能够创造一个舒适的室内环境。

（1）保温材料的导热系数应该尽可能低

保温层下的平均传热系数必须符合设计要求，在保温层具有同等厚度的情况下，保温材料的导热系数越小，保温性能越好，以便更好地达到保温效果。

（2）保温材料的成分必须具有良好的化学稳定性

外墙保温的效果受环境的影响很大。使用化学稳定性越好的保温材料，与周围环境发生化学反应的可能性就越小，保温材料受保温环境的影响就会越小。

（3）保温材料应该具有一定的强度

用于外墙保温的材料，应该能够承受一定的风、雪和灰尘等荷载，以及外部设备对其的影响。因此要求保温材料具有一定的承压强度，防止墙体结构受到破坏。

（4）保温材料应保持适宜的吸水率

在使用过程中，保温材料吸水率如果过大，含水量增多，就会导致保温材料结构的破坏，从而降低保温效果，缩短保温材料寿命。因此外墙保温技术中，材料选择时应保持适宜的吸水率。

(5)保温材料应具有一定的防火性能

外墙保温材料具有较好的防火性能，一定程度上能够保护厂房主体结构的稳定，减少厂房使用过程中的安全隐患。

提高墙体保温性能的关键在于增加热阻值，在技术和材料的选择上，针对不同类型的厂房外墙应该采取不同的改造措施。根据保温材料所处位置的不同，主要有三种保温形式：外墙外保温、外墙内保温、外墙夹芯保温。

在旧工业建筑再生利用过程中，若原有外墙结构性能严重受损，需拆除重建，则以上三种保温形式均可使用；若原有外墙结构性能较好可继续使用，则其保温形式为外墙外保温与外墙内保温。经过调研发现，旧工业建筑再生利用项目多采用外墙外保温形式，其主要原因在于采用外保温技术的墙体，在冬季，由于内部墙体热容量较大，室内可以蓄存更多的热量，间歇采暖或太阳辐射所造成的室内温度变化减缓，有利于室温的稳定；而在夏季，室内温度较高，采用外保温技术能大大减少太阳辐射热的进入和室外高气温的影响，降低室内空气温度和外墙内表面温度。尤其是对于夏热冬冷地区的旧工业建筑再生利用项目，外保温技术墙体的保温隔热性能则更为显著。

（二）屋面节能改造技术

屋面是旧工业建筑最上层的覆盖外围护结构，它的基本功能就是抵御自然界的不利因素，使得下部的空间有良好的使用环境。大量旧厂房的屋顶普遍存在结构老化、保温性能差、采光通风不良等问题。再生利用时，需要增强屋顶的隔热性能。一般屋顶是建筑冬季的失热构件，屋顶作为蓄热体对室内温度波动起稳定作用。对于单层厂房，屋顶的散热量比例相对多层厂房较大。一般工业建筑屋面带来的热损失占整个围护结构得热损失的30%左右，是节能改造时应予以关注的关键部位。

工业建筑的屋面比较特殊，相比一般建筑，具有以下几个特点：①面积大。工业厂房的屋面面积较大，多跨厂房屋面可能还存在高差；②可能设有天窗。为了便于通风和采光，单层工业厂房屋面一般设有天窗，是后期节能改造时需要特殊考虑的部位。改造时，可通过将天窗普通玻璃置换为保温隔热效果较好的中空玻璃来改善节能效果；③部分厂房保温隔热效果优于一般民用建筑。工业厂房的构造是以服务于工艺需求为目的的。对于有特殊生产工艺要求、需要恒温恒湿的厂房（如纺织车间及精密仪器车间等），其保温隔热要求要高于一般民用建筑。

对于闲置的旧厂房屋面进行改造，就是有效改善室内环境的舒适性，增加屋面的保温隔热性能。常见的屋面节能改造方式主要有倒置式保温屋面、蓄水屋面、屋面通风等。

利用倒置屋面保温改造方式进行屋面的节能改造时，应该注意以下几点：①倒置式屋面坡度不宜大于3%；②因为保温层设置于防水层的上部，保温层的上面应做保护层；采用卵石保护层时，保护层与保温层之间应铺设隔离层，③现喷硬质聚氨酯泡沫塑料与涂料保护层间应具有相容性；④倒置式屋面的檐沟、落水口等部位，应采用现浇混凝土或砖砌堵头，并做好排水处理。

倒置式屋面的保温层上面，可采用块体材料、水泥砂浆或卵石做保护层；卵石保护层与保温层间应铺设聚酯纤维无纺布或纤维织物进行隔离保护。

（三）门窗节能改造技术

在建筑围护结构中，由于门窗的绝热性能最差，使其成为室内热环境质量和建筑能耗的主要影响因素，是保温、隔热与隔声最薄弱的环节。在既有旧工业建筑的围护结构中，门窗的面积约占围护结构总面积的25%左右，且窗户形式多为单玻窗，外窗普遍存在传热系数大与开窗面积过大的问题。据统计，冬季单玻窗所损失的热量约占供热负荷的30%～50%，夏季因太阳辐射透过单玻窗进入室内而消耗的空调冷量约占空调负荷的20%～30%，而且旧工业建筑的门窗年代久远，老化现象导致能耗进一步加大，同时也严重影响到室内环境的舒适度。

在既有建筑墙体节能改造时，如果采用外墙外保温的方式改造，门窗的位置就应该尽可能地接近外墙。为了不影响建筑的使用功能，可以在做外墙外保温的同时，在既有门窗不动的基础上安装新的节能门窗，最后再拆除旧的门窗或直接就采用双层窗，同时合理选用玻璃，提高建筑外窗的保温性能；也可以直接在窗上贴膜或透明层，利用该层与玻璃之间的空气保温层，达到节能的效果。

（1）增加窗户的玻璃层数

在内外层玻璃之间形成密闭空间层，可大大改善窗户保温性能。双层窗的传热系数比单层窗降低一半，三层窗的传热系数比双层窗又降低1/3。

（2）窗上加贴透明聚酯膜

此项节能措施只需在现有玻璃窗扇内表面上整贴一透明薄膜，利用玻璃与薄膜之间形成的空气层来提高窗户的热阻。

（3）附加活动的保温窗扇

利用纱窗，将泡沫塑料板镶钉在纱窗扇上。保温材料本身和其与窗玻璃之间的空气层可以提高窗的保温性能，或者用气垫塑料膜做芯材，压钉于纱窗扇上，达到保温和透光的多重效果。

（4）加设门窗密封条

加设门窗密封条是提高门窗气密性的最有效最经济的节能途径。密封条应选用弹性良好、经久耐用的。按材料可分为以下三类：橡胶条、塑料条和橡胶结合密封条。固定方法为粘贴、挤压和钉结。密封过严，又与使用卫生要求有矛盾。

（5）窗周边处理

窗的传热损失不仅与窗的构造有关，还与和窗连接的墙的构造及窗墙之间的连接方式有关，窗口部位应妥善处理。如在窗洞外侧、窗框之间的窗贴苯板保温，可有效地阻断窗洞口热桥，提高窗户的节能效果向。

门窗的热损失主要包括门窗的传热性能和通过门窗的空气渗透耗热，所以门窗的节能保温性能主要取决于大面积玻璃类型与门窗框材料的选择，以及门窗的结构设计形式。因此，降低传热系数，提高气密性，合理选择门窗材质与门窗构造，是旧工业建筑门窗节能改造的重点。

（1）门窗材质

当前建筑市场的玻璃品种繁多而且性能各异，根据隔热性能可分为普通透明玻璃、吸热玻璃、热反射玻璃、低辐射玻璃等，而各种玻璃又可以制成中空玻璃。

在门窗的改造中，旧工业建筑外窗的节能主要采用 Low-E 玻璃、中空玻璃、镀膜玻璃或者加装双层窗的方法，门窗的型材通常采用隔热铝合金型材、隔热钢型材、木—金属复合型材、玻璃钢型材等。

（2）门窗构造

适用于旧工业建筑再生项目的常用门窗构造形式及其特点：

塑铝门窗：在铝合金型材内注入一条 PU 树脂（聚酰胺塑料隔板），以此将铝门窗型材空腔分离形成断桥，阻止了热量的传导。①冬季居室取暖与夏季空调制冷节能 40% 以上；②在冬季温差 50℃时，门窗也不会产生结露现象；③隔声性能保持在 30dB 以上；④既有铝合金材料的高强度，又有塑料绝热的特点；⑤造价较高。

钢塑门窗：采用钢骨架外覆新型塑料，形成牢固耐久的保护层，内部钢架具有足够的强度和刚度，外覆的塑料层不需喷涂、清洁美观、坚固耐用。①可节约采暖能耗 30% ~ 50%；②钢塑门窗的隔声性能为 30dB；③耐腐蚀性能好，减少了维护油漆费用；④造价低。

玻璃钢门窗：由新型复合材料制成门窗框架。①既有钢、铝的坚固性，又有塑钢门窗保温、防腐、节能的特性；②玻璃钢门窗材料使用寿命为 50 年，与建筑物基本同寿命。

木塑门窗：采用新型塑料将加热的聚氯乙烯挤压成型材包覆在木芯型材上形成牢固耐久的保护层。①保证了良好的气密性，具有优良的防尘、防水性能；②由于木芯经去浆、干燥处理后加工而成，保证了材质既有良好的刚度、强度；③造价较高。

对于旧工业建筑再生项目，设置窗时，主要有四种方式：①保留原窗框，替换为具有保温隔热效果的玻璃。这种方法具有快捷易行的优势。②在原窗扇上增设具有保温隔热效果的玻璃，施工时，在窗框内侧附加一道具有保温隔热效果的玻璃，用细木条封边。在这种方法造价较低，适用于木制窗的节能改造。③保留原窗，增设二道窗。在外窗墙体内侧增设第二道窗,窗框可根据内部环境需要选用铝制、铝塑或木质,玻璃选用具有保温隔热效果的玻璃。这种方法保温隔热效果较明显,适用于墙体较厚的建筑;④整体更换为保温隔热效果较好的新型节能窗。

(四) 地面节能改造技术

在建筑围护结构中,通过建筑地面向外传导的热(冷)量约占围护结构传热量的3% ~ 5%,对于我国北方严寒地区,在保温措施不到位的情况下所占的比例更高,地面节能主要包括三部分:一是直接接触土壤的地面,二是与室外空气接触的架空楼板底面,三是地下室,半地下室与土壤接触的外墙。与土壤接触的地面和外墙主要是针对北方寒冷和严寒地区,对于夏热冬冷地区和夏热冬暖地区的居住建筑节能设计标准《夏热冬冷地区居住建筑节能设计标准》JGJ 134-2010 和《夏热冬暖地区居住建筑节能设计标准》JGJ 75-2013 中对土壤接触地面和外墙的传热系数(热阻)没有规定。在以往的建筑设计和施工过程中,对地面的保温问题一直没有得到重视,特别是寒冷和夏热冬冷地区根本不重视地面以及与室外空气接触地面的节能。如某一夏热冬冷地区一个办公综合楼工程,底层为架空停车场,二层以上办公建筑。

一般在旧工业建筑再生利用过程中,对于直接接触土壤的非周边地面,不需要做保温处理。对于直接接触土壤的周边地面(即从外墙内侧算起 2.0m 范围内的地面),应该做保温处理。一般在地面面层下铺设适当厚度的板状保温材料,能够进一步提升厂房以内地面的保温性能。

用于地面的保温隔热的材料很多,按其形状可分为以下三种类型:

常用的松散材料有膨胀蛭石(粒径 3 ~ 15mm)、膨胀珍珠岩、矿棉、岩棉、玻璃棉、炉渣(粒径 3 ~ 15mm)等。

通常用水泥或沥青等胶结材料与松散材料拌合,整体浇筑在需保温的部位,如沥青膨胀珍珠岩、水泥膨胀珍珠岩、水泥膨胀蛭石、水泥炉渣等。

如聚苯乙烯板(XPS)(EPS)、加气混凝土、泡沫混凝土板、膨胀珍珠岩板、膨胀蛭石板、矿棉板、岩棉板、木丝板、刨花板、甘蔗板等。

(一) 屋面绿化

屋面绿化是通过在屋顶种植绿色植被,利用植物叶面的蒸腾作用增加发散热量,从而降低屋面的温度，在提高建筑绿化率的同时，具有良好的夏季隔热、冬季保温特性和良好的热稳定性，并且能有效遏制太阳辐射及高温对屋面的不利影响。但采用此方法，须注意加强屋面结构防水、排水性能与耐久性，同时，还应注意屋面的植物宜根据地区选择，在南方多雨地区，选择喜湿热的植物，在西北少雨的地区，选择耐干旱的植物。

根据建筑屋顶荷载允许范围和屋顶功能的需要，屋面绿化可分为三种类型：第一种是仅为解决城市生态效益的绿色植被，一般铺设在只有从高空俯视时才看得见的屋顶上，目前主要是简单粗放的屋顶草坪；第二种是既重视生态又可以供人观赏的屋顶草坪，一般是在人们不能进入但从高处可以俯视得到的屋顶之上，其屋顶绿化要讲究美观，以铺装草坪为主，采用花卉和彩砖拼接出各式各样的图案进行点缀；第三种是集观赏、休闲于一体的屋顶绿化。从建筑荷载允许度和屋顶生态环境功能的实际出发，又可分为两种形式：简式轻型绿化和花园式复合型绿化。简式轻型绿化以草坪为主，配置多种植被和灌木等植物，讲究景观色彩搭配。用不同品种的植物结合步道砖铺装出图案，花园式复合型绿化近似地面园林绿地，采用国际上通用的防水阻隔根和蓄排水等新工艺、新技术，以乔灌花草、山石、水榭亭廊搭配组合，园艺小品适当点缀，硬性铺装较少，同时严守建筑设计荷载。

常见的简式轻型绿色屋面施工工序为：①清扫屋面，做好防水工作；②铺设隔根防漏膜和无纺布；③铺路定格，处理好下水口；④铺轻型营养基质，一般厚度为5cm；⑤种植草植，铺装一次成坪草苗块，在屋顶铺植时省工快捷，可达到瞬间成景的效果，或者直接在基质上种植草植，成活率不受影响网。

由此，种植屋面的构造为：植被层、种植土、过滤层、排（蓄）水层、耐根穿刺防水层、普通防水层、找平层（找坡层）、保温层、结构层。屋顶绿化相关技术包括屋顶绿化防水技术、栽培基质的选择、蓄排水技术、植物种植技术、植物施肥管理技术、屋顶雨水回收再利用技术、屋顶自动灌溉技术。

（二）垂直绿化

墙面绿化可使建筑物冬暖夏凉，还有吸收噪声、滞纳灰尘、净化空气、不会积水等优点。垂直绿化是指用攀缘或者铺贴式方法以植物装饰建筑物外墙的一种立体绿化形式。

垂直绿化是旧工业建筑绿色再生技术中占地面积最小，而绿化面积最大的一种形式，垂直绿化的植物配置应注意三点：①墙面绿化的植物配置受墙面材料、朝向和墙面色彩等因素制约。粗糙墙面，如水泥混合砂浆和水刷石墙面，攀附效果最好；光滑墙面，如石灰粉墙和油漆涂料，攀附比较困难；墙面朝向不同，选择生长习性不同的攀缘植物。②墙面绿化的植物配置形式有两种，一种是规则式，一种是自然式。③墙面绿化种植形式大体分两种，一是地栽：一般沿墙面种植，带宽50～100cm，土层厚50cm，植物根系距墙体15cm左右，苗稍向外倾斜；二是种植槽或容器栽植：一般种植槽或容器高度为50～60cm，宽50cm，长度视地点而定。

（一）废旧材料再利用

除了对原结构的利用,旧工业建筑再生利用项目还应注重对废旧材料的回收再利用,通过在施工现场建立废物回收系统,再回收或重复利用拆除时得到的材料,可减少改造时材料的消耗量,也可减少建筑垃圾,降低企业运输或填埋垃圾费用。旧工业建筑再生时,废旧材料再利用方式可分为建筑废旧材料再利用与设备废旧材料再利用两种。

以建筑废旧材料利用程度的高低和对环境影响的优劣作为标准,可以将建筑废旧材料的利用方式进行层次划分,各种处理方法对应不同的利用层次。对于建筑废旧材料的处理,最优的方法应该是从源头消除或减少建筑废旧材料的产生,如果无可避免地要产生建筑废旧材料,首先应考虑直接对废旧材料或构件进行回收利用3如果材料或构件因为损坏、变形等种种原因不能继续使用,则可以将其粉碎成原材料进行再生利用,如果粉碎成原材料并不能被很好地利用,就可以采用焚烧的方法以获取其化学能量;如果不能焚烧则采用填埋的方法对其进行处理。

旧工业建筑废旧材料中再利用最多的是保存完好的旧砖块,旧砖块经去除砂浆、砖面清理后,可用于建筑洞口的修补。有时为满足部分项目"修旧如旧"的理念,也可利用旧砖块本身的年代痕迹,建造独特的景观效果。

旧工业设备废旧材料再利用主要是将废旧设备从艺术景观角度进行处理。对于大型废旧设备,可在不影响建筑改造与改造后建筑使用的情况下,予以适当的保留;对于小型设备的废旧材料,则可通过艺术重组的方式,作为园区景观小品。

在建筑结构的拆除工程中对没有受到损害或者受损较小仍然可以使用的设备和构件,可以进行回收利用。废旧建筑设备、构件的回收不仅可以减少新材料的使用和节约加工成本,还可以保存建筑设备构件中的固化能量。建筑中的固化能量可以被定义为建筑建造过程中所需要的所有能量,包括建造施工过程中直接所需要的能量以及制造设备和构件所产生的间接能量。旧工业设备废旧材料种类较多,再生利用方式多样。

（二）水资源再利用

由于时代因素,大量旧工业建筑在建设之初基本未考虑水资源综合使用的问题,自来水消耗量较大,所以在旧工业建筑改造时,可采用水资源再利用系统,针对不同的使用用途对不同的水资源加以利用,比如绿化、洗车、冲厕可以使用无害化处理的循环水。旧工业建筑再生利用项目,水资源再利用主要涉及雨水利用与中水利用。

雨水利用技术是将雨水经过蓄积、处理、过滤后用于生产生活用水的设备与方法。收集到的雨水通过净化处理之后,可直接用于绿化和冲厕等,还可通过雨水的渗透直接补充地下水。但由于受到季节和地域的影响,雨水收集具有不稳定性,所以雨水利用技术更适合用于雨水量充沛地区。

常有的汇流面有屋面、路面、地面、绿地等。收集的雨水除受降水量控制外,汇流面大小和汇流效率是决定因素。雨水收集技术是控制源头水质,提高汇流效率的技术。屋面收集的雨水相对洁净,收集效率高,易实现重力流,是良好的回用水源,应当优先收集;屋顶雨水收集技术主要由屋面、汇流槽、下落管和蓄水设施组成。路面属于不透水面积,收集效率较高,由于旧工业厂房多用于加工制造,其道路雨水污染严重,一般不予收集再利用。绿地雨水径流量小,以渗透为主。

雨水处理技术由于雨水的水量和水质变化较大,用途不同所要求的水质标准和水量也不同,所以雨水处理的工艺流程和规模应该依据水资源回收再利用的方向和水质要求、可用于收集的雨水量和水质特点,拟定处理工艺和规模,进行经济性分析后确定。工艺方法可采用物理法、化学法、生物法和多种工艺组合。

自然净化技术应用土壤学、植物学、微生物学基本原理,完成雨水的净化,通常与绿化、景观相结合,是一种投资低、节能、适应性广的雨水处理技术。

雨水渗透是一种简便的雨水处理技术,它具有技术简单、设计灵活、便于施工、运行方便、投资额小、节能效益显著等优点。雨水渗透具有补充滋养地下水资源,改善生态环境,缓解地面沉降等效益。根据方式不同,可分为分散渗透技术和集中回灌技术两大类;也可分为人工强制渗透和自然渗透。分散式渗透因地制宜,设施简易,能够减轻雨水收集及输送系统的压力,补充地下水,充分利用表层植被和土壤的净化功能,减少径流带入水体的污染物。集中式深井回灌容量大,可直接向地下深层回灌雨水,但对地下水位、雨水水质有更高的要求。

中水利用是将生活用污水、优质杂排水等经过净化处理之后达到一定标准的非饮用水用于冲厕、景观、绿化、洗车等用水方面。

将各项技术进一步归纳,可将适用于旧工业建筑再生项目的绿色技术分为围护结构节能改造技术、能源利用技术、绿化优化技术以及资源循环再利用技术四个方面,分为附加(在原结构上增加新的材料、设备或构件)、新增(增加新的设备、材料或构件)、重置(拆除原有的、改设新的设备、材料或构件)、优化(改善原有设备、材料或构件)四种类型。绿色技术的发展和完善从技术角度为旧工业建筑绿色再生顺利开展提供了支持和实现可能。

第五章　可持续建筑设计

第一节　太阳能与可持续建筑设计

根据利用太阳能的方式不同,可分为主动式太阳能系统和被动式太阳能系统。根据建筑中使用的太阳能系统的不同,可分为主动式太阳能建筑、被动式太阳能建筑、混合式太阳能建筑。

主动式太阳能建筑是由太阳能集热器、热水槽、泵、散热器、控制器和贮热器等组成的采暖建筑或与吸收式制冷机组成的太阳能空调建筑。它与被动式太阳能建筑一样,围护结构应具有良好的保温隔热性能。

主动式太阳能建筑是通过高效集热装置来收集获取太阳能,然后由热媒将热量送入建筑物内的建筑形式。它对太阳能的利用效率高,不仅可以供暖、供热水,还可以供冷;而且室内温度稳定舒适,日波动小。

被动式太阳能建筑是通过建筑朝向和周围环境的合理配置以及建筑材料和结构的恰当选择,依靠房屋本身来完成集取、储存和分配太阳能的建筑形式。它的优点是建造技术简单、先期投资少;但它对太阳能的利用效率低,冬季室内温度较低且温度日波动大,室内舒适性差,难以满足人们对房间舒适度的要求;加之所需集热体面积大,浪费建筑空间,无法应用于多层及高层建筑。因此,尽管专家学者一再大力推广被动式太阳能建筑,在城市中却始终无法推广开来。

(一) OM系统的技术特点

OM太阳能空气加热系统包括空气加热与热水利用两套分系统,主要有太阳能集热组件、通风系统、热水系统和控制元件四部分。太阳能集热组件主要是深色金属吸热板、玻璃板、绝热层。通风系统包括空气间层、集气道、风道、风扇和进、出风口。热水系统主要由水箱、热媒循环管、水泵、膨胀箱组成。

OM 太阳能集热系统以空气为热媒，避免了以水为热媒时可能产生的荷载大和漏水现象。热量的收集是通过屋顶上的太阳能空气集热系统来完成的。屋面面层与底层之间留有狭窄的通风间层，面层靠近屋檐处采用深色金属吸热板覆盖空气间层，接近屋脊处则采用钢化玻璃盖板，室外空气从屋檐下的进风口引入，流经间层时首先被深色吸热金属板加热，空气向上流动温度逐渐升高，为减少热损失和提高集热效率，间层的上部采用钢化玻璃盖板，形成类似特朗伯墙的集热方式，最后热空气上升进入屋顶最高处的屋脊集气道，进入空气控制箱。空气控制箱由进气闸、出气闸、热水盘管和风机组成，用来控制空气的流向，冬季打开进气闸可使热空气送入室内进行采暖，夏季打开出气闸可使加热热水盘管后的气流通过出气口直接排向室外。

OM 太阳能空气加热系统与建筑的一体化体现在集热、蓄热、用热三方面：

集热方面 OM 太阳能空气加热系统以轻质龙骨作为连接件，把金属集热板与玻璃板固定在屋顶基层上，横向龙骨架空一定高度，形成空气间层。深色金属集热板自身具有抗压、抗弯、防水、吸收太阳辐射等物理性能，与传统的屋顶构造做法相比，OM 太阳能空气加热系统的集热屋顶可以省掉覆盖层和防水层，金属板屋面同时具有围护、防水、集热三重功能。屋面设有保温层，可以作为屋顶结构的保温层同时作为集热组件的绝热层，既保证冬季建筑内部热量的较少流失和夏季外部热量的流入，同时防止空气间层内热空气热量的流失。

蓄热方面 OM 太阳能空气加热系统中空气本身作为热媒，系统自身没有储热装置。它具有热水利用系统，利用水体来存贮太阳热量，以热水的形式使用；另外蓄热系统与建筑重质结构一体化设计，利用架空地板下面的混凝土层和承重墙体作为蓄热体。日间阳光充足的时候，屋面加热的部分空气沿风道进入底层地板下的架空空间或承重墙体的夹层空间，将热量蓄积于铺设在地面结构层上的混凝土垫层或重质墙体。夜晚，建筑重质结构所储存的热量通过辐射继续向室内放出，提供建筑夜间的全部或部分热负荷。OM 太阳能空气加热系统蓄热组件通过与建筑主体结构一体化设计，利用热惰性较大的楼地板、承重墙体等主体结构，满足 OM 太阳能空气加热系统蓄热方面的要求，节约材料、空间，物尽其用。

用热方面 OM 太阳能空气加热系统主要应用在低层建筑中，在建筑设计之初，就将热空气的分配、风管的设置、出风口的位置结合建筑的使用特点进行一体化设计。在建筑墙体中设置风道或埋管，解决热空气的垂直传送问题，节省室内空间，简化装修。利用建筑底层地板的架空空间，解决热空气的水平传送问题。出风口设置在地板或勒脚等部位，从建筑底部对建筑进行送风，与装修同时设计，使室内设计风格统一、简约，达到太阳能技术与建筑的完美结合。

（二）OM 系统的设计原则

OM 系统已经形成一套完整的设计方法，设计从建筑的热平衡的角度出发，考虑集热、蓄热、保温等三要素。将三要素综合考虑提高建筑物的热性能，协调集热、蓄热、热损失三者的关系。主要可以从下列三方面进行考虑：①统计获得热量。依据当地太阳能资源可利用的数量，统计能够获得多少热量，计算室内温度。②选择合理蓄热方式。依据内墙、地板、天花板等均可作为蓄热体使用，考虑这些构件的材料如何选择。③分析维持建筑所需的基本热量需要应用何种等级的保温系统，选择合理的门窗和保温形式。建筑应根据地域的特殊性和个性设计的要求，灵活变化，从形式、结构、布局上适应当地的环境，满足使用者的需求。

OM系统有一套计算机模拟设计软件，可以分析建筑的热反应特性。该软件通过收集气象资料，建立建筑材料热性能（包括热桥在内的综合传热系数）的数据库，掌握建筑维护结构的热损失情况，能够迅速准确地分析不同地区的各种建筑用热情况及能源需求。

OM太阳能系统依靠计算机仿真设计软件作为设计的有力工具，可以从众多的选项中寻找切实可行的解决方案，这是OM太阳能设计的核心。在集热蓄热方面这套软件可以计算屋面的集热温度、热水温度，还可以计算出墙壁地板等蓄热体能存储的热量；在保温方面可以对建筑进行严密的保温和气密性的设计，计算出室内各处的温度变化，可以根据室外风环境推算出实际换气量，并且在太阳能辐射量不足时可以预测需要多少辅助采暖。

该软件的计算主要通过三步来完成：

第一步，输入当地的气象资料和建筑设计方案中地板和墙壁等构件的材料，输入窗户的位置和大小及保温性能等相关数据，输入使用者的生活习惯，这些因素都会影响到计算结果。

第二步，进行室内热环境计算，软件依据气象资料和设计方案可以计算出保温性能、房间温度和所得热量，可以计算出从房间各个部位流失到室外的能量，在计算机中模拟显示热量收支状况和室内热环境，甚至可以显示某一特定时间的房间温度。

第三步，在计算机仿真模拟结果的基础上，设计师将对设计方案进行反复推敲校正，通过多次计算，得到最佳效果。

（一）系统组成

该系统由集热和气流输送两部分系统组成。集热系统包括太阳墙板、遮雨板和支撑框架。气流输送系统包括风机和管道。

太阳墙板材是由1~2mm厚的镀锌钢板或铝板构成，外侧涂有强烈吸收太阳热、阻挡紫外线的选择性涂层，最常用的是黑色或深棕色。为了使建筑美观或者协调其色彩，也可以使用其他颜色。当然，主要的集热板需要采用较深的色彩，而装饰板或顶部的饰带可以适当采用其他颜色。

墙板的特殊之处在于板材上打有孔洞，孔洞的大小、间距和数量应根据建筑物的使用功能与特点、所在地区纬度、太阳能资源、辐射热量进行计算和试验确定。这样才能保证通过孔洞流入的空气量和被送入距离最近的风扇的空气量，以使气流持续稳定均匀并使空气通过孔洞获得最多的热量。接近顶部处或其他不希望有空气渗透的地方，可使用无孔的同种板材及密封条。

板材一般是由钢框架支撑的，钢框架使用自攻螺丝或预埋件固定在建筑外墙之上。新风量应根据建筑设计要求来确定。如果不能确定新风量的大小，则应最大限度地增加南墙面上的集热板面积。一般情况下，每平方米的太阳墙每小时可以加热 $22 \sim 44m^3$ 的空气。

(二) 系统原理

太阳墙板材覆于建筑外墙的外侧，与墙体的间距由计算决定，一般在 200mm 左右，形成的空腔与建筑内部通风系统的管道相连，管道中设置风机，用于抽取空腔内的空气。

冬季，太阳墙板在太阳能的加热下升温，室外空气通过小孔时被墙板加热，而后受热压作用上升，被风机抽入室内，通过通风系统将加热后的新风送入各个房间，墙板底部不密封，这样可以保持太阳能墙体内腔的干燥，并有利于排水。到了夜间，房间内的热量会通过墙体向外流失，到达太阳墙体后又被吸收，通过风扇运转被重新带入室内，这样既保持了新风量，又减少了建筑的热量损失。

夏季，虽然太阳能板依然会被加热，但是太阳墙上部的通风口会打开，通向室内的风口会关闭，热空气直接从通风孔排出，不会给室内造成多余的热负荷。

(三) 系统特点

太阳墙由于使用多孔波形金属板集热与室内送风系统相结合，与传统的被动式集热器相比，有着自己独特的特点。

从一般常识的角度来考虑，风会带走金属太阳墙板吸收的大部分热量。实际上，风反而可以把空气推向集热板，有利于墙板吸收热量。研究人员对这种特殊的集热构件进行了检验和测试，结果表明，风只能带走集热器表面的很薄的一层空气，大部分热量会被金属表面吸收，太阳墙可以利用辐射到表面的太阳能的80%。

目前的建筑为了达到冬季节能的目的，在冬季都是密闭的，这样获取新鲜的空气与保持适宜的室内温度成了一对矛盾。太阳墙系统巧妙地解决了这一矛盾，系统把预热的新鲜空气通过送风系统输送到室内，这样节能与新鲜空气可以同时兼得，更加有利于保持使用者的身体健康。这是比传统的特隆布墙更具优势的地方，另外由于与空调系统结合，新风的风速流量很容易控制，还可以将热空气送到房间的任意一个角落，使得北向房间也能利用到太阳能。

太阳墙系统使用的波形金属板可以与建筑外墙装修合二为一,可以节省外装修的费用。与传统采暖方式相比,每平方米集热器可以节省采暖费用 70 ~ 200 元。根据实际经验,一般项目的投资在 3 ~ 5 年可以收回。

太阳墙系统与建筑一体化程度较高,集热板可以直接作为建筑的外立面;太阳能利用效率高,可以应用于各种需要辅助采暖的房间,特别适合需要补充新鲜空气的建筑,现在已经应用于工业、商业、居住、办公、学校、仓库等多种建筑之中。该系统由于不需要湿作业,施工简便,非常适合旧建筑的改造。

(四)系统设计原则

一般来说,太阳墙板选择安装在南墙面,可以考虑正南方向偏东或西 20° 以内安装。如果没有合适的南墙面,西墙和屋顶也可以考虑,如果整个建筑耗能较大可以考虑在这三个位置同时应用。如在屋顶安置,坡度不应小于 20°,经常下雪的地区坡度不应小于 45°,以便使积雪滑落。

墙板的可选色彩比较多,建筑师可以根据设计进行不同的选择,墙板非常具有现代的特色,可以与玻璃幕墙、铝板等现代建筑材料组合使用达到较好的效果。在新建筑中,太阳墙板可以替代传统的外装饰材料,并且具备传统装饰材料很难具备的优越的保温性能优势,而且寿命高达几十年,不需要维护。在旧建筑改造中,太阳墙板集热器可以很方便地安装在原有建筑的墙面和屋顶上。在实际使用太阳墙板时,要尽量注意,所选太阳墙板的颜色与其他外装饰材料颜色的合理搭配以及建筑外貌的和谐统一。

另外,还必须注意,为了能使热空气被距离最近的风机带走,在太阳墙板与建筑外表皮之间必须有一定的空气间层。如果风机吸入口较多,间层厚度可以减小。适应较低气流流速的间层厚度不能适应高的空气流量的需要,因此如果需要较高的空气流量,太阳墙板需要安装得离屋面或外墙稍远一些。

(一)太阳能光伏发电概述

光伏技术可直接将太阳的光能转换为电能,用此技术制作的光电池使用方便,特别是近年来微小型半导体逆变器迅速发展,促使其应用更加广泛。

太阳能电池的种类与特点:

单晶硅电池效率最高,商业化生产单晶硅电池效率达 16% ~ 18%,实验室效率达 30%,但生产工艺复杂,成本居高不下。

多晶硅电池效率较高,商业化生产多晶硅电池效率达 14% ~ 16%,实验室效率达 20.3%,生产成本较低,适合大规模生产。

非晶硅电池是第一个商业化生产的薄膜太阳能电池。成本较低,目前非晶硅太阳能电池及组件达到的最好的稳定转化效率为 10% ~ 12%;商业化生产稳定效率为 6% ~ 7%。

(二) 太阳能光伏发电系统

在独立式系统中,白天产出的多余电能储存在电池组中以备夜间及昏暗多云天气时使用。

当有电网时,就不需电池组储能了。晴朗的白天,多余的光电能出售给公用事业系统;夜间,电网则释放电能。实际上,电网相当于一个大蓄电池,它可使光电系统所有者和许多电力公司都受益,因为时常是酷热晴朗的夏日最需要电网,这样夜间电力公司就有足够的储存能量去出售。

(三) 建筑光电一体化系统 (BIPV)

光电系统为建筑供能有很多种方式:从远离建筑的光电场到作为建筑结构的一部分。一些公用事业公司通过大型中心光电场来增大他们的电能,而另一些电力公司则通过建立靠近用户的小型光电场达到这个目的。有的光电阵列集电板布置在毗邻建筑的地方,有的被置于屋顶上,或者干脆整个结合到建筑的围护结构中。在这种情况下,建筑光电一体化系统就应运而生,简称 BIPV。

光电组件有很多型号、样式和颜色。多晶硅元件是美丽的蓝色,与晶状结构结合形成迷人的图案。大多数薄膜光电组件是深褐色的,其中一些很柔软,适合用于曲形表面。目前已有金色、紫色、绿色的组件问世。

要想最大限度地获取太阳辐射,必须使集电器与太阳辐射方向垂直。由于太阳的运行轨迹每天和每年都在变化,所以只有双轴跟踪式集电器才能在全年最大限度地达到要求。

通常最佳朝向为正南方但这样会损失从东南20°到西南20°范围的小部分辐射然而，日负荷能力会影响到建筑的实际朝向。比如小学上课时间为上午到下午这段时间，光电阵板朝向为东南 30° 较为合适，如果上午有雾的话，朝向西南则较合适。

(四) 光电一体化的做法

作

理想屋顶应为斜顶，同时用光电板覆面。斜坡式屋顶还较易防水。浅坡式屋顶并不适合安装光电板，因为它们离理想的朝向与倾角相差太远，而且也容易积灰积雪。较陡的角度可使光滑的光电阵板上的雨雪很容易滑落。

在平屋顶上，附加支撑可以获得理想的倾角，但同时破坏了光电板与建筑的整体性。

锯齿形的高侧窗要比平屋顶好得多，因为南向坡被建筑光电一体化设备占据了，北向玻璃窗就可以用于昼光照明。南向的光电板也可选用半透明的，这样高侧窗可在采集南面昼光的同时采集太阳辐射，产生电能。

如果光电板与屋顶成为一体，则其下面需要通风降温。在冬天，可以收集这些余热采暖。光电屋盖板和瓦很适用于大多数传统屋面。除了为每个单元供电之外，它们与传统做法没什么不同。

作

不但南立面可用光电设备作立面，东立面、西立面也可以，并且能产生相当多的电能。如果建筑有凸窗极的话，必须保证窗棂较薄，使光电板不至于产生太多阴影。如果建筑较低部位被遮挡，例如在高密集城区或场地内有大量树木的常见情况下，那么只能在较高部位安装光电设备。

有两种典型的光电玻璃窗系统。一种是半透明的，更像浅色玻璃窗。另一种是由透明玻璃窗上安装不透明光电元件，这些元件排列的间距决定了玻璃窗的透光率，就像我们在玻璃窗上涂上井字纹一样。

任何一种光电玻璃窗体系都能选择一定的透明度。当然，透过的光越多，产生的电能就越少。因为大量玻璃窗是现代建筑的特征之一，所以即使非常透明的光电设备仍能产生大量能量。

多个太阳能光电池经加固处理，镶嵌在特殊的透明度极高的低铁玻璃中，彼此之间经过其背面的导线相连，从而构成了一个整体的光电板。

此幕墙体现了智能化特点，把太阳能光电技术集成到幕墙中不占有建筑面积，且太阳能光电板优美的外观，具有特殊的装饰效果，更赋予建筑物鲜明的现代科技色彩。

对于光电系统来说，建筑遮阳设备是重要的可利用装置，因为它提供了适当的倾角。遮阳系统中的光电板，既可是半透明的，也可是大范围的透明玻璃窗。

光电系统既可整体组合于入口雨篷中，也可组合于一些独立式遮阳结构中。就目前而言，虽然把光电板用于露天停车场遮阳上的费用过高，但遮阳结构与光电发电器相结合，就会物有所值。随着电力汽车的数量增加，这些结构会成为理想的"充电站"。

（一）太阳能制冷的种类

利用太阳能制冷有两种方法：一是先实现光—电转换，再以电力推动常规的压缩式制冷机制冷；二是进行光—热转换，以热能制冷。前者系统比较简单，但以目前的价格计算，其造价约为后者的 3 ~ 4 倍，因此国内外的太阳能空调系统至今仍以第二种为主。

以热制冷的主要利用方式有以下几种：

吸收式制冷技术是利用吸收剂的吸收和蒸发特性进行制冷的技术，根据吸收剂的不同，分为氨—水吸收式制冷和溴化锂—水吸收式制冷两种。

当蒸汽喷射式制冷机工作时，一定压力的蒸汽通过蒸汽喷射器的喷嘴，在喷嘴出口处得到很高的流速（通常为 1000m/s ~ 1200m/s），并降到很低的压力，于是蒸发器抽吸形成一定的低压。循环水泵将制冷系统的空调回水送入蒸发器后，进行喷淋。在蒸发器中，部分空调回水在低压下蒸发成水蒸气。这部分水在汽化时，从未汽化的水中吸收热量，从而使那部分未汽化的水温度降低，成为空调的冷媒水。

吸附式制冷起源于 20 世纪初瑞典人发现氯化银吸附氨的制冷现象。吸附式制冷技术是利用固体吸附剂对制冷剂的吸附作用来制冷，常用的有分子筛—水、活性炭—甲醇吸附式制冷。

（二）太阳能空调的工作原理

所谓太阳能吸收式空调，就是利用太阳能集热器将水加热，为吸收式制冷机的发生器提供其所需要的热媒水，从而使吸收式制冷机正常运行，达到制冷的目的。太阳能吸收式空调系统可以实现夏季制冷、冬季采暖、全年提供生活热水等多项功能。

在夏季，被太阳能集热器加热的热水首先送入贮水箱，当热水温度达到一定值时，由贮水箱向吸收式制冷机提供热媒水；从吸收式制冷机流出已降温的热水流回到贮水箱，再由太阳能集热器加热成高温热水；吸收式制冷机产生的冷媒水通向空调箱（或风机盘管），以达到制冷空调的目的。当太阳能不足以提供高温热媒水时，可由辅助锅炉补充热量。

在冬季，同样先将太阳能集热器加热的热水送入贮水箱，当热水温度达到一定值时，由贮水箱直接向空调箱（或风机盘管）提供热水，以达到供热采暖的目的。当太阳能不能满足要求时，也可由辅助锅炉补充热量。

在非空调采暖季节，只要将太阳能集热器加热的热水直接通向生活用贮水箱中的热交换器，就可将贮水箱中的冷水逐渐加热以供使用。

（三）太阳能空调的组成部分

利用太阳能作为能源的空调装置，一般可以分成三部分。

集热器形式多样，性能各异。

集热器采用真空管型最多，真空管型最基本的种类有三种：热管式真空集热管（简称热管）、全玻璃真空集热管和直通式真空集热管。热管式真空集热管是继传统平板式真空集热管之后开发出的高科技节能产品，它将热管技术和真空技术融为一体，将太阳能集热器的工作温度从70℃提高到120℃以上，大大提高了集热器的热性能，是一种温热利用的理想产品。

利用低温热源作为动力的制冷系统不同于压缩式制冷系统，它必须能充分利用低温热源作为动力这一条件，目前吸收式制冷技术较为成熟。吸收式制冷采用溴化锂—水、氨—水等作为工质对，有较好的经济性，特别是采用溴化锂—水作为工质对，能满足对安全性要求很高的空调装置，是一种较为理想的工质对。

即对装置的各种工作参数进行控制和安全保护的控制系统。以热管为太阳能集热管，溴化锂—水为工质对的吸收式制冷空调系统，不管是作为制冷量大的大型空调，还是作为家用空调，都有着现实意义和发展前途。特别是目前人们环境保护意识的提高，对环境的要求越来越高，无污染、低能耗、利用太阳能作为动力的空调受到人们的青睐。

（一）规划设计原则

进行太阳能建筑设计时，在规划阶段就应该予以重视，并应根据相关原则进行设计。影响建筑规划设计的因素很多，通常包括气候、地形、主导风向、日照间距、植被绿化等多种因素。

地理位置不同、纬度不同对太阳能建筑设计会产生较大的影响。我国不同地区气候差异较大，地理纬度跨越较大，在进行太阳能建筑设计时应根据不同的纬度、不同的气候条件进行设计。

局部的地形起伏对建筑接受太阳能是有着相当大的影响的，这是由于坡地的坡面角度不同接收到的太阳辐射量是有较大差别的，这种差别在夏季太阳高度角较高的时候还不太明显，但是到了冬季，随着太阳高度角的降低，这种差别就明显起来了。

以天津地区为例，天津的纬度大约是北纬 39.08°，则冬至日正午时分天津的太阳高度角是 27.52°，这一天在坡度为 27.52° 的北坡上完全见不到阳光，而坡度 62.08° 的南坡上太阳辐射量最大。这就要求在建筑布局时尽量将建筑布置在南坡，或者北坡坡度较小的地方，在南坡布置建筑时其日照间距可相应减少，北坡时则需要根据实际情况适当增加间距。

关于地形对日照辐射的影响应从辐射时间与辐射强度两个方面去考虑，日照时间要比日照强度更为重要。太阳辐射的时间和强度是会随着坡面的角度和朝向不同发生变化的，建筑在进行布局时应该把这些变化的因素考虑进去。

主导风向对冬季室内的热损耗及夏季的自然通风都有较大的影响，因此选择建筑朝向应在考虑日照的同时注意主导风向。尤其是在北方寒冷地区，冬季为了减少建筑热负荷，主要房间的布置应避免正对主导风向。以北京地区为例，北京的主导风向是北风和西北风，从北偏东 45° 到北偏西 60° 朝向的范围内，主导风向入射角小于 45°，冬季冷风渗透比较严重；在南偏东 60° 到南偏西 60° 朝向的范围内，处于背风面，是建筑物防风的适宜朝向。

无论在炎热的南方，还是冬冷夏热的北方，争取良好自然通风是建筑朝向选择的主要因素之一。虽然太阳能建筑遮阳设计良好，但是在夏季也会多少获得一些太阳热能，进行适当的自然通风，既可满足住户的舒适要求，也可降低空调能耗的需求。应将建筑物朝向尽量布置在与夏季主导风向入射角小于 45° 的范围内，使室内得到更多的穿堂风。但是如果总平面布置是行列式时，应当避免建筑物正对夏季主导风，以避免两栋建筑物之间产生漩涡风压过大，对后排建筑物的自然通风产生不利影响。在这种情况下，建筑朝向宜与夏季主导风向入射角在 30°~60° 之间，以利于室内自然通风。

在多风沙地区，要避免建筑朝向正对风沙季节的主导风向。建筑物的纵轴宜平行于风沙季节的主导风向，减少大面积墙面遭受风沙侵袭，保持室内的卫生。

常规的植物配植方式是将落叶乔木种植于建筑物南侧，将常绿乔木种植在建筑北侧。这样夏季高大的落叶乔木可以遮挡炎热的阳光，冬季植物落叶后阳光可以照射到建筑上不影响吸收太阳能,北向的植物则可以抵挡北侧的冷风,减少冷风渗透。

这种做法在原理上是正确的,然而在冬季即便乔木的叶子落光了,余下的树枝仍能阻挡大部分阳光,所以在配植植物时应注意与建筑物之间的间距。在近建筑处,种植较低的灌木,由于灌木较低不会对阳光造成遮挡,而且应根据大寒日的日照角度确定树木距离建筑的距离,以防造成遮挡;在近窗处种植草皮,减少夏季进入室内的反射辐射热。在建筑的北向种植圆柏、侧柏、黑松等防风能力较强的植物,减少冬季的冷风渗透。

(二)单体建筑设计原则

太阳能建筑的设计要因地制宜,遵循适用、坚固、经济的原则,并应注意建筑造型美观大方。太阳能建筑的平面布置应符合节能和充分利用太阳能的要求,建筑造型与周围建筑群体相协调,同时必须兼顾建筑形式、使用功能和太阳能采暖方式三者之间的相互关系。

避免建筑物本身突出物(挑檐、突出外墙外表面的立柱等)在最冷的1月份对集热面的遮挡。对设在夏热地区的太阳能建筑还要兼顾夏季的遮阳要求,尽量减少夏季太阳光射入房内。

对主要使用时间在晚上的房间,要优先选用蓄热性能较好的集热系统,以使晚间有较高的室温;对主要使用时间在白天的房间,要优先选用能使房间在白天有较高室温,上午升温较快,并使室温波动不超过舒适范围的集热系统。另外,要注意设计或选用便于清扫集热面以及维护管理方便的集热部件。

对综合气象因素SDM>20地区的太阳能建筑,标准要求在冬季采暖期间,主要居室在无辅助热源的条件下,室内平均温度应达到12℃;室温日波动范围不得大于10℃。夏季室内温度不得高于当地普通房屋。

保证太阳能建筑内有必要的新鲜空气量。对室内人员密集的学校、办公室等类型的太阳能建筑,或建设在高海拔地区的太阳能建筑要核算必要的换气数量。

建筑的具体体型会受到多种因素的影响,选择建筑的体型要考虑当地的冬季温度、太阳辐射强度、建筑朝向、各面围护结构的保温状况和局部的风环境,尤其需要注意集热器的设置位置,不应将集热器设置在建筑凹入的部分,或是太阳光线不能到达的部分。太阳能建筑单体应追求平整、简洁,应尽量减少凹凸变化,增大南向集热面积。

太阳能建筑在进行建筑的平面布局时要认真考虑各项关系,这样不仅对建筑的合理使用及提高室内舒适度有着决定性的影响,而且对减少能耗(尤其是冬季热耗的多少)有很大的作用。

人们对不同房间的使用要求及在其中的活动状况是各不相同的,人们对不同房间室内热环境的需求也各有不同。因此在设计中,应将热环境质量要求相近的房间相对集中布置。这样做,有利于对不同区域分别控制,有利于使用太阳能构件,充分利用太阳能。在冬季寒冷的地区,可将对于温度要求较高的起居室及卧室集中于日照充足的向阳面,这样有利于布置集热器,集热器产生的热量可以较容易地引入室内。而将厨房和卫生间置于平面中温度相对较低的区域。这样就能最大限度地利用日照辐射使室内具有较高温度,达到减少供热能耗的效果。

在建筑平面的内部组合上,要根据不同房间对温度的不同要求合理布局,对主要居室或办公室应尽量朝南布置,并尽量避开边跨;对没有严格温度要求的房间、过道,如储藏室、楼梯间等可以布置在北面或边跨。对寒冷地区有上下水道的房间,如厕所、浴室等要验算水管在冬季的防冻问题。南北房间之间的隔墙,应区别情况核算保温性能。对建筑的主要入口,从冬季防风考虑,一般应设置门斗。在有条件时,对主要居室应尽可能地设置通过辅助房间的次要入口,以便冬季使用。

太阳能建筑进行立面的设计需要确定合适的窗墙比。窗墙面积比对建筑能耗的影响,主要是由于窗与外墙之间热工性能存在着比较大的差异。比如,单层金属窗的夏季空调负荷是同面积240mm厚砖墙的5倍,全年能耗是36倍,能耗差别是巨大的。窗墙面积比不仅影响能耗,也影响建筑立面效果、室内采光、通风,特别是集热器的设置位置。由于很多集热器可以安装在建筑的窗间墙和窗下墙,因此需要设置一个较为合理的窗墙比,但这并不是说要减少窗户的面积,减少窗户能耗的根本途径,是利用高新科技大幅度提高窗的热工性能。

(三)被动式系统设计原则

被动式太阳能建筑是指通过建筑朝向和周围环境的合理布局,建筑内部空间和外部空间形体的巧妙处理,以及建筑材料和结构、构造的恰当选择,窗、墙、屋顶等建筑物本身构件的相互配合,以自然热交换的方式,使房屋取得冬暖夏凉的效果的建筑。

被动式太阳能建筑最基本的工作机理是所谓的"温室效应"。

由玻璃或薄膜构成温室,由于用玻璃或薄膜围护消除了温室内对外界的直接对流失热,同时因为玻璃或薄膜等透明体,对于太阳(表面6000℃)的短波辐射很易让其通过,而对于温室各物体的辐射(都是低温长波辐射)则有阻止其直接透过的性能,因此温室内通过透明盖物得到的热比散失要多,这多余的得热(净得热)就是温室内部物体及空气温度比外面高的热源,上述效果通称温室效应。

被动式太阳能建筑的外围护结构应具有较大的热阻,室内要有足够的重质材料,如砖石、混凝土,以保持房屋有良好的蓄热性能。

(四) 主动式太阳能建筑系统的设计原则

主动式太阳能建筑与被动式太阳能建筑一样,它的围护结构应具有良好的保温隔热性能。对于太阳能供暖系统来说,首先应考虑采用热媒温度尽可能低的采暖方式,所以地板辐射采暖最适宜于太阳能供暖。太阳能供热系统可以用空气,也可以用水作为热媒,两者各有利弊。热风式集热器较便宜,热交换次数少,但循环动力大,是热水式的10倍,风道和蓄热装置占据的空间也大;太阳能热水集热器技术较复杂,价格较高,但综合考虑优点较多,特别是近年来真空管集热器的性能、质量有很大提高,价格不断下降,所以今后太阳能供热系统将以热水集热式为主。

主动式太阳能建筑在进行设计时主要考虑集热器的安放位置。

按照集热器与建筑集成紧密程度,可以将集成方式分为加层式、架空式、支架式、叠合式与复合式。集热器的建筑构件化是目前太阳能建筑的一个研究热点,但这一热点却造成对太阳能系统与建筑一体化的一种误解,认为集热器与建筑的紧密程度越高,集成的效果就越好。然而太阳能建筑效果的好坏与集成的紧密程度并不具有直接相关的关系,应根据集成位置、功能必要、技术可行、经济合理的原则选择合理的集成方式。

一般来说,集热器可与建筑结合的位置包括屋面、墙面、阳台栏板、女儿墙、坡檐等,因为设置的位置不同在设计时考虑的集成方式和设计重点也有所不同。

在平屋顶设置集热器时一般采用加层方式和支架方式两种,加层方式是指在平屋顶上再加高一部分,专门用于放置集热器;支架方式是指使用金属支架等形式,将集热器直接固定于屋面的集成方式。最为简单方便的集成方式是加层式,但是这也是与建筑结合紧密程度较低的一种方式。

加层方式可令屋面避免直接暴露于降水以及炎热季节的直射辐射之下,因此采用这种方式的主要目的是希望获得太阳能的同时能够在屋面形成休憩的平台,加层是最为宽松的集成方式,与建筑的集成程度最低,但可使屋面功能得到丰富和优化。在平屋面上,其他方式很难同时满足技术和景观要求,因此一般首选加层方式。

支架方式是为了使集热器在平屋面的姿态符合技术要求而采用的方式,支架方式早期的应用常见于对已有建筑的屋面进行主动利用太阳能的改造,尤其是户用的太阳能系统。由于设计和施工的不合理会对建筑造成明显的损害,但通过防水排水、抗风、防雷及减弱热桥作用等方面的设计改进,对于景观要求不高的建筑屋面可以采用。

不论是采用加层式还是支架式在进行建筑设计时都应该遵循以下原则:①保证集热器的日照时数不少于4 h,互相不能够遮挡,留出足够的检修空间,有秩序地排列。②集热器需要通过支架或基座安装在屋面上，建筑设计时应进行结构计算，充分考虑集热器（包括基座、支架）的荷载，使集热器与建筑牢固结合，并能抵抗风暴积雪等自然因素。③屋面应设有上人孔，以便检修时使用。④为了保证屋面的防水性能，集热器基座或支架下部应加设附加防水层。

将集热器安装在坡屋面上是大多太阳能建筑的首选位置，集热器与屋面有机结合之后，可以增加建筑的科技色彩，成为建筑的一个亮点。设计者进行设计时应精心推敲坡屋面的坡度、集热器与墙面的比例和位置。在坡屋面上安装集热器通常选用架空式、叠合式。架空方式是指集热器与屋面或墙面围护结构平行隔开一定间距，中间形成通风层（井）或排水通道的方式。叠合方式是指集热器与建筑围护结构紧贴在一起的集成方式，建筑围护结构完成集热器不具备的部分围护功能。

在与坡屋面进行结合设计时要注意以下原则：①为了使集热器与建筑有机结合，集热器在向阳南坡设置时宜顺坡设置。②建筑屋面的坡度应根据当地气候条件、建筑使用状况综合考虑，太阳能集热器最佳倾斜角度会随季节发生变化，在设计时应考虑不同季节集热的需求，进行分析，得到较佳的坡度。③集热器面积需根据优化设计计算确定，在屋面进行设计时应综合考虑立面比例、系统平面及空间布局等因素精心设计。④集热器在屋面设置时要充分考虑保温、排水及集热器的荷载，另外需要对集热器与屋面结合处进行特殊的构造处理，增加集热器的稳固性。

太阳能集热器设置在建筑外墙上面也是一个不错的选择，它可以弥补屋面有限的集热面积，在一些没有坡屋面的建筑中最为实用，集热器与立面集合后还会产生一种新奇的立面效果，目前已经有很多在立面上设置集热器的成功范例。集热器在立面上设置时一般采用支架方式、叠合方式、复合方式等集成方法。

在墙面上设置集热器时应注意以下事项：①设置集热器的外墙应充分考虑到集热器的荷载，进行合理的结构计算，确保集热器的稳定性。②如需在填充墙上设置集热器，应在与墙体连接部位设置构造柱，或钢结构梁柱，确保集热器与建筑牢固结合。③由于低纬度地区太阳入射角度较低，如在墙面上设置集热器时应将集热器倾斜一定角度，增加集热器集热能力。④集热器在墙面上设置时，应尽量安排好集热器位置与集热器面积，调整好集热器与墙面的比例，处理好与周围墙面材质的关系。

阳台栏板也是目前集热器设置的较常用位置，阳台栏板是建筑立面上最凸出的部分，不容易受到遮挡，容易满足集热要求，而且使建筑立面更加生动。在阳台栏板设置集热器一般采用复合方式。复合方式是指集热器与建筑围护结构合二为一的集成方式，具有最高的集成程度，采用这种方式的主要目的是为了保证太阳能系统在建筑中的美观。

在阳台栏板上设置集热器应该注意以下事项：①阳台应充分考虑到集热器的荷载和

系统管道布置。②太阳能集热器应与阳台牢固结合。③应注意集热器安装位置,设置保护措施避免集热器烫伤人。④低纬度地区集热器应倾斜放置。

建筑使用平屋顶时,可以在建筑屋面部分的女儿墙和坡檐位置设置集热器,可以弥补墙面面积的不足,或者改变立面效果,为建筑增添色彩,集成方式一般采用叠合式或复合式。

在女儿墙、坡檐上设置时应注意以下事项:①设置集热器的女儿墙、坡檐应充分考虑集热器的荷载。②集热器设置在女儿墙、坡檐上时应进行严格的构造设计,以稳定集热器,使其能抵抗自重和风荷载。

第二节　自然采光与可持续建筑设计

(一) 建筑自然采光对人具有重要作用

人类从古代开始就在建筑中采用各种方法和手段来获取自然光,是因为自然光对于人具有重要作用。它让我们可以看见周围的世界,从而进行工作和生活;它决定了四季和日夜的循环;它影响着我们的生理和心理。白天人们绝大部分时间都是待在室内学习、工作和生活,因此,建筑中有充足的自然光就显得很必要了。根据相关的研究结果发现,建筑中充分利用自然光进行照明对人有如下重要作用:

人的眼睛最适应的光是自然光。在自然光下,人们可以接受的照度值范围更大,视觉功效更高。人类经过数千万年的演变才成为今天的人类,人的肌体所最能适应的是随着时间、季节等周期性变化的自然光环境,而不是长时间恒定不变的光环境。虽然人的肌体有一定的适应能力,可以适应较长时间不变的环境,但是恒定不变的光环境持续时间过长会让人觉得单调和疲倦,更为严重的是会让人适应变化的能力降低。正是因为人的这种对变化的光环境的需要,导致人工照明永远无法取代自然光。

更为微妙的是通过窗户接纳自然光让室内的人们有了“时间的方向感”,使人们的新陈代谢节奏保持与白天和夜晚的时间同步,从而保持一个良好的生物钟和睡眠周期。这就解释了为什么长期不见日光或在人工光环境下工作,容易发生季节性的情绪紊乱、慢性疲劳症。

自然光还在人的生理方面有着直接的作用。全波段的自然光对生物的生长以及疾病的防治都有特殊的作用。日光的照射能预防佝偻病;降低血压,增加甲状腺中碘含量和血液中铁含量, 有助于血红素的增长及红细胞、白细胞的增长; 自然光中的紫外线能帮助人体合成维生素 D, 而维生素 D 有助于骨骼的健康。

作

国外的研究表明有着良好的自然采光设计的学校教室可以提高学生的成绩, 在标准测试中学生成绩提高了 13% ~ 26%, 而自然采光设计差的教室则与学生成绩的降低有关联。

在零售店中所做的类似研究也表明了自然光对人的行为的作用功效, 自然采光设计良好的零售店销售额有很大提高。

工业化国家的劳动力成本很高, 获得更好的自然光而投资的费用一般可以轻松地通过使用者生产效率的提高而带来的收益进行弥补。即使自然采光促使员工工作效率提高 1%, 所带来的价值也远远超出自然采光设计所投资的费用。

对于直射, 在一般的建筑室内空间中是予以避免的, 但是在一些非作业区域如大厅、过道、休息厅、咖啡馆等, 引入少量的直射光获得照度的同时, 还起到强化空间、营造丰富而动态的室内环境的作用。自然光把一些室外环境生动的品质引入室内。太阳和云的运动通过室内的自然光表现出来, 比恒定的室内人工照明营造的环境更加有趣。亮度上的差异和照明颜色的变化都可以唤起人们愉悦的反应。自然光还可以改善建筑空间和设计细节的外观。一个戏剧化且一直变化的光源去塑造形状, 可以帮助人们去感知和欣赏形、色与材质。自然光还有助于植物的生长, 这又进一步生动了建筑的室内空间, 增加了空间的情趣。

(二) 建筑中利用自然光照明实现建筑节能

随着全球人口数量的持续增长, 社会经济不断发展, 全球能源消耗总量持续攀升。在全球日益增长的能源消耗中, 无论发达国家还是发展中国家, 建筑能耗都占社会总能耗的很大一部分。

随着城市化水平的不断提高, 房屋建筑不断增加, 建筑能耗持续迅速增加是不可避免的趋势; 当前我国即有的城乡建筑中 99% 为高耗能建筑, 新建的数量巨大的房屋建筑中, 也只有很少一部分按建筑节能设计标准建造, 95% 以上还是高能耗建筑, 即大量浪费能源的建筑。建筑能耗占全国总能耗的比例, 将从现在的 27.6% 快速上升到 1/3 以上。

而建筑能耗中的很大一部分是照明能耗, 对于大量性的常规建筑如办公楼、学校等, 照明能耗占总能耗的 40% 左右。在这些大量性的公共建筑中, 即使白天日照充足, 依旧利用电灯照明的情况大量存在着。这里有建筑使用者的日常习惯问题, 但更多的是建筑师在建筑设计过程中缺乏精心的自然采光设计造成的建筑室内自然光环境不利于学习、工作和生活, 从而导致使用者需要利用人工照明来弥补作业所需的光照要求或者调节照明舒适度, 最终导致照明能耗剧增。

与之相对应的是如果在白天充分利用自然光为建筑室内提供照明, 则可以节省大量的照明能耗。自然光本身是不会节约能源的，但是通过自然光照明可以关闭、部分关闭或者调暗灯具实现照明能耗的节约；同时，在夏季由于自然光的光热效率高于灯具，减少了室内热增益，进而减少制冷负荷，实现制冷能耗的节约。此外电灯使用频率的减少还可以间接带来灯具的维护、更新费用的减少。

在大量的中小型建筑中由于建筑体型相对简单平面布局相对单一，可以利用建筑顶部、侧面综合采光，采用各种采光手段，做到在晴天的白天完全利用自然光照明，从而实现建筑节能。

建筑自然采光的概念包含两个层面的内容：采光和遮光。采光就是将自然光引入建筑内部空间，利用自然光的美学特性和功能特性，以达到塑造建筑空间的目的。自然采光是一种最基本的采光途径，采光主要通过侧窗、顶窗以及采光器等。而遮光主要是为了防止或减弱自然光所带来的一些负面效应的影响，如眩光和引入过多热量等问题，这就必须通过恰当的技术手段来优化自然采光的效果。

在自然光设计中，建筑体量设计、平面设计、剖面设计和窗体设计都是基本决定因素，或被通称为"形式"，它们在同一空间和不同空间塑造和引导光线的分配，或称之为"自然光的流动"。

进入建筑空间内部的光主要有三种：①经地面、路面、临近建筑和其他的物体反射到室内的室外阳光。②太阳的直射光，但是使用空间对这部分光一般是排斥的，因为它会给室内带来过多的眩光、热量和紫外辐射等问题。

③进入室内的日光经室内的墙体、天花板和其他内部表面反射后形成的光。

精明的设计师总能利用自然光来降低照明所需的安装费用、维护费用以及所消耗的能源。在19世纪和20世纪早期所建造的一些学校教学建筑中就存在很多先例。它们显示出运用自然光的设计手法，包括对建筑体量的控制，门厅、采光井的安排，以及庭院的布置等。这些设计手法都是为了获得自然光，降低由单侧采光所引起的强烈光线反差，增加自然光的分配值，并创造优美的景观效果。

建筑形式对自然采光会形成影响，同时也会影响人们的感受度和舒适度。同时，建筑形式还要受到建造场地、环境因素以及气候因素的限制，在对自然光的追求中创造了各种经典的建筑形式，包括中庭式、H形、E形、L形、U形和台阶形等。这些建筑形式都是为了减少建筑物的面宽，并保证整座建筑物内部可以获得充足的自然光。

对于进深小的建筑，单侧采光也能够满足工作面照度要求，采光设计相对较为简单；而在大进深的建筑里，尤其是高校里的教室，往往存在照度不均、进深内部照度不够的问题，此时只有通过巧妙的窗口设计加以解决，因此本章将重点以教室为例进行采光设计的解析。

(一) 建筑场地选择过程中的自然采光设计

建筑自然采光的光源来自于太阳、天空、相邻建筑和地面的反射光、散射光,其中最根本的是太阳的直射光和天空的漫射光。而位于不同地理位置上的建筑可利用的来自太阳和天空的自然光很大程度上要受到当地的地理纬度、空气温度、湿度和主导天气状况(如阴晴)等的影响。因此,建筑设计过程中的自然采光设计第一步需要根据当地的地理气候情况确定出最基本的、对后续设计具有指导意义的大的自然采光策略方向。

高纬度地区有分明的夏季和冬季,夏季日照时间长,自然光照度水平高,冬季日照时间短,自然光照度水平低。

因此,高纬度地区自然采光设计的重点是解决冬天自然光照度水平低,即采光数量的问题,通常设计者的目的就是最大化自然光进入室内的量。

低纬度地区自然光水平的季节性变化不那么明显,自然光照水平全年都很高,天气也较为炎热。

因此,低纬度地区自然采光设计的重点通常是通过限制进入室内的自然光数量来防止室内过热。阻挡来自太阳的直射光和天空中大部分尤其是靠近天顶部分的自然光,接纳来自天空中较低位置的自然光或者是地面反射的间接光线是有效的设计策略,同时注意避免过强光照尤其是直射光带来的眩光和室内照度不均。

阴天主导的地区,对建筑自然采光设计最大的挑战是光照的数量。因此,自然采光设计的重点是解决全年自然光照度水平低的问题,设计策略就是最大化自然光进入室内的量。

晴天主导的地区,对建筑自然采光设计最大的挑战是光照的质量。因此,自然采光设计的重点是控制过强光照尤其是直射光带来的眩光和室内照度不均匀问题,同时也要结合气候情况考虑遮阳防热。

(二) 建筑场地调整过程中的自然采光设计

在确定了建筑场地所处的地理位置、气候之后,自然采光的主要设计方向就基本确定了。从建筑角度来看,自然采光取决于建筑设计的各个要素:窗户形式、采光辅助系统、室内空间布局、室内表面反射率和玻璃类型等,这些要素处理得好坏将直接影响到自然采光的数量和质量。另外,建筑场地上的室外环境也很重要,大量的室外遮挡物会减少进入窗户的自然光数量。从这个角度说,建筑场地上建筑所处位置的调整将直接决定建筑物可利用的自然采光数量。

在建筑场地上调整建筑的安放位置以最大程度获取可以利用的自然光。

根据国外的相关文献引入的天空垂直角度的概念,从窗户中央向外看,可以看见的天空上缘和下缘所夹的角度就成为天空垂直角度。角度数值在 0 ~ 90° 之间,如果室外没有遮挡物下缘就是水平线,其角度值就是 90° 在南向阴天情况或者北向晴天情况下,进入窗户的自然光数量是与角度成正比的。①通过调整场地上的建筑安放位置,避开周边的建筑或者树木等遮挡,尽量保持天空垂直角度的较大数值是有利于建筑自然采光的。②当场地上遮挡物较多,无法有效调整新建建筑位置时,要在建筑方案设计阶段通过调整建筑体量、体形等来最大化天空垂直角度,从而最大化建筑自然采光的数量。在相同的场地环境下不同的建筑外观、体形获得了迥异的天空垂直角度,也产生了不同的自然采光水平。

在考虑新建建筑物的自然采光策略时,同样需要避免新建建筑对场地周边已有建筑的采光构成遮挡。

(三)建筑概念、方案设计过程中的自然采光设计

建筑概念、方案设计阶段是整个建筑的平面布局、空间体量和立面造型等构思、具象、成型的阶段。在这个阶段中的自然采光设计策略同样需要根据建筑的方案设计被确定下来。建筑的自然采光设计和建筑设计可以在多大程度上进行结合,这取决于建筑的类型。一些利用自然光线营造特定氛围的建筑,例如教堂,自然采光设计和建筑设计其方案几乎是统一的;而在其他公共建筑中,自然采光则仅仅是整个建筑设计中许多需要考虑的议题之一,自然采光设计和建筑设计的趋同性就小很多。

在建筑概念、方案设计阶段,作为建筑设计一个部分的自然采光设计应该在以下几个方面予以考虑:

(1)建筑形状与自然采光

建筑物体形的不同会导致不同的体形系数。建筑物体形系数大意味着有更多的外表面积,有利于自然采光,但相反地却会影响建筑物的热平衡。因此,对于建筑形状的确定在概念设计阶段就需要根据所处的地理气候条件,在采光和热工的平衡问题上做出合适的选择。

(2)建筑体量组合与自然采光

在建筑体量的不同部分相互组合时要注意避免彼此遮挡而导致自然光数量不足。

(3)建筑室内空间组织、布局与自然采光

建筑的整体设计方案决定自然采光策略和内部所有房间的自然采光潜能。因此,在建筑方案设计的空间组织之前,需要列出所有内部房间的名称,进而确定这些空间区域对照

明的需求程度和视觉环境的控制程度。最后，根据这些房间对光环境的不同要求结合其他的建筑设计思路综合进行空间的组织和布局。

对于常规的建筑空间在室内布局时更多受到侧面采光窗体的影响和约束，顶部采光对室内布局的影响则较小。具体的结合侧面采光窗体自然采光的空间组织、布局时要注意：①根据作业对照明的需求程度安排作业区：对自然采光要求不高的房间，放在建筑的内部而不是周边区域，自然采光要求高的房间放在近窗区域；把具有相似的人工照明需求、相似的工作时间表和相似的舒适度要求的任务集中在一起。②根据舒适度要求安排空间和工作行为：把不固定的任务或者较小的空间设置在有不可避免的眩光、直射光和自然采光不足的位置上，把固定的和不可变更的工作行为设置在舒适的和无眩光的环境中。③维护自然光通道：家具的布置不应阻碍自然光从窗口进入室内深处，不要平行于开窗的墙布置高度较高的家具，在较高的隔离物上部采用透明或者半透明材料，在房间和走廊之间的隔墙上设置透明的高侧窗。④北向侧窗附近设置对光线稳定性要求较高的空间如画室、绘图区等，东、西向侧窗附近设置分时段的作业区。⑤观景窗附近的空间布局要注意对眩光的控制。

建筑物各个朝向上的天空亮度、日照时间及太阳辐射热增益不同，这些都将影响到侧面采光窗设计的窗体形式、窗口大小、遮阳形式等，使得不同的朝向上有着不同的设计重点。不同朝向上自然采光设计策略的侧重点：①朝南窗户的自然光尤其是直射光数量非常多，需要设置室外水平遮阳构件或者室内遮阳构件，进行遮阳并且控制眩光。②朝北窗户的自然光最稳定，一天当中的变化少，很适合某些对光照稳定性要求高的作业，对遮阳的要求不高。对于炎热地区来说是最好的方向，对于需要冬日采暖的地区来说，则要注意减小热损失。③东西朝向尽量避免开设窗户，由于建筑使用上的考虑必须开设时，应尽量减小窗体面积，并设置内、外遮阳装置，最大程度减少室内眩光和过度热增益。

(1) 侧面采光方式和顶部采光方式的选择

建筑物的采光基本上都离不开侧面采光方式，而对于侧面采光窗中观景窗和采光高侧窗的设计、分配和位置布局，要满足建筑方案设计的需要，比如外观造型、艺术表现力等，同时要有利于自然光环境的创造。

顶部采光方式更多的是在室内采光不够均匀时对侧面采光方式的补充，天窗的布置同样需要考虑光线分布的均匀性。

(2) 采光辅助系统的选择

采光辅助系统的功能是我们选择使用它们的唯一理由，因此在选择一个辅助系统之前需要回答以下几个问题：在设计中使用一个自然采光辅助系统是否有益？利用自然采光辅助系统可以解决哪些问题？利用自然采光辅助系统可以获得哪些益处？

回答完以上问题,发现使用自然采光系统是有助于改善室内自然光环境的,那么接下来的问题就是:哪一个系统该选择。这可以从以下几个方面考虑:①根据地理纬度、气候状况等条件选择有助于改善自然采光的辅助系统。②根据建筑内部的采光需求进行选择。需要解决的与自然采光相关的需求有:改变自然光方向到照明不足的区域;提高室内照度均匀性;提高视觉舒适度和眩光控制;建筑遮阳和热量控制。③根据采光辅助系统与建筑方案造型的融合程度进行选择。这主要是针对室外的辅助系统而言的,它们的外观造型会影响到建筑外立面的设计。④根据使用者的操作、维护方便性选择合适的辅助系统。比如自动控制还是手动控制,固定的还是活动的等。⑤根据采光辅助系统的经济要求进行选择。自动控制系统的价格较高,手动控制则相对便宜。

在建筑方案设计过程中建筑师需要协同其他各专业的工程师参与,以便使得其他各专业的设计也能够有利于自然采光。比如,需要抬高建筑周边的天花吊顶以获得更高的开窗高度时,管线的位置、走向就要调整,这需要设备专业的工程师参与;建筑周边的灯具与内部区域的灯具需要分区、分级控制,以利节能,这需要电气照明工程师的参与。

(四) 建筑施工图设计过程中的自然采光设计

进入建筑施工图设计阶段,自然采光设计大的策略基本确定,这一阶段的自然采光设计更多的是在窗户和辅助系统的细节构造、材料的选择上面。

在窗户的形式、大小等已经在方案设计阶段确定之后,施工图设计阶段的窗体细部构造同样会对自然采光产生影响:①侧窗设计中的窗户是否按照功能不同而分成观景窗和采光窗两部分。②侧窗窗洞口外沿和窗框外沿的设计是否考虑对眩光的控制。③天窗采光井道的材料选择、构造设计是否考虑减少光线传播的损失和扩大光线的分布范围等。

在建筑方案设计阶段根据需要确定了要采用的采光辅助系统,如果在建筑设计阶段确定采光辅助系统,那么在施工图设计阶段就需要对辅助系统的细节构造进行设计,使之有更高的功效:①反光板的深度、表面材料、颜色、反射系数以及其他一系列的细节构造问题。②百叶帘的材料、颜色、反射系数等构造问题。③天窗扩散体的材料和形状。④天窗反射体和挡板的材料、形状和设计高度等。

室内的空间组织、布局和家具布置在方案设计阶段已经确定,施工图设计阶段则是确定房间内部各表面的外饰面材料,因为墙壁、屋顶和地面材料的颜色与反射系数会影响到室内的光环境。采光窗附近的室内表面推荐的反射系数值:天花 > 80%、墙体 50% ~ 70%(如果墙体开窗,就再提高)、地板 20% ~ 40%、家具 25% ~ 45%。

(五) 建筑运行过程中的自然采光系统维护

建筑设计结束之后, 自然采光设计也随之结束, 但是自然采光的窗体和辅助系统以及相关的机电控制系统需要在建筑运行过程中进行维护。

建筑物中各种形式的窗户需要定期的清洁, 尤其是平天窗更易积灰, 需要更频繁的清洁维护。经过特殊设计的窗户玻璃要有相关的数据记录在资料上, 比如, 侧窗的上部高侧窗与下部观景窗二者的可见光透过率是不同的, 当窗户上的某一块玻璃破损需要更换时, 就必须查阅相关资料, 获取玻璃的信息, 以便更换相同的玻璃。

建筑中的自然采光辅助系统需要定期的清洁和维护。侧窗的反光板和导光百叶帘、天窗的反射体和挡板都是具有反射光线功能的辅助系统, 这些构件的上表面需要定期清洁, 以保持其反射性能; 有些辅助系统采用了自动控制, 如自动控制的百叶帘、自动感光控制的分区照明系统等, 则需要在投入运行时进行调试和校准, 随着时间的推移在以后的运行过程中也需要定期校准。

第三节　绿化与可持续建筑设计

(一) 平屋顶绿化的分类

屋顶绿化除了要考虑景观和植物栽培之外, 还要考虑屋面荷载、屋面防水、排水、植物的浇灌、防风固定等问题。不同的屋顶绿化形式应有相应的绿化技术与工程做法与之对应, 主要包括以下几种。

该种方式是利用大型公共建筑的屋顶进行绿化, 并将绿化与城市的休闲、娱乐等功能相结合, 构成多层次的城市空中花园的一种绿化手法。

基于屋顶种植与养护技术的发展, 大型乔木也可以在较薄的土壤中生存, 这就使利用大型建筑的屋面进行绿化种植成为可能。

前面提到的两种屋顶绿化方式所要求的种植层较厚，植物自身的重量也会大大增加屋面荷载，因此无法在大量的一般建筑中加以采用。与这两种厚型的屋顶绿化比起来，轻巧的薄型屋顶绿化更易于在普通建筑中加以采用。薄型绿化不仅造价低，易于养护，在保温隔热和景观方面也能起到较好的效果。此种屋顶绿化采用的轻型种植土的厚度仅5cm左右，具有重量轻的优点，因此被广泛应用于许多已有建筑的屋面绿化改造项目中。种植的植物多采用佛甲草，在苗圃培育成活后移植到屋顶铺设。薄型屋顶绿化的优点是对屋面荷载的增加很少，而且基本不需要养护，成本低廉，特别适合用于车库或已有建筑屋顶庭院设计，成为建筑的第五立面。

除以上提到的几种固定的屋顶绿化方式外，可移动的屋顶绿化方式也是常用的屋顶绿化手段。屋顶的大型绿化养护较为困难，形式也偏于单一，而利用盆栽形式的绿化等可移动的屋顶绿化则可以通过季节的变化及使用需求的不同变化多种绿化方式。

（二）平屋顶绿化需要注意的技术问题

对于高大树木的栽种和养护一直是屋顶绿化技术中的难点。首先是要考虑乔木生长所需的土量多，会对屋面荷载有较大要求。因此在屋面承重能力较差的部位不能种植乔木，而只能种植灌木或地衣类的重量较轻的植物。而对于乔木这样需要大量种植土的高大树木，应该只在乔木部分铺上很厚的土，使之荷载集中，以梁或柱子承受其重量。当需土量很大时，可以采用把混凝土板向下移的方法，这样就能增加土的容量。但这样会造成下面一层的天花板凹凸不平，因此此种方式的采用会受到下一层建筑空间的限制。当下层为停车场、仓库或机械室等对室内空间要求不高的场所时可以采用这种方法。

种植乔木还必须考虑如何增强树木对风的抵抗能力，防止树木倾倒，防止从屋顶坠落的危险。屋顶花园的种植层较薄，土很软，对树的支持力很弱，为了防止树木倾倒，必须在种植时就加以安全支护措施。支护措施一般分为地上和地下两种，地面支护做法简单易行，一般采用唐竹或杉木作为支撑，也有采用拉铜丝、铁丝来支持树木的。方法是在树高的2/3处向3个方向拉铁丝。在树木刚移植到屋顶就应该迅速拉紧铁丝，虽然当时树木不能活动，但在成活之后会逐渐变松。地面支护的缺点是若采用唐竹或杉木作为支撑物会影响树木和庭园的美观，若采用暗黑色铜线或铁丝虽不那么显眼更加美观些，但不易被人们注意，有可能给路人和管理人员造成危险，因此应该慎用。现在较为合理的方法是采用地下支护。其做法是，首先在屋面安放基座，树木较大时基座还需要与屋面固定连接；基座的顶端处连有数根钢索，将树木底部拉接固定，从而起到支护作用；屋面覆盖种植土层后，基座和固定钢索被掩埋在地下，从地面看不到任何支护措施，不会对景观和行人产生影响。如果树木靠近建筑外墙，设计时必须把女儿墙升高或增设防护栏、防护网，这样既可以起到防风的作用,让树木更易存活,另一方面也可以防止树木倾倒或坠落。

在屋顶绿化的设计中,风对植物的影响也是必须考虑的因素之一。风有时能够促进植物生长,有时却又阻碍植物生长。微风能够保持植物周围有一定量的空气,从而促进植物的蒸腾作用。此外,风还能防止病虫害的蔓延。室内种植的植物通常缺乏活力,其中一个原因就是空气流通不畅,缺少风的影响。但当风力增强且不停地吹着植物生长的地方时,植物就会干燥缺水,还会因为连续振动抑制向上生长,这时风对于植物来说就是有害的。

一般来说,风害主要包括寒风害、潮风害、强风害(暂时性)、恒风害(长期性)四种。寒风害是由于冬季的西北风引起植物生理上的干燥,导致树叶的变色和凋零。常绿阔叶植物特别容易遭受这种影响。潮风害是由春秋季节的焚风效应或台风登陆引起的,台风将盐分随雨水或风沙带入内陆,导致树叶变为褐色,严重时还会脱落。强风害主要是由台风引起,受灾程度随风力的不同而有所差异。轻者使树叶折损,重者可将树木折断。恒风害是指由于恒定的从某一方向吹来强风,造成新芽和幼叶由于干燥脱落的现象。最好的应对风害的方法是选择对这些风害有较强抵抗能力的树种,同时在栽种方式上采取一定措施。

通常来说,根横向生长的浅根性植物与根向下生长的深根性植物比较,后者更不易被风吹倒。但是如果树根的伸展范围很宽,即便是浅根性植物,也能通过根较强的支撑作用,从而提高其抗风性。

屋顶花园设计中通常是考虑强风对植物的不利影响,这在北方多风季节和地区尤其重要,直接影响到植物能否在屋顶存活。由于屋顶花园的填土量少,树尚未成熟时很容易被风吹倒。特别是采用轻质种植土,树木独立栽植时。由于风的倾倒力矩是对树的栽植整体起作用,因此多棵树的根相互缠绕时比单独一棵树更能抵抗力矩。此外,在屋顶上种植多种树木,并且在较高的乔木周围

种植灌木等低矮植物,使之根部在土壤中相互缠结,也有助于提高整体的抗风能力。当然,对于高大乔木来说,采取一定的支护措施以提高抗倾覆能力也是很有必要的。

在很多屋顶绿化项目中,经常会有业主从节约成本的角度要求使用自然原土作为屋顶绿化的基质材料,其实自然土壤根本不适用于屋顶绿化。

由于屋顶花园自身结构上的局限性,不能承受过重的负荷,因此,种植介质的重量不能过大。但由于植物生长需要一定厚度的土,因此,如何在满足一定土层厚度的情况下控制土的重量就是必须考虑的。因此在保证土有一定的重量支撑住植物的条件下,应该选择轻质土壤。总的来说,所选用的种植介质应具有自重轻、不板结、保水保肥、适宜植物培育生长、施工简便和经济环保等性能。土层厚度也应该控制在最低限度。一般来说,草皮等低矮地被植物,栽培土深16cm左右,灌木深50cm ~ 55cm,乔木深75cm ~ 80cm。草地与灌木之间以斜坡过度。

自然土壤颗粒细密,密实度大,如果遇到自然降雨,雨水很难迅速进入土壤,更别说可

以渗透到下面的蓄排水系统中，本来希望看到的整体排水又变成了地表径流。轻质土壤较密度大的土壤来说更有利于植物的生长，因为其土质更加疏松，土壤中含有更多的空隙以保证良好的透气性。如果采用天然土壤的话，由于其中的矿物颗粒的重量是一定的，重量的减轻会有一个界限。

现在屋顶绿化专用的土壤已出现了很多种，比如腐殖土加入陶粒、火山岩土壤等等。原则上都是使用轻质的人工基质加入一些直径在 5mm ~ 8mm 左右的轻质颗粒物，比如常见的黏土砖破碎的颗粒、蛭石、膨胀珍珠岩、硅藻土颗粒等等，目的就是增加基质层中的空隙率，加快水的渗透速度，同时减轻荷载。现在采用较多的是在土壤中加入由发泡天然矿石制成的多孔改良材料。此种改良材料比重较轻，一般为 0.1 ~ 0.2，甚至可以漂浮在水中，下雨或浇水水量过多时就会浮到表面上，可能对周围造成污染，因此应尽可能在表层用普通土壤压住。

发泡改良材料一般选择以珍珠岩为原料制成的膨胀珍珠岩和以硅石为原料制成的膨胀蛭石。其中，蛭石是云母的多层构造小颗粒，其透水、透气、蓄水性均较好，病原菌也无法侵入，是一种较理想的添加材料，也可以单独作为人工土壤使用。除发泡改良材料外，还可以在种植土中添加草炭、细砂和经过发酵处理的动物粪便等材料，按一定比例混合配制，以增加土壤中的有机质含量和调节其透气保水性能，使之更适合植物生长。

由于屋顶花园的种植土层较薄，土壤对雨水的保持与涵养较差，因此在降雨后如何迅速将多余的雨水排走就是一个必须考虑的设计点，特别是在多雨地区，更显得尤为重要。即使是在北方降水较少的地区，也会在一年中有部分时节降雨量较多。对于屋顶上种植的植物，由于其土层薄，土壤容易过干或者含水过多。虽然一定范围内含水量的变化有助于植物生长，但如果变动幅度过大则对植物的生长不利，过湿和过干都是大忌。因此在降雨后能及时将多余的雨水排掉显得十分必要。

降雨后，水分浸润到土壤中，在其向下移动的过程中，土壤中原有的缝隙被水填满，空气被挤压出去，如果水分不尽快排走，就会造成土壤中空气不足，导致植物根部呼吸困难，从而降低其生理活性，严重时还会导致根部细胞死亡，根部腐烂而造成植物死亡。因此，将多余的水分及时排出是很必要的。

要保证雨水及时排走，首先要做到让屋面有一定的坡度。在朝向屋面排水沟的方向，坡度至少要做到 1.5% ~ 2%，可以由结构找坡或材料找坡实现。一般是设计为平均最大雨量接近 30mm 的暴雨，尽量能在 1h 内排除。不同的地方的设计坡度还应根据当地降雨量的不同而有所差异。降雨后，雨水因坡度聚集到屋面较低处，导入雨水槽，最后流入排水沟中。

一般通过设置暗槽或排水层两种方式将种植层内的多余水分聚集到排水口。具体采用哪种方式需要综合考虑种植土层的厚度和土壤的透水性。当土层厚达 1m 左右时，土壤的饱和水带位置在表层下 40cm 左右，由排水管和沙子构成的暗槽应间隔 15cm 设置；当土层厚度在 60cm 左右时, 饱和水带在表层 30cm 以下, 这时暗槽的间隔应取 3m 左右。为了提高暗槽在土壤中的集水效率, 还应该提高其附近土壤的透水性, 可在这部分土壤中掺入沙子或者无机质土壤改良材料。如果是透水性差的黏性土壤, 就需要配置网格状的暗槽以提高整体的排水性。此种方式适用于土层厚、施工规模大的情况。当铺设密度大时, 效果就与满铺排水层差不多, 而且施工容易度和排水性能还不如满铺排水层, 这时就应该选择后一种方式。如果种植部分的面积较小, 土量也较少时, 铺设暗槽和排水层会占用本来就已经有限的植物生存空间, 限制植物根部的发展。因此, 当土层厚度低于 40cm, 且铺设底面的倾斜度在 3% 以上时, 可不铺设排水层, 而只需增加土壤中的中粒无机质土壤改良材料含量以提高其透水性能。然后在末端排水孔处放置大颗粒的轻质改良材料, 在与土壤接触的地方用过滤 (层) 网等处理一下, 防止水土流失即可。

对于屋顶绿化的排水设计, 至关重要的原则就是利用整个屋面现有的排水系统, 无论是选择哪种排水方式, 在设计中都尽量不要破坏屋面排水的整体性, 尽量避免地表径流的方式排水。德国现在广泛使用的是塑料制品的蓄排水系统, 我国也慢慢开始广泛使用, 这种产品的好处是排水迅速, 在屋面上不会形成积水, 有利于植物生长。和传统的陶粒卵石排水相比, 不但排水层厚度减小了, 而且重量方面也减小了很多, 减少了屋面的荷载。

纵观国内的排水产品多数产品只有排水功能而没有蓄水功能其实对于屋顶花园来说, 蓄水能力和排水能力同样重要, 因为暴雨是对屋顶绿化排水系统的最大考验, 好的蓄水能力可以减轻暴雨对屋面排水系统的巨大压力, 同时还可以储存一部分水分满足植物生长需要, 所以设计时应选择一些具有良好排水性并能够储存一部分水分的排水系统。

现在有一种改良型屋面, 用蓄排水板代替传统的卵石作为排水层, 使之不但能迅速排除多余水分, 还能储存一部分水分, 在干旱无雨的情况下, 被储存的水分还能在短时间内满足植物的生长需要。与传统做法相比, 因为其多个方向均能排走水分, 因此排水能力更佳, 对多余水分的保持能力也更好。而且此种蓄排水板的重量轻, 能减少屋面荷载。

(三) 屋顶绿化的植物选择

由于屋顶上的风力比平地强大, 夏季炎热而冬季寒冷, 阳光多直射易造成干旱, 土层薄, 因此, 屋顶绿化的植物选择应该注意以下几个方面:

屋顶一年四季温差很大, 风速也较地面快, 加上土壤薄, 保湿能力差, 而且夏季气温高, 因此, 植物选择上, 应该选用耐旱和抗寒耐热能力强的植物。考虑到屋顶的承重要求, 应选择低矮的灌木和草本植物, 以便于植物的运输、栽种和管理。

屋顶的大部分区域为全日照直射, 光照强度大, 因此, 应尽量选用喜光的阳性植物。但一些特殊的位置, 如花架下、墙角处等地方, 日照时间较短, 可适当选用一些半阳性的植物。此外, 屋顶的种植层薄, 对植物根系的生长范围有所限制, 因此, 一般情况下应选择浅根系的,生长较慢的植物。由于屋顶处于建筑的顶层，若施用肥料会影响周围的卫生状况，应尽量种植耐贫瘠的植物。

屋面上的风较地面上大，在植物选择上，应多用抗风性好、不易倾伏的植物。此外，屋顶由于其土层薄，蓄水能力差，下暴雨时易造成短时积水，而平时土壤又容易干燥，因此，应选用耐旱且耐短时积水的植物。

建造屋顶花园的目的是美化环境，增加城市的绿地面积，与其选择需要特殊管理要求的植物，不如选用生长旺盛、易于管理的植物。此外，屋顶花园的植物选择尽量以常绿植物为主，冬天能露天过冬。为增加绿化的季节变化感，可适当配置一些有色叶的树种，也可栽种一些开花植物，以丰富植物配置和景观变化。考虑到抗风性和屋面承受的荷载，应尽量避免选择高大乔木。

曾经有段时期，屋顶绿化的植物选择上出现过无论所处地理环境和气候条件如何，一概选择惯用的几种观赏型树种，结果往往是耗费了大量人力财力，植物的生长状况却不令人满意；无法得到理想的景观效果。其实，在环境恶劣的屋顶，选用当地生长的植物易于取得较好的效果。因为本地植物对当地气候的适应性强，容易存活，省去从异地引进树种在投资上的增加，还能体现出地方特色，不失为一种好的选择。

屋顶花园的绿化植物应该尽量选择常绿植物，以减少冬季萧条景色，保证一年四季都有一定的观赏价值，如矮化龙柏、洒金千头柏、铺地柏、金心黄杨、早园竹、阔叶箬竹、凤尾兰等。

对于北方地区屋顶花园的植物选择，较南方地区更为有限。北京市政府曾提出要大力发展屋顶绿化，建立生态健全、景观良好的生态园林城市。但是，进行大面积屋顶绿化还有诸多相关技术问题亟待解决。由于北京冬季漫长寒冷、多风干旱，夏季炎热，因此植物材料、栽培基质的选择是决定屋顶绿化效果的关键因素。

（一）坡屋顶绿化的分类及做法

在建筑物的斜面上栽种植物，或者建筑物本身是倾斜构造，绿化其表层部分，都可属于坡屋顶绿化的范围。对于在坡屋顶上绿化，做法应该根据屋面坡度的不同而有所区别。下面就坡度小和坡度大两种情况分别加以介绍：

当屋顶坡度较小（≤60°）时，可选择直接在屋面种植草皮或者低矮的地被植物及攀缘植物。为了使草皮和低矮的地被植物在倾斜的屋顶上易于固定，应采用一些特殊的措施。如在屋顶上的种植土中插入薄木板来阻止土的流动，或者在土中埋设稍重的构造物来承受土的压力。还可以铺设带钩刺的塑料垫，以增大摩擦力。或使用重量轻、安全性高、便于铺设的材料作为草坪的底层结构。当采用木板时，要注意选用耐腐蚀的板材，也可以根据情况采用网代替板。

对于种植斜屋面来讲，当屋面坡度大于15°时，就必须进行防滑处理。常用的做法有，在屋顶上铺设木条网格或带钩刺的塑料垫，或使用重量轻、安全性高、便于铺设的材料作为草坪的底层结构。屋面安装防滑槛，檐口部位装上横梁，防止种植介质滑落。

在屋面安装防滑槛时，其安装间距应根据屋面坡度而定。一般来说，屋面坡度在15°～20°时，防滑槛的间距是100cm；屋面坡度在30°～40°时，防滑槛的间距是33cm；屋面坡度在40°～60°时，防滑槛的间距是20cm。

在坡屋顶的植物生长层中应掺入蓄水能力好的材料，而无须铺设排水层。在自然界中，有许多可以作为坡屋顶绿化用的材料。考虑其土层较薄，楼顶风力大等因素，应选择喜光、耐旱、耐贫瘠、生长缓慢、抗风、耐寒、低矮的浅根系植物，如草皮等。草坪最好采用移植的方法。在植物生长层中间还可以铺设一层塑料网，使植物的根可以很牢固地扎在生长层中。

坡度大时（＞60°），为了防止土和水向下移动，一般是把斜面做成阶梯状，然后安放箱子，把树木一棵一棵栽成盆栽状，只要固定稳了，基本就能防止水土流失。这种做法的缺点是需要使用大量的泥土，而且植物生长茂盛期间，盆栽状的部分相当明显。此外，由于是盆栽状构造，还要考虑到土壤中多余水分需连续性排出。因为处于上部的盆栽的水会流入下部盆栽，所以要在盆底放置细小沙砾，防止泥土被冲出坑来。在最下部的栽种盆的排水孔内侧，还应设置网状材料以避免沙砾泥土流出。

（二）坡屋顶绿化植物的选择

在自然界中有许多可以作为坡屋顶绿化用的材料。考虑其土层较薄，楼顶风力大等因素，应选择喜光、耐旱、耐贫瘠、生长缓慢、抗风、耐寒、低矮的浅根系植物，如葛藤、爬山虎、南瓜、葫芦等。在欧洲，常见建筑屋顶种植草皮，形成绿茵茵的"草房"，让人倍感亲切。植物选择时，还应考虑到生态学原理，选择多种类型植物混合栽种，形成屋顶绿化多种群落结构，多种草类和多种草花相结合，让屋顶更美丽，更丰富多彩。

（一）建筑立项选址阶段

最初的建筑立项选址阶段，就应该考虑所处场地的气候、地质、水文等相关条件对可能采取的建筑绿化形式的影响。如当地现有的植被情况和植物类型，可作为以后的植物选择的参考条件。

文

场地的气候条件直接影响植物的选择，因此在设计之初就需要加以调查分析。如果当地气候温暖潮湿，适合大部分植物的生长，可选用的植物种类较广；气候干燥寒冷地区，植物选择上就应考虑选用耐旱性好，有一定抗寒能力的植物，同时要考虑后期设计中需要采用一定的辅助措施为植物进行灌溉。

地质条件的影响，体现在当地土壤成分是否适合植物栽种。如天津地区土壤多盐碱化，不能直接用作植物的种植土，必须经过一定的处理，或者采用专门的人工种植机质。

水文条件的影响体现在当地的水质条件是否适合用于植物灌溉。

当地现有植物种类可为此后绿化植物的选择做参考。建筑绿化设计中也提倡采用本土植物，因为本地植物适合当地的环境，更易于存活。

（二）建筑方案设计阶段

方案构思之初，首先应明确与绿化的结合设计观念，并与业主达成一致，以确保这种观念渗透到以后的设计过程中。设计阶段，应同时从建筑设计和绿化设计两方面着手，考虑建筑总体布局、建筑的空间形态、平面形式以及立面肌理，分析其可能存在的问题，如建筑绿化对建筑材料选择的影响、绿化对于建筑采光通风的影响、绿化的美学价值、建筑绿化在建筑节能上的作用的考虑、如何控制建造初期绿化增加的额外投资以及如何使绿化设计便于将来的维护管理等等。在方案阶段，建筑师应加强与专业绿化人员的沟通交流，以决定建筑采取何种绿化方式。

在方案设计阶段，应将建筑绿化设计融入建筑设计的每一相关环节，因为建筑形体与平面形式以及立面肌理的确定与竖向绿化的形式相互影响；此外，建筑使用性质在一定程度上能够决定绿化形式及植物选择，如外墙绿化会增加建筑外表面的空气湿度，如果内部房间需要相对干燥的环境时就不宜采用。

对于不同空间形态的建筑，适合采用的绿化形式也不同，如带中庭的建筑，可采用室内中庭绿化；带阳台的建筑，可对阳台进行绿化；外表面材质粗糙的建筑，可考虑墙面绿化等等，在设计时需要将绿化与建筑的空间形态结合考虑。

墙面绿化和阳台、窗台设计上，主要考虑朝向对植物生长的影响。如果是朝南或者朝西面，应选择喜光植物；朝北面要选择喜阴的植物。

建筑绿化还要考虑建筑周围的风环境对于植物生长的影响。如果是低层或多层建筑，风速一般较小，影响不大。但在高层建筑中，越往上风速越大，很不利于植物的生长。采用屋顶绿化时，需设置防风网，对高大乔木也应采取一定的构造措施防止倾覆。采用垂直绿化时，不宜选用墙面绿化，可在建筑上分层设计一些平台栽种植物，形成半室内半室外的绿化空间。

（三）建筑施工图设计阶段

设计进行到施工图阶段需要考虑的内容更进一步细化，由于此阶段涉及多学科的内容，因此需要建筑师、结构师以及专业绿化人员等多方共同合作完成。一般来说，这一阶段主要考虑建筑结构、构造设计、材料选择、施工方式几方面问题。

如屋顶绿化，需要考虑绿化对于建筑荷载的增加，不同的屋顶形式和构造方式在绿化设计上不同，如坡屋顶与平屋顶的做法有很大差异；不同的屋面绿化形式对于建筑荷载的增加差别也很大，种植高大乔木需在屋面相应的位置布置结构柱承重，而薄型屋顶绿化对于荷载的增加较少，只需增加屋面结构层的承载能力即可。

墙面绿化，需要考虑墙面材料对植物的影响，如粗糙材质墙面可供植物直接攀爬，光滑墙面需要一些辅助的构件设计，可以与建筑本身的一些构件设计相结合，如设置遮阳板供植物攀爬，或将划分建筑立面的隔栅作为植物的种植槽等。此外，还要考虑对于一些特殊的构造如何利用处理，如采用外保温的外墙绿化，可将植物的攀缘构件结合外保温层的支撑构件设计。也可利用建筑上已有的构件作为绿化种植之用，如可将室外空调机位与绿化的种植槽相结合设计。

对于阳台、窗台绿化，不同的构造形式直接影响植物的选择。如采用通透的金属栏杆式，其采光和通风条件好，可选用喜光照的爬藤类植物，形成装饰绿化；阳台是封闭栏板式时，通风相对较差但遮阴性好，可采用盆栽或种植槽栽种植物的方式。

构造设计上，还要考虑植物生长所需的辅助设备与建筑构件的结合设计，如采用何种灌溉方式，更易于后期的维护管理。例如屋顶绿化，若是上人屋面，人能经常去维护管理，可采用人工与机械设备相结合的灌溉方式；而不上人屋面则应该采用带有自动化控制的灌溉系统，以减少后期管理上的不便。

建筑的材料选择上，也会因为绿化而需要考虑更多的因素，以屋顶绿化为例，不同的绿化形式，所应选用的屋面材料和构造做法也不相同，还应根据具体情况确定。其他绿化方式也是如此，如吸附式墙面绿化的建筑，外墙材料应有较好的防腐蚀能力，以抵抗植物吸盘和分泌汁液对表面的腐蚀；还应具有良好的防水防潮性能，以避免绿化产生的湿气对建筑结构层的影响。

建筑的施工阶段也有一些需要注意方面。如在屋顶或者室内种植高大乔木，需在施工时考虑如何将植物吊装至指定的位置。植物生长所需的一些构件和设备也要在施工阶段安装完毕，这些工作流程及步骤都需要在施工图阶段解决，避免以后不必要的重复工作和修改。

(四) 建筑施工阶段

这一阶段的工作，是将以前各阶段的成果由图纸变为实际存在的建筑的过程，而且施工质量的好坏直接影响到最后的实现效果，因此也是很重要的。对于绿化来说，要在施工阶段注意绿化工程与建造过程的协调配合，这需要建筑师、结构师、绿化工作者和施工人员多方面的共同努力来实现。以简易的屋顶绿化做法为例，需要经过表面清扫、基层验收、防水处理等多步工序，在施工阶段，要安排好各项工作的流程，保证建筑施工与绿化工作的顺利进行。

(五) 建筑的运行管理阶段

建筑的运行阶段，需要注意绿化的维护和管理。要使建筑绿化达到理想的实际效果，后期的管理往往起到很重要的作用，因为建筑绿化的最终效果往往要在植物生长一段时间后才能达到，这就需要后期管理人员的工作来保证最大限度实现预想的设计效果。一般来说，管理工作包括灌溉、枝叶修剪、病虫害的防治、补施肥料、种植基质的补充更换几方面内容：

在建筑上种植植物，自然降水往往不能保证植物生长所需的水分，因此，灌溉是必不可少的，尤其是北方城市气候较干旱，更需要灌溉补充水分。不同的绿化类型，选择的灌溉方式也应有所不同。

就屋顶绿化来说，对于平屋顶绿化，各种浇灌方式均可采用。坡屋顶绿化由于人不能轻易上去浇水，而且漫灌的方式容易造成土壤板结，因此，宜采用喷灌、微灌、滴灌这类均匀度高的灌溉方式。

对于竖向绿化，如果是吸附式墙面绿化，当建筑层数不高时，植物由地面向上生长，地面土壤能为植物提供水分，不需要辅助灌溉，植物由上往下垂挂时，可在上部设置种植槽；如果是辅助构件式的竖向绿化，建筑层数少时植物可依靠地面土壤的水分生长，层数较多时需设置种植槽，分层种植植物此种情况宜采用微灌滴灌的方式将水管布置在种植槽内。

对于阳台、窗台和室内绿化这类与建筑内部空间接近的绿化方式，采用人工浇水，浇水多少和频率可视环境条件灵活调节，也可采用自动化控制的灌溉设备，为植物提供水分。

要保持建筑绿化的景观效果，定期对植物的枝叶进行修剪也是必不可少的。修剪枝叶不但能保持其外形，及时去除老化枝条，促进新梢的生长，也可以降低因植物枝叶聚合导致空气不流通而引起的病变概率，减少病虫害的发生，保证植物的健康生长。

在病虫害的防治上，不同的绿化方式采用的做法也不相同。对于建筑绿化，应该采取预防为主，在选择植物时就要选择生长健康的植物，栽种前还应对其进行清洗或药剂浸泡，以增强其活性和抵抗力。栽种时，最好采用多种植物混合栽种，避免只集中种植一种植物。因为集中栽种同一类植物时，某一棵遭到病害，很容易向整体扩散；而混合栽种的方式就能减少某种特定的病虫害的传播概率，避免大规模病变的发生。此外，种植土壤也应事先消毒处理，杀灭其中可能生存的虫害。在不得已的情况下，也可考虑使用一定的药剂杀治病虫害。建筑绿化药剂选用时，要尽可能选用毒性小、无臭味的药剂，以尽量减少对人的不良影响。

建筑绿化的土层通常都较薄，所含的养分也有限，要保证植物的正常生长，就必须施肥。施肥的次数视情况的不同而定，一般2～3年补充一次，时间多是在春季，施用植物易于吸收且肥效长的固体肥料。当植物枝叶出现颜色变浅或生长量下降等肥料缺乏状况时，也应马上补充肥料。

对于肥料的选择上，屋顶绿化的传统做法多选用腐熟的粪尿或肥饼，不但搬运不便，也不卫生，需要挖沟埋施。现在多选用颗粒状固体肥料，不但易于施用，也不会对环境有影响，可用于各类建筑绿化。此外，也有肥料施用与绿化灌溉相结合的做法，如采用微灌技术时，可在水中添加液体肥料，方便卫生，特别适用于设置种植槽的绿化方式。

此外，定期除草能避免杂草与绿化用植物争夺养分和生存空间，对于保证植物正常生长也是很重要的。

不断浇水和雨水的冲淋，都会使种植土流失、体积减小，因此在一段时期后应该补充种植土。如果是在容器内栽种植物数年之后，植物根系就会聚集在容器内，土壤的活性降低，不利于植物生长。这时就应该更换部分土壤，除去旧根，以促进新根的生长发育。此外，还应定期测定土壤的 pH 值，保证其在种植植物的生长范围内，超出范围时要施加相应的化学物质进行调节。

第六章 绿色建筑施工组织、成本与造价管理

第一节 基于绿色视角的建筑施工组织与管理

(一)施工组织与管理基本理论

施工组织一般通过工程施工组织设计进行体现,施工管理则是解决和协调施工组织设计与现场关系的一种管理。施工组织设计是施工管理的核心内容,是用来指导施工项目全过程各项活动的技术、经济和组织的综合性文件,是施工技术与施工项目管理有机结合的产物,它能保证工程开工后施工活动有序、高效、科学、合理地进行。因施工组织设计的复杂程度依工程具体的情况而不同,其所考虑的主要因素包括工程规模、工程结构特点、工程技术复杂程度、工程所处环境差异、工程施工技术特点、工程施工工艺要求和其他特殊问题等。

一般情况下,施工组织设计的内容主要包括施工组织机构的建立、施工方案、施工平面图的现场布置、施工进度计划和保障工期措施、施工所需劳动力及材料物资供应计划、施工所需机具设备的确定和计划等。对于复杂的工程项目或有特殊要求及专业要求的工程项目,施工组织设计应尽量制定详尽;小型的普通工程项目因为可参考借鉴的工程施工组织管理经验较多,施工组织设计可以简略些。施工组织设计可根据工程规模和对象不同分为施工组织总设计和单位工程施工组织设计。施工组织总设计要解决工程项目施工的全局性问题,编写时应尽量简明扼要、突出重点,要组织好主体结构工程、辅助工程和配套工程等之间的衔接和协调问题;单位工程施工组织设计主要针对单体建筑工程编写,其目的是具体指导工程施工过程,要求明确施工方案各工序工种之间的协同,并根据工程项目建设的质量、工期和成本控制等要求,合理组织和安排施工作业,提高施工效率。

(二) 绿色施工组织与管理的内涵

绿色施工管理的参与方主要包括建设单位、设计单位、监理单位和施工单位。由于各参与方角色不同,在绿色施工管理过程中的职责各异。

(1)建设单位职责

编写工程概算和招标文件时,应明确绿色施工的要求,并提供包括场地、环境、工期、资金等方面的条件保障;向施工单位提供建设工程绿色施工的设计文件、产品要求等相关资料,保证真实性和完整性;建立工程项目绿色施工协调机制。

(2)设计单位职责

按国家现行有关标准和建设单位的要求进行工程绿色设计;协助、支持、配合施工单位做好建筑工程绿色施工的有关设计工作。

(3)监理单位职责

对建筑工程绿色施工承担监理责任;审查绿色施工组织设计、绿色施工方案或绿色施工专项方案,并在实施过程中做好监督检查工作。

(4)施工单位职责

施工单位是绿色施工实施的主体,应组织绿色施工的全面实施;实行总承包管理的建设工程,总承包单位应对绿色施工负总责;总承包单位应对专业承包单位的绿色施工实施管理,专业承包单位应对工程承包范围的绿色施工负责;施工单位应建立以项目经理为第一责任人的绿色施工管理体系,并制定绿色施工管理制度,保障负责绿色施工的组织实施,及时进行绿色施工教育培训,定期开展自检、联检和评价工作。

绿色施工管理主要包括组织管理、规划管理、实施管理、评价管理、人员安全与健康管理等五个方面。

(1)组织管理

绿色施工组织管理主要包括:绿色施工管理目标的制定、绿色施工管理体系的建立、绿色施工管理制度的编制。

(2)规划管理

绿色施工规划管理主要是指绿色施工方案的编写。绿色施工方案是绿色施工的指导性文件,绿色施工方案在施工组织设计中应单独编写一章。在绿色施工方案中应对绿色施工所要求的“四节一环保”内容提出控制目标和具体控制措施。

(3)实施管理

绿色施工实施管理是指对绿色施工方案实施过程中的动态管理,重点在于强化绿色施工措施的落实,对工程技术人员进行绿色施工方面的思想意识教育,结合工程项目绿色施工的实际情况开展各类宣传,促进绿色施工方案各项任务的顺利完成。

（4）评价管理

绿色施工的评价管理是指对绿色施工效果进行评价的措施。按照绿色施工评价的基本要求,评价管理包括自评和专家评价。自评管理要注重绿色施工相关数据、图片、影像等资料的制作、收集和整理。

（5）人员安全与健康管理

人员安全与健康管理是绿色施工管理的重要组成部分,其主要包括工程技术人员的安全、健康、饮食、卫生等方面,旨在为相关人员提供良好的工作和生活环境。

组织管理是绿色施工实施的机制保证;规划管理和实施管理是绿色施工管理的核心内容,关系绿色施工的成败;评价管理是绿色施工不断持续改进的措施和手段;人员安全与健康管理则是绿色施工的基础和前提。

（一）绿色施工组织与管理标准化方法建立的基本原则

标准化管理方法的建设基础是施工企业的流程体系。施工企业的流程体系的建立是在健全的管理制度、明确的责任分工、严格的执行能力、规范的管理标准、积极的企业文化等基础上形成的,因此,构建标准化的绿色施工组织与管理方法必须依托正规的特大或大型建筑施工企业,这类企业往往具有管理体系明确、管理制度健全、管理机构完善、管理经验丰富等特点,且企业所承揽的工程项目数量较多,实施标准化管理能够产生较大的经济效益。

绿色施工组织与管理的标准化方法应该是一项重要的企业制度,其形成和运行均依托于企业及项目部的相关管理机构和管理人员,作为制度化的运行模式,标准化管理不会因机构和管理岗位人员的变化而产生变化。因此,绿色施工组织与管理标准化方法应该建立在施工企业管理机构和管理人员的岗位、权限、角色、流程等明晰的基础上。当新员工入职时,与标准化管理配套的岗位手册可以作为员工培训的材料,为员工提供业务执行的具体依据,这也是有效解决企业管理的重要举措。

绿色施工组织与管理标准化不仅仅指绿色施工的组织和管理,与传统建筑工程施工相同工程的质量管理、工期管理、成本管理、安全管理也是绿色施工管理的重要组成部分。

在制定绿色施工组织与管理标准化方法的同时,应充分考虑质量、安全、工期和成本的要求,将各种目标控制的管理体系和保障体系与绿色施工管理体系相融合,以实现工程项目建设的总体目标。

(二) 组织机构与目标管理

在施工组织机构设置时,应充分考虑绿色施工与传统施工的组织管理差异,结合工程质量创优的总体目标,进行组织机构设置,要针对"四节一环保"设置专门的管理机构,责任到人。绿色施工组织机构设置一般实行三级管理,即领导小组、工作小组、操作层。领导小组一般由公司领导组成,其职责主要是从宏观上对绿色施工进行策划、协调评估等;工作小组一般由分公司领导组成,其主要职责是组织实施绿色施工、保证绿色施工各项措施的落实、进行日常的检查考核等;操作层则由项目管理人员和生产工人组成,主要职责是落实绿色施工的具体措施。

管理层中的各组织机构职责如下。①商务部,负责绿色施工经济效益的分析。②技术部,负责绿色施工的策划、分段总结及改进推广工作;负责绿色施工示范工程的过程数据分析与处理,提出阶段性分析报告;负责绿色施工成果的总结与申报。③动力部,负责按照水电布置方案进行管线的敷设、计量器具的安装;对现场临水、临电设施进行日常巡查及维护工作;定期对各类计量器具的数据进行收集。④工程部,负责绿色施工实施方案具体措施的落实;过程中收集现场第一手资料,提出建设性的改进意见;持续监控绿色施工措施的运行效果,及时向绿色施工管理小组反馈。⑤物资部,负责组织材料进场的验收;负责物资消耗、进出场数据的收集与分析。⑥安监部,负责项目安全生产、文明施工和环境保护工作;负责项目职业健康安全管理计划、环境管理计划和管理制度的实施。

建筑工程施工目标的确定是指导工程施工全过程的重要环节。

在我国不同的历史发展时期,由于社会经济发展的客观条件不同,对建筑工程施工目标提出的要求也存在差异。在20世纪40年代末期,由于国家百废待兴,且投资主要以国家为主,当时的建筑工程施工目标主要从质量、安全、工期三个方面出发;在70年代末期,随着商品经济和市场经济的发展,建筑工程施工目标在质量、安全、工期三者的基础上增加了成本控制,且随着市场经济的深入发展,成本控制目标成为最为主要的目标之一。绿色建筑出现至今,我国的建筑工程施工目标也随之发生变化,环境保护目标成为绿色施工最重要的目标之一,尤其是21世纪初提出生态文明建设,环境保护目标依然超过成本控制目标,在"全国绿色施工示范工程"评选时,明确规定可以牺牲少部分经济效益而换取更好的环境保护效益,且采用绿色施工技术的工程优先入选建筑工程绿色施工目标制定时,要制定绿色施工即"四节一环保"方面的具体目标,并结合工程创优制定工程总体目标。"四节一环保"方面的具体目标主要体现在施工工程中的资源能源消耗方面,一般主要包括：建设项目能源总消耗量或节约百分比、主要建筑材料损耗率或比定额损耗率节约百分比、施工用水量或比总消耗量的节约百分比、临时设施占地面积有效利用率、固体废弃物总量及固体废弃物回收再利用百分比等。这些具体目标往往采用量化方式进行衡量，在百分比计算时可根据施工单位之前类似工程的情况来确定基数。施工具体目标确定后，应根据工程实际情况，按照"四节一环保"进行施工具体目标的分解，以便于过程控制。

建设工程的总体目标一般指各级各类工程创优，确定工程创优为总体目标不仅是绿色施工项目自身的客观要求，而且与建筑施工企业的整体发展密切相关：绿色施工工程创优目标应根据工程实际情况进行设定，一般可为企业行业的绿色施工工程、省市级绿色施工工程乃至国家级绿色施工工程等，对于工程规模较大、工程结构较为复杂的建筑工程，也可制定创建"全国新技术应用示范工程"、各级优质工程等目标，这些目标的确立有助于统一思想、鼓舞干劲，产生积极影响。

（三）绿色施工人员及信息管理

绿色施工的信息管理是绿色施工工程的重点内容，实现信息化施工是推进绿色施工的重要措施。除传统施工中的文件和信息管理内容之外，绿色施工更为重视施工过程中各类信息、数据、图片、影像等的收集整理，这是与绿色施工示范工程的评选办法密切相关的。我国《全国建筑业绿色施工示范工程申报与验收指南》中明确规定，绿色施工示范工程在进行验收时，施工单位应提交绿色施工综合性总结报告，报告中应针对绿色施工组织与管理措施进行阐述，应综合分析关键技术、方法、创新点等在施工过程中的应用情况，详细阐述"四节一环保"的实施成效和体会建议，并提交绿色施工过程相关证明材料，其中证明材料中应包括反映绿色施工的文件、措施图片、绿色技术应用材料等。除评审的外部要求之外，企业在绿色施工实施过程中做好相关信息的收集整理和分析工作也是促进企业绿色施工组织与管理经验积累的过程。例如，通过对施工过程中产生的固体废弃物的相关数据收集，可以量化固体废弃物的回收情况，通过计算分析能够比对设置的绿色施工具体目标是否实现，也可为今后其他同类工程绿色施工提供参考借鉴。

绿色施工资料一般可根据类别进行划分，大体可分为以下几类：①技术类：示范工程申报表示范工程的立项批文；工程的施工组织设计；绿色施工方案及绿色施工的方案交底。②综合类：工程施工许可证；示范工程立项批文。③施工管理类：地基与基础阶段企业自评报告；主体施工阶段企业自评报告；绿色施工阶段性汇报材料；绿色施工示范工程启动会资料；绿色施工示范工程推进会资料；绿色施工示范工程外宣资料；绿色施工示范工程培训记录。④环保类：粉尘检测数据台账，按月绘成曲线图，进行分析；噪声监控数据台账，按施工阶段及时间绘成曲线图并分析；水质（分现场养护水、排放水）监测记录台账；安全密目网进场台账，产品合格证等；废弃物技术服务合同（区环保），化粪池、隔油池清掏记录；水质（分现场养护水、排放水）检测合同及抽检报告（区环保）；基坑支护设计方案及施工方案。⑤节材类:与劳务队伍签订的料具使用协议、钢筋使用协议;料具进出场台账以及现阶段料具报损情况分析;钢材进场台账;废品处理台账,以及废品率统计分析;混凝土浇筑台账,对比分析;现场施工新技术应用总结,新技术材料检测报告。⑥节水类:现场临时用水平面布置图及水表安装示意图;现场各水表用水按月统计台账,并按地基与基础、主体结构、装修三个阶段进行分析;混凝土养护用品(养护棉、养护薄膜)进场台账。⑦节能类:现场临时用电平面布置图及电表安装示意图;现场各电表用电按月统计台账并按地基与基础、主体结构两个阶段进行分析;塔吊、施工电梯等大型设备保养记录;节能灯具合格证(说明书)等资料,节能灯具进场使用台账;食堂煤气使用台账,并按月进行统计、分析。⑧节地类:现场各阶段施工平面布置图,含化粪池、隔油池、沉淀池等设施的做法详图,分类形成施工图并完善审批手续;现场活动板房进出场台账;现场用房、硬化、植草砖铺装等各临建建设面积(按各施工阶段平面布置图)

管理流程是绿色施工规范化管理的前提和保障,科学合理地制定管理流程,体现了企业或项目各参与方的责任和义务,是绿色施工管理流程的核心内容。根据前述绿色施工组织机构设置情况,对工程项目绿色施工管理、工程项目绿色施工策划、分包单位绿色施工管理、项目绿色施工监督检查等方面的工作制定了建议性管理流程。在采用具体管理流程时,可根据工程项目和企业机构设置的不同对流程进行调整。

(一) 环境保护措施

绿色施工中环境保护包括现场的扬尘控制、噪声控制、土壤保护、光污染控制、水污染控制、建筑垃圾控制等内容。

①现场形成环形道路,路面宽度≥4m。②场区车辆限速25 km/h。③安排专人负责现场临时道路的清扫和维护,自制洒水车降尘或喷淋降尘。④场区大门处设置冲洗槽。⑤每周对场区大气总悬浮颗粒物浓度进行测量。⑥土石方运输车辆采用带液压升降板可自行封闭的重型卡车,配备帆布作为车厢体的第二道封闭措施;现场木工房、搅拌房采取密封措施。⑦随主体结构施工进度,在建筑物四周采用密目安全网实行全封闭。⑧建筑垃圾采用袋装密封,防止运输过程中扬尘。模板等清理时采用吸尘器等抑尘措施。⑨袋装水泥、腻子粉、石膏粉等袋装粉质原材料,设密闭库房,下车、入库时轻拿轻放,避免扬尘。现场尽量采用罐装。⑩零星使用的砂、碎石等原材堆场,采用废旧密目安全网或混凝土养护棉等覆盖,避免起风扬尘。现场筛砂场地采用密目安全网半封闭,尽可能避免起风扬尘。

①合理选用推土机、挖土机、自卸汽车等内燃机机械,保证机械既不超负荷运转又不空转加油,平稳高效运行。采用低噪声设备。②场区禁止车辆鸣笛。③每天三个时间点对场区噪声量进行测量。④现场木工房采用双层木板封闭,砂浆搅拌棚设置隔声板。⑤混凝土浇筑时,禁止震动棒空振、卡钢筋振动或贴模板外侧振动。⑥混凝土后浇带、施工缝、结构胀模等剔凿尽量使用人工,减少风镐的使用。

①夜间照明灯具设置遮光罩。②现场焊接施工四周设置专用遮光布,下部设置接火斗。③办公区、生活区夜间室外照明全部采用节能灯具。④现场闪光对焊机除人工操作一侧外,其余四个侧面采用废旧模板封闭。

①场区设置化粪池、隔油池,化粪池每月由区环保部门清掏一次,隔油池每半月由区环保部门清掏一次。②每月请区环保部门对现场排放水水质做一次检测。③现场亚硝酸盐防冻剂、设备润滑油均放置在库房专用货架上,避免洒漏污染。④基坑采用粉喷桩和挂网混凝土浆隔水性能好的方式进行边坡支护。

①现场设置建筑垃圾分类处理场,除将有毒有害的垃圾密闭存放外,还将对混凝土碎渣、砌块边角料等固体垃圾回收分类处理后再次利用。②加强模板工程的质量控制,避免拼缝过大漏浆、加固不牢胀模产生混凝土固体建筑垃圾。③提前做好精装修深化设计工作,避免墙体偏位拆除,尽量减少墙、地砖以及吊顶板材非整块的使用。④在现场建筑垃圾回收站旁,建简易的固体垃圾加工处理车间,对固体垃圾进行除有机质、破碎处理,然后归堆放置,以备使用。

(二)节能与能源利用措施

应及时做好施工机械设备维修保养工作,使机械设备保持低耗高效状态;选择功率与负载相匹配的施工机械设备;机电安装采用逆变式电焊机和低能耗高效率的手持电动工具等节电型机械设备;现场对已有塔吊、施工电梯、物料提升机、探照灯及零星作业电焊机分别挂表计量用电量,进行统计、分析。

办公区、生活区临建照明采用日光灯,室内醒目位置设置"节约用电"提示牌;室内灯具按每个开关控制不超过2盏灯设置;合理安排施工流程,避免大功率用电设备同时使用,降低用电负荷峰值。

现场生活及办公临时设施布置以南北朝向为主,采用一字型布置以获得良好的日照、采光和通风;临时设施应采用节能材料,墙体和屋面使用隔热性能好的材料,对办公室进行合理化布置,两间办公室设成通间,减少夏天空调、冬天取暖设备的使用数量、时间及能量消耗;在现场办公区、生活区开展广泛的节电评比,强化职工节约用电意识;在民工生活区进行每栋楼单独挂表计量,以分别进行单位时间内的用电统计,并对比分析;对大食堂和

(三)节地与土地资源利用措施

①根据工程特点和现场场地条件等因素合理布置临建,各类临建的占地面积应按用地指标所需的最低面积设计。②对深基坑施工方案进行优化,减少土方开挖和回填量,保护周边自然生态环境。③施工现场材料仓库、材料堆场、钢筋加工厂和作业棚等布置应靠近现场临时交通线路,缩短运输距离。④临时办公和生活用房采用双层轻钢活动板房标准化装配式结构。⑤项目部用绿化代替场地硬化,减少场地硬化面积。

(四)节水与水资源利用措施

现场按生活区、生产区分别布置给水系统:生活区用水管网为 PPR 管热熔连接,主管直径 50mm、支管直径 25mm,各支管末端设置半球阀龙头;生产区用水管网为无缝钢管焊接连接,主管直径 50mm、支管直径 25mm,各支管末端设置旋转球阀龙头。

利用消防水池或沉淀池,收集雨水及地表水作为施工生产用水。
20 节水系统与节水器具
采用节水器具,进行节水宣传;现场按照"分区计量、分类汇总"的原则布置水表;现场水平结构混凝土采取覆盖薄膜的养护措施,竖向结构混凝土采取刷养护液养护,杜绝无措施浇水养护;对已安装完毕的管道进行打压调试,采取从高到低分段打压,利用管道内已有水循环调试。

(五)节材与材料资源利用措施

优化钢筋配料方案,采用闪光对焊、直螺纹连接形式,利用钢筋尾料制作马凳、土支撑、篦子等;密肋梁箍筋在场外由专业厂商统一加工配送;加强模板工程的质量控制,避免拼缝过大产生漏浆、加固不牢产生胀模,浪费混凝土,加强废旧模板再利用;加强混凝土供应计划和过程动态控制,余料制作成垫块和过梁。

干砖确定砌块的排版和砖缝，避免出现小于1/3整砖和在砌筑过程中随意裁砖，产生浪费；加气混凝土砌块必须采用手锯开砖，减少剩余部分砖的破坏。

施工前应做好总体策划工作，通过排版来尽可能减少非整块材料的数量；严格按照先天面、再墙面、最后地面的施工顺序组织施工，避免由于工序颠倒造成的饰面污染或破坏；根据每班施工用量和施工面实际用量，采用分装桶取用油漆、乳胶漆等液态装饰材料，避免开盖后变质或交叉污染；工程使用的石材、玻璃以及木装饰用料，项目提供具体尺寸，由供货厂家加工供货。

充分利用现场废旧模板、木植，用于楼层洞口硬质封闭、钢管爬梯踏步铺设，多余废料由专业回收单位回收；结构满堂架支撑体系采用管件合一的碗扣式脚手架；对于密肋梁板结构体系，采用不可拆除的一次性GRC模壳代替木模板进行施工，减少施工中对木材的使用；地下室外剪力墙施工中，采用可拆卸的三节式止水螺杆代替普通的对拉止水螺杆；室外电梯门及临时性挡板等设施实现工具化、标准化，以便周转使用。

第二节　基于绿色视角的建筑施工成本管理

成本一般是指为进行某项生产经营活动（如材料采购、产品生产、劳务供应、工程建设等）所发生的全部费用，成本可分为广义成本和狭义成本两种。广义成本是指企业为实现生产经营目的而取得各种特定资产（如固定资产、流动资产、无形资产和制造产品）或劳务所发生的费用支出，它包含了企业生产经营过程中一切对象化的费用支出。狭义成本是指为制造产品而发生的支出。狭义成本的概念强调成本是以企业生产的特定产品为对象来归集和计算的，是为生产一定种类和一定数量的产品所应负担的费用。这里讨论狭义成本的概念。狭义成本即产品成本，它有多种表述形式：①产品成本是以货币形式表现的、生产产品的全部耗费或花费在产品上的全部生产费用。②产品成本是为生产产品所耗费的资金总和。生产产品需要耗费占用在劳动对象上的资金，如原材料的耗费需要耗费占用在劳动手段上的资金，设备的折旧需要耗费占用在劳动者身上的资金，如生产工人的工资及福利费等。③产品成本是企业在一定时期内为生产一定数量的合格产品所支出的生产费用，这个定义有时间条件约束和数量条件约束，比较严谨，不同时期发生的费用分属于不同时期的产品，只有在本期间内为生产本产品而发生的费用才能构成该产品的成本（即符合配比原则）。企业在一定期间内的生产耗费称为生产费用，生产费用不等于产品成本，只有具体发生在一定数量产品上的生产费用，才能构成该产品的成本，生产费用是计算产品成本的基础。

（一）成本的分类及意义

（1）按成本控制的标准划分

按成本控制的标准不同，成本可分为目标成本、计划成本、标准成本和定额成本。目标成本是指企业在生产经营活动中某一时期内要求实现的成本目标。确定目标成本是为了控制生产经营过程中的劳动消耗和物资消耗，降低产品成本，实现企业的目标利润。为保证企业目标利润的实现，目标成本应在目标利润的基础上进行预测和预算。

计划成本是指根据计划期内的各项平均先进消耗定额和有关资料确定的成本。它反映计划期应达到的成本水平，是计划期在成本方面的努力目标。

标准成本是指企业在正常的生产经营条件下，以标准消耗量和标准价格计算的产品单位成本。标准成本制定后，在生产作业过程中一般不做调整和改变，实际生产费用与标准成本的偏差可通过差异计算来反映。

定额成本是指根据一定时期的执行定额计算成本。将实际成本和定额成本对比，可以发现差异并分析产生差异的原因，以便采取措施，改善经营管理。

（2）按计入产品成本的方法划分

按计入产品成本的方法不同，成本可分为直接成本和间接成本。直接成本亦称直接费用，是指生产产品时，能够直接计入产品成本的费用，间接成本是指不能直接计入而要按一定标准分摊计入产品成本的费用。

（3）按成本与产量的关系划分

按成本与产量的关系不同，成本可分为变动成本和固定成本。变动成本也称变动费用，它的总额随产量的增减而变动，就单位产品成本而言，其中的变动成本部分是固定不变的，降低单位产品成本中的变动成本，必须从降低消耗标准着手。

固定成本也称固定费用，它的总额在一定期间和一定业务量范围内不随产量的增减而变动。就单位产品成本而言，其中的固定成本部分与产量的增减成反比，即产量增加时，单位产品的固定成本减少，产量减少时，单位产品的固定成本增加。固定成本并不是绝对固定不变的。

（1）成本是补偿生产消耗的尺度

成本作为一个经济范畴，是确认资源消耗和补偿水平的依据。为了保证再生产的不断进行，这些资源消耗必须得到补偿，也就是说，生产中所消耗的劳动价值必须计入产品的成本。因此可以说，成本客观地表示了生产消耗价值补偿的尺度，企业只有使收益大于成本才能盈利。

（2）成本是制定价格的重要依据

商品生产过程既是活劳动和物质的消耗过程，又是使用价值和价值的形成过程。就整个社会而言，在产品价值目前还难以直接精确计算的情况下，成本为制定产品价格提供了近似的依据，使产品价格基本上接近于产品价值。

（3）成本是进行经营决策、实行经济核算的工具

企业在生产经营过程中，对一些重大问题的决策，都要进行技术经济分析，其中决策方案的经济效果是技术经济分析的重点，而产品成本是考察和分析决策方案经济效果的重要指标。

企业可以利用产品成本这一综合性指标，有计划地、正确地进行计算并反映和监督产品的生产费用，使生产消耗降到最低，以取得最好的经济效果。同时，可以将成本指标分层次地分解为各种消耗指标，以便于编制成本计划，控制日常消耗，定期分析、考核，促使企业不断降低成本消耗，增加盈利。

（二）建筑施工项目成本的组成及分类

建筑施工项目成本是指建筑企业以项目作为成本核算对象的施工过程中，所耗费的生产资料转移价值和劳动者必要劳动所创造价值的货币形式。它是施工项目在施工中所发生的全部生产费用的总和，包括所消耗的主、辅材料，构配件，周转材料的摊销费或租赁费，施工机械的台班费或租赁费，支付给生产工人的工资、奖金以及项目经理部（或分公司、工程处）为组织和管理工程施工所发生的全部费用支出。施工项目成本不包括劳动者为社会创造的价值，劳动者剩余劳动创造的价值是以积累形式计入工程造价（工程价格）的，其作为社会的纯收入，并未支付给劳动者。建筑施工项目成本由直接成本和间接成本构成。

为了明确认识和掌握施工项目成本的特性，搞好成本管理，根据工程管理的需要，可将施工项目成本划分为不同的形式。按建筑工程成本费用目标，施工项目成本可分为生产成本、质量成本、工期成本和不可预见成本。

成本是指完成某工程项目所必须消耗的费用。工程项目部进行施工生产，必然要消耗各种材料和物资，使用的施工机械和生产设备也要发生磨损，同时还要对从事施工生产的职工支付工资，以及支付必要的管理费用等，这些耗费和支出就是项目的生产成本。

质量成本是指工程项目部为保证和提高建筑产品质量而发生的一切必要费用，以及因未达到质量标准而蒙受的经济损失。一般情况下，质量成本分为以下四类。①工程项目内

部故障成本（如返工、停工、降级、复检等引起的费用）。②外部故障成本（如保修、索赔等引起的费用）。③质量检验费用。④质量预防费用。

工期成本是指工程项目部为实现工期目标或合同工期而采取相应措施所发生的一切必要费用以及工期索赔等费用的总和。

不可预见成本是指工程项目部在施工生产过程中所发生的除生产成本、质量成本、工期成本之外的成本，如扰民费、资金占用费、安全事故损失费、

（一）成本管理的层次划分

这里所说的公司是广义的公司，是指直接参与经营管理的一级机构，并不一定是公司法所指的法人公司。这一级机构可以在上级公司的领导和授权下独立开展经营和施工管理活动。它是项目施工的直接组织者和领导者，对项目成本负责，对成本管理负领导组织、监督、考核等责任。各企业可以根据自己的管理体制决定它的名称。

项目管理层是公司根据承接工程项目施工的需要，组织起来的针对该项目施工的一次性管理班子，一般称为项目经理部，经公司授权在现场直接管理工程项目的施工。它根据公司管理层的要求，结合本项目实际情况和特点确定本项目部成本管理的组织及人员；在公司管理层的领导和指导下，负责本项目部所承担工程的施工成本管理，对本项目的施工成本及成本降低率负责。

岗位管理层是指项目经理部的各管理岗位。它在项目经理部的领导和组织下，执行公司及项目经理部制定的各项成本管理制度和成本管理程序，在实际管理过程中，完成本岗位的成本责任指标。

公司管理层、项目管理层、岗位管理层这三个管理层次之间是互相联系、互相制约的关系，岗位管理层是施工项目成本管理的基础，项目管理层是施工项目成本管理的主体，公司管理层是施工项目成本管理的龙头。项目管理层和岗位管理层在公司管理层的控制与监督下行使成本管理的职能。岗位管理层对项目管理层负责，项目管理层对公司管理层负责。

（二）成本管理的职责

公司管理层是施工项目成本管理的最高层次，负责全公司的成本管理工作、对成本管理工作负领导和管理责任。其具体职责如下：①负责制定成本管理的总目标及各项目（工程）的成本管理目标。②负责本单位成本管理体系的建立及运行情况的考核、评定工作。③负责对成本管理工作进行监督、考核及奖罚兑现工作。④负责制定本单位有关成本管理的政策、制度、办法等。

公司管理层对施工项目成本的管理是宏观的。项目管理层对施工项目成本的管理则是具体的，是对公司管理层施工项目成本管理工作意图的落实。项目管理层既要对公司管理层负责，又要对岗位管理层进行监督、指导。因此，项目管理层是施工项目成本管理的主体。项目管理层成本管理工作的好坏是公司项目成本管理工作成败的关键—项目管理层对公司确定的项目责任成本及成本降低率负责。其具体职责如下：①遵守公司管理层制定的各项制度、办法，接受公司管理层的监督和指导。②在公司的成本管理体系中，建立本项目的成本管理体系，并保证其正常运行。③根据公司制定的成本目标，制定本项目的目标成本和保证措施、实施办法。④分解成本指标，落实到岗位人员身上，并监督和指导岗位成本的管理工作。

岗位管理层对岗位成本负责，是施工项目成本管理的基础。项目管理层将本工程的施工成本指标分解时，要按岗位进行分解，然后落实到岗位，落实到人。其具体职责如下：①遵守公司及项目管理层制定的各项成本管理制度、办法，自觉接受公司和项目管理层的监督、指导。②根据岗位成本目标，制定具体的落实措施和相应的成本降低措施。③按施工部位或按月对岗位成本责任的完成及时总结并上报，发现问题要及时汇报。④按时报送有关报表和资料。

（一）领导者推动原则

企业的领导者是企业成本的责任人，必然也是工程施工项目成本的责任人。领导者应该制定施工项目成本管理的方针和目标，组织施工项目成本管理体系的建立和保持，创造企业全体员工能充分参与施工项目成本管理、实现企业成本目标的良好内部环境。

（二）以人为本、全员参与原则

建筑施工项目成本管理的每一项工作都需要相应的人员来完善，抓住本质、全面提高人的积极性和创造性是搞好施工项目成本管理的前提。施工项目成本管理工作是一项系统工程，项目的进度管理、质量管理、安全管理、施工技术管理、物资管理、劳务管理、计划统计、财务管理等一系列管理工作都关系到项目成本，因此施工项目成本管理是项目管理的中心工作，必须让企业全体人员共同参与。只有如此，才能保证施工项目成本管理工作顺利进行。

（三）目标分解、责任明确原则

建筑施工项目成本管理的工作业绩最终要转化为定量指标，而这些指标的完成是通过各级各个岗位的具体工作实现的，为明确各级各岗位的成本目标和责任，必须进行指标分解。企业确定工程项目责任成本指标和成本降低率指标，是对施工项目成本进行了一次目标分解。项目经理部还要对工程项目责任成本指标和成本降低率指标进行二次目标分解。

根据岗位不同、管理内容不同，确定每个岗位的成本目标和所承担的责任。把总目标进行层层分解，落实到每一个人，通过每个指标的完成来保证总目标的实现。

事实上每个项目管理工作都是由具体的个人来执行的，若执行任务而不明确承担责任，等于无人负责，久而久之，就会形成人人都在工作而谁都不负责任的局面，企业发展就不能顺利进行。

（四）管理层次与管理内容的一致性原则

施工项目成本管理是企业各项专业管理的一部分，从管理层次上讲，企业是决策中心、利润中心；项目是企业的生产场地，是企业的生产车间，由于大部分的成本耗费在此，因而它也是成本中心。

项目完成了材料和半成品在空间与时间上的流水，绝大部分要素或资源要在项目上完成价值转换，并要求实现增值，其管理上的深度和广度远远大于一个生产车间所能完成的工作内容，因此项目上的生产责任和成本责任是非常大的，为了完成或者实现工程管理和成本目标，就必须建立一套相应的管理制度，并授予相应的权力。因而相应的管理层次与相对应的管理内容和管理权力必须相称、匹配，否则会发生责、权、利的不协调，从而导致管理目标和管理结果的扭曲。

（五）动态性、及时性、准确性原则

施工项目成本管理是为了实现施工项目成本目标而进行的一系列管理活动，是对项目成本实际开支的动态管理过程。由于施工项目成本的构成是随着工程施工的进展而不断变化的，因而动态性是施工项目成本管理的属性之一。

施工项目成本管理需要及时、准确地提供成本核算信息，不断反馈，为上级部门或项目经理进行项目成本管理提供科学的决策依据。如果这些信息严重滞后，就起不到及时纠

偏、亡羊补牢的作用。

施工项目成本管理所编制的各种成本计划、消耗量计划,统计的各项消耗、各项费用支出,必须是实事求是的、准确的。如果计划编制的不准确,各项成本管理就失去了基准;如果各项统计不实事求是、不准确,成本核算就不能反映真实情况,出现虚盈或虚亏,从而导致决策失误。

因此,确保成本管理的动态性、及时性、准确性是施工项目成本管理的灵魂;否则,施工项目成本管理就只能是纸上谈兵,流于形式。

(六) 过程控制与系统控制原则

施工项目成本是由施工过程的各个环节的资源消耗形成的。因此,成本的控制必须采用过程控制的方法,分析每一个过程影响成本的因素,制定工作程序和控制程序,使之时时处于受控状态。

施工项目成本形成的每一个过程又是与其他过程互相关联的,一个过程成本的降低,可能会引起关联过程成本的提高。因此,施工项目成本的管理,必须遵循系统控制的原则进行系统分析,制定过程的工作目标必须从全局利益出发,不能因为小团体的利益而损害整体利益。

(一) 建筑施工项目成本管理的内容

建筑施工项目成本管理的内容包括项目成本预测、项目成本计划、项目成本控制、项目成本核算、项目成本分析和项目成本考核等。项目经理部在项目施工过程中对所发生的各种成本信息,通过系统、有组织地进行预测、计划、控制、核算和分析等,使工程项目系统内各种要素按照一定的目标运行,从而将工程项目的实际成本控制在预定的计划成本范围内。

项目成本预测是根据成本信息和工程项目的具体情况,运用一定的专门方法,对未来的成本水平及其发展趋势做出科学的估计,其实质就是在施工以前对成本进行核算。通过成本预测,可以使项目经理部在满足建设单位和企业要求的前提下,选择成本低、效益好的最佳成本方案,并能够在项目成本形成过程中,针对薄弱环节,加强成本控制,克服盲目性,提高预见性。因此,项目成本预测是项目成本决策与计划的依据。

项目成本计划是项目经理部对项目施工成本进行计划管理的工具。它是以货币形式编制工程项目在计划期内的生产费用、成本水平、成本降低率以及为降低成本所采取的主要措施和规划的书面方案,是建立项目成本管理责任制、开展成本控制和核算的基础。一般来说，一个项目成本计划应包括从开工到竣工所必需的施工成本，因此它是降低项目成本的指导文件，是设定目标成本的依据。

项目成本控制是指在施工过程中，对影响项目成本的各种因素加强管理，并采取各种有效措施，将施工中实际发生的各种消耗和支出严格控制在成本计划范围内，随时揭示并及时反馈，严格审查各项费用是否符合标准，计算实际成本和计划成本之间的差异并进行分析，消除施工中的损失浪费现象，发现和总结先进经验通过项目成本控制，可最终实现甚至超过预期的成本节约目标项目成本控制应贯穿在工程项目从招标、投标阶段直到项目竣工验收的全过程，它是企业全面成本管理的重要环节。

项目成本核算是指对项目施工过程中所发生的各种费用所形成的项目成本的核算。进行成本核算前，首先要按照规定的成本开支范围对施工费用进行归集，计算出施工费用的实际发生额，其次根据成本核算对象，采用适当的方法，计算出该工程项目的总成本和单位成本。项目成本核算所提供的各种成本信息，是项目成本预测、项目成本计划、项目成本控制、项目成本分析和项目成本考核等各个环节的依据。因此，加强项目成本核算工作，对降低项目成本、提高企业的经济效益有积极的作用。

项目成本分析是在成本形成过程中，对项目成本进行的对比评价和剖析总结工作，它贯穿于项目成本管理的全过程，也就是说项目成本分析主要利用工程项目的成本核算资料（成本信息），与目标成本（计划成本）、预算成本以及类似工程项目的实际成本等进行比较，了解成本的变动情况，同时也要分析主要技术经济指标对成本的影响，系统地研究成本变动的因素，检查成本计划的合理性，并通过成本分析，深入揭示成本变动的规律，寻降低项目成本的途径，以便有效地进行项目成本控制。

项目成本考核是指在项目完成后，对项目成本形成中的各责任者，按项目成本目标责任制的有关规定，将成本的实际指标与计划、定额、预算进行对比和考核，评定项目成本计划的完成情况和各责任者的业绩，并依此给予相应的奖励和处罚。通过项目成本考核，做到有奖有惩，赏罚分明，才能有效地调动企业每一个职工的积极性。

综上所述，施工项目成本管理中的每一个环节都是相互联系和相互作用的。项目成本预测是项目成本决策的前提；项目成本计划是项目成本决策所确定目标的具体化；项目成本控制对项目成本计划的实施进行监督，保证决策的成本目标实现；项目成本核算是项目成本计划是否实现的最后检验，它所提供的成本信息又对下一个项目成本预测和决策提供基础资料；项目成本考核是实现成本目标责任制的保证和实现决策目标的重要手段。

（二）建筑施工项目成本管理的程序

建筑施工项目成本管理应遵循下列程序：①掌握生产要素的市场价格和变动状态。②确定项目合同价。③编制成本计划，确定成本实施目标。④进行成本动态控制，实现成本实施目标。⑤进行项目成本核算和工程价款结算，及时收回工程款。⑥进行项目成本分析。⑦进行项目成本考核，编制成本报告。⑧积累项目成本资料。

第三节　基于绿色视角的建筑工程造价与管理

（一）工程造价的概念

工程造价的第一种含义是指建设一项工程预期开支或实际开支的全部固定资产投资费用，也就是一项工程通过建设形成相应的固定资产、无形资产所需用的一次性费用总和。显然，这一含义是从投资者—业主的角度来定义的。投资者选定一个投资项目，为了获得预期的效益，就要通过项目评估进行决策，然后进行设计招标、工程招标，直至竣工验收等一系列投资管理活动。在投资活动中所支付的全部费用形成了固定资产和无形资产，所有这些开支就构成了工程造价。从这个意义上说，工程造价就是工程投资费用，建设项目工程造价就是建设项目固定资产投资。

工程造价的第二种含义是指工程价格。即为建成一项工程，预计或实际在土地市场、设备市场、技术劳务市场，以及承包市场等交易活动中所形成的建筑安装工程的价格和建设工程总价格。显然，工程造价的第二种含义是以商品经济和市场经济为前提的。它是以工程这种特定的商品形式作为交易对象，通过招投标、承发包或其他交易方式，在进行多次预估的基础上，最终由市场形成的价格。

由于计划经济的影响，我国长期以来只认同工程造价的第一种含义，把工程建设简单地理解为一种计划行为，而不是一种商品的生产和交换行为，因此造成了长期以来我国建设市场的价格扭曲现象，即价格不能反映其价值，区分工程造价的两种含义的理论意义在于，为投资者和以承包商为代表的供应商在工程造价领域里的市场行为提供理论依据。当政府提出降低工程造价时，是站在投资者的角度充当市场需求者的角色；当承包商提出提高工程造价、提高利润率并获得更多的实际利润时，它是要实现一个市场供给主体的管理目标。这是市场运行机制的必然，不同的利益主体决不能混为一谈。同时，两种含义也是对单一计划经济理论的一个否定和反思。区别两种含义的现实意义在于，为实现不同的管理目标，不断充实工程造价的管理内容，完善管理方法，更好地为实现各自的目标服务，从而有利于推动全面的经济增长。

（二）工程造价的构成

工程造价是指进行一个工程项目的建造所需要花费的全部费用，即从工程项目确定建设意向直至建成、竣工验收为止的整个建设期间所支出的总费用，这是保证工程项目建造正常进行的必要资金，是建设项目投资中最主要的部分。工程造价主要由工程费用和工程其他费用组成。

工程费用包括建筑工程费用、安装工程费用和设备及工器具购置费用。

（1）建筑工程费用

①为施工而进行的场地平整、地质勘探，原有建筑物和障碍物的拆除以及工程完工后的场地清理，环境美化等工作的费用。②设备基础、支柱、工作台、烟囱、水塔、水池等建筑工程以及各种炉窑的砌筑工程和金属结构工程的费用。③列入房屋建筑工程预算的各种管道、电力、电信和电缆导线敷设工程的费用。④各类房屋建筑工程的供暖、卫生、通风、燃气等设备费用及其装设、油饰工程的费用。⑤矿井开凿，井巷延伸，露天矿剥离，修建铁路、公路、桥梁、水库及防洪等工程的费用等。

（2）安装工程费用

安装工程费用主要包括生产、动力、起重、运输、传动和医疗、实验等各种需要安装的机械设备的装配费用；与设备相连的工作台、梯子、栏杆等设施的工程费用；附属于被安装设备的管线敷设工程费用；单台设备单机试运转、系统设备进行系统联动无负荷试运转工作的测试费等。

（3）设备及工器具购置费用

设备及工器具购置费用是指建设项目设计范围内需要安装及不需要安装的设备、仪器、仪表等及其必要的备品备件购置费；为保证投产初期正常生产必需的仪器仪表、工卡量具、模具、器具及生产家具等的购置费。在生产性建设项目中，设备及工器具购置费用可称为"积极投资"，其占项目投资费用比重的提高，标志着技术的进步和生产部门有机构成的提高。

工程其他费用是指未纳入以上工程费用的、由项目投资支付的、为保证工程建设顺利完成和交付使用后能够正常发挥效用而必须开支的费用。它包括建设单位管理费、土地使用费、研究试验费、勘察设计费、建设单位临时费用、工程承包费、联合试运转费、办公和生活家具购置费等。

(三) 工程造价的分类

建筑工程造价按用途可分为标底价格、投标价格、中标价格、直接发包价格和合同价格。

(1) 标底价格

标底价格又称招标控制价，是招标人的期望价格，不是交易价格。招标人以此作为衡量投标人投标价格的一个尺度，也是招标人的一种控制投资的手段。编制标底价格可由招标人自行操作，也可由招标人委托招标代理机构操作，由招标人做出决策。

(2) 投标价格

投标人为了得到工程施工承包的资格，按照招标人在招标文件中的要求进行估价，然后根据投标策略确定投标价格，以争取中标并通过工程实施取得经济效益。如果中标，则这个价格就是合同谈判和签订合同确定工程价格的基础。

如果设有标底，投标报价时使用标底的方法如下：①以靠近标底者得分最高，这时报价就无须追求最低标价。②标底价格只作为招标人的期望，但仍要求低价中标，投标人必须以雄厚的技术和管理实力做后盾，编制出既有竞争力又能营利的投标报价。

(3) 中标价格

《招标投标法》规定："评标委员会应当按照招标文件确定的评标标准和方法，对投标文件进行评审和比较；设有标底的，应当参考标底。"所以评标的依据一是招标文件，二是标底(如果设有标底时)。

《招标投标法》规定："中标人的投标应符合下列条件之一：①能最大限度地满足招标文件中规定的各项综合评价标准；②能够满足招标文件的实质性要求，并且经评审的投标价格最低，但是投标价格低于成本的除外。"其中第二个条件说的主要是投标报价。

(4) 直接发包价格

直接发包价格是由发包人与指定的承包人直接接触通过谈判达成协议签订施工合同，而不需要像招标承包定价方式那样，通过竞争定价。直接发包方式计价只适用于不宜进行招标的工程，如军事工程、保密技术工程、专利技术工程及发包人认为不宜招标而又不违反《招标投标法》(招标范围)规定的其他工程。

直接发包方式计价首先提出协商价格意见的可能是发包人或其委托的中介机构，也可能是承包人提出价格意见交发包人或其委托的中介组织进行审核。无论由哪一方提出协商价格意见，都要通过谈判协商，签订承包合同，确定为合同价。

直接发包价格是以审定的施工图预算为基础，由发包人与承包人商定增减价的方式定价

(5) 合同价格

《建设工程施工发包与承包计价管理办法》规定："发承包双方在确定合同价款时，

应当考虑市场环境和生产要素价格变化对合同价款的影响。"

筑工程造价按计价方法可分为估算造价、概算造价和施工图预算造价等。

(四) 工程造价的作用

建设工程投资大、生产和使用周期长等特点决定了项目决策的重要性。工程造价决定着项目的一次投资费用。投资者是否有足够的财务能力支付这笔费用,是否认为值得支付这项费用,是项目决策中要考虑的主要问题。财务能力是一个独立的投资主体必须首先解决的问题。如果建设工程的价格超过投资者的支付能力,则会迫使投资者放弃拟建的项目;如果项目投资的效果达不到预期目标,投资者也会自动放弃拟建的工程。因此,在项目决策阶段,建设工程造价就成为项目财务分析和经济评价的重要依据。

工程造价在控制投资方面的作用非常明显。工程造价是通过多次预估,最终通过竣工决算确定下来的。每一次预估的过程就是对造价的控制过程;而每一次估算对下一次估算又都是对造价严格的控制,具体地讲,每次估算都不能超过前一次估算的一定幅度。这种控制是在投资者财务能力限度内为取得既定的投资效益所必需的。建设工程造价对投资的控制也表现在利用制定各类定额、标准和参数,对建设工程造价的计算依据进行控制。在市场经济利益风险机制的作用下,造价对投资的控制作用成为投资的内部约束机制。

投资体制的改革和市场经济的建立,要求项目的投资者必须有很强的筹资能力,以保证工程建设有充足的资金供应。工程造价基本决定了建设资金的需求量,从而为筹集资金提供了比较准确的依据。当建设资金来源于金融机构的贷款时,金融机构在对项目的偿贷能力进行评估的基础上,也需要依据工程造价来确定给予投资者的贷款数额。

工程造价是一个包含着多层次工程造价的体系,就一个工程项目来说,它既是建设项目的总造价,又包含单项工程的造价和单位工程的造价,同时也包含单位生产能力的造价,或 $1m^2$ 建筑面积的造价等。所有这些,使工程造价自身形成了一个指标体系。它能够为评价投资效果提供多种评价指标,并能够形成新的价格信息,为今后类似项目的投资提供参考。

工程造价的高低涉及国民经济各部门和企业间的利益分配的多少在计划经济体制下,政府为了用有限的财政资金建成更多的工程项目,总是趋向于压低建设工程造价,使建设中的劳动消耗得不到完全补偿,价值不能得到完全实现。而未被实现的部分价值则被重新分配到各个投资部门,为项目投资者所占有。这种利益的再分配有利于各产业部门按照政府的投资导向加速发展,也有利于按宏观济的要求调整产业结构;但也会严重损害建筑企业的利益,从而使建筑业的发展长期处于落后状态,与整个国民经济的发展不相适应。在市场经济中,工程造价无例外地受供求状况的影响,并在围绕价值的波动中实现对建设规模、产业结构和利益分配的调节。加上政府正确的宏观调控和价格政策导向,工程造价在这方面的作用会充分发挥出来。

(一) 工程造价管理的概念

工程造价管理是指在建设项目的建设中,全过程、全方位、多层次地运用技术、经济及法律等手段,通过对建设项目工程造价的预测、优化、控制、分析、监督等,以获得物资的最优配置和建设工程项目的最大投资效益。

工程造价管理有两种含义:一是建设工程投资费用管理;二是工程价格管理。

建设工程的投资费用管理,属于投资管理范畴,管理是为了实现一定的目标而进行的计划、组织、协调、控制等系统活动建设工程投资费用管理,就是为了达到预期的效果对建设工程的投资行为进行计划、组织、协调与控制。这种含义的管理侧重于投资费用的管理方面而不是侧重于工程建设的技术方面。建设工程投资费用管理的含义是为了实现投资的预期目标,在拟订的规划、设计方案的条件下,预测、计算、确定和监控工程造价及其变动的系统活动。这一含义既涵盖了微观的项目投资费用的管理,也涵盖了宏观层次的投资费用的管理。

在社会主义市场经济条件下,价格管理分两个层次。在微观层次上,是生产企业在掌握市场价格信息的基础上,为实现管理目标而进行的成本控制、计价、定价和竞价的系统活动。它反映了微观主体按支配价格运动的经济规律,对商品价格进行能动的计划、预测、监控和调整,并接受价格对生产的调节。在宏观层次上,是政府根据社会经济发展的要求,利用法律手段、经济手段和行政手段对价格进行管理和调控,以及通过市场管理规范市场主体价格行为的系统活动。工程建设关系国计民生,同时,政府投资公共、公益性项目在今后仍然会有相当份额。因此,国家对工程造价的管理,不仅承担着一般商品价格的调控职能,而且在政府投资项目上承担着微观主体的管理职能。这种双重角色的双重管理职能,是工程造价管理的一大特色。区分两种管理职能,进而制定不同的管理目标,采用不同的管理方法是必然的发展趋势。

(二) 工程造价管理的基本内容

工程造价管理的基本内容就是合理确定和有效地控制工程造价，以及区分不同投资主体的工程造价控制。

所谓工程造价的合理确定，就是在建设程序的各个阶段，合理确定投资估算、概算造价、预算造价、承包合同价、结算价、竣工决算价。

①在项目建议书阶段，按照有关规定，应编制初步投资估算。经有权部门批准，作为拟建项目列入国家中长期计划和开展前期工作的控制造价。②在可行性研究阶段，按照有关规定编制的投资估算，经有权部门批准，即为该项目控制造价。③在初步设计阶段，按照有关规定编制的初步设计总概算，经有权部门批准，即作为拟建项目工程造价的最高限额。对初步设计阶段，实行建设项目招标承包制签订承包合同协议的，其合同价也应在最高限价（总概算）相应的范围内。④施工图设计阶段。该阶段编制的施工图预算，用以核实施工图阶段造价是否超过批准的初步设计概算。经承发包双方共同确认、有关部门审查通过的施工图预算，即为结算工程价款的依据。对以施工图预算为基础的招标投标工程，承包合同价是以经济合同形式确定的建安工程造价。承发包双方应严格履行合同，使造价控制在承包合同价以内。⑤工程实施阶段。该阶段要按照承包方实际完成的工程量，以合同价为基础，同时考虑因物价上涨引起的造价提高，考虑到设计中难以预料的而在实施阶段实际发生的工程变更和费用，合理确定工程结算价。⑥在竣工验收阶段，全面汇集在工程建设过程中实际花费的全部费用，编制竣工决算，如实体现该建设工程的实际造价。

工程造价的有效控制是指在投资决策阶段、设计阶段、建设项目发包阶段和实施阶段把建设工程造价的实际发生控制在批准的造价限额内，随时纠正发生的偏差，以保证项目管理目标的实现，以求在各个建设项目中能合理使用人力、物力、财力，取得较好的投资效益和社会效益。具体来说，是用投资估算控制初步设计和初步设计概算；用设计概算控制技术设计和修正设计概算；用概算或者修正设计概算控制施工图设计和施工图预算。

有效控制工程造价应遵循以下三项原则。

(1) 以设计阶段为重点的建设全过程造价控制原则

工程造价控制贯穿于项目建设全过程，但是必须重点突出，工程造价控制的关键在于施工前的投资决策和设计阶段，而在项目做出投资决策后，控制工程造价的关键就在于设计。建设工程全寿命费用包括工程造价和工程交付使用后的经常开支费用（含经营费用、日常维护修理费用、使用期内大修理和局部更新费用），以及该项目使用期满后的报废拆除费用等。要有效地控制建设工程造价，就要坚决地把控制重点转到建设的前期阶段上来，尤其应抓住设计这个关键阶段，以取得事半功倍的效果。

（2）主动控制原则

传统决策理论是建立在绝对的逻辑基础上的一种封闭式决策模型，它把人看作具有绝对理性的"理性的人"或"经济人"，在决策时，本能地遵循最优化原则，即取影响目标的各种因素的最有利的值来选择实施方案。而以美国经济学家西蒙首创的现代决策理论的核心则是"令人满意"准则。他认为，由于人的头脑能够思考和解答问题的容量同问题本身规模相比是渺小的，因此在现实世界里，要采取客观合理的举动，哪怕接近客观合理性，也是很困难的。因此，对决策人来说，最优化决策几乎是不可能的。西蒙提出了用"令人满意"来代替最优化，他认为决策人在决策时，可先对各种客观因素、执行人据以采取的可能行动以及这些行动的可能后果加以综合研究，并确定一套切合实际的衡量准则。如某一可行方案符合这种衡量准则，并能达到预期的目标，则这一方案便是满意的方案，可以采纳；否则应对原衡量准则做适当的修改，继续挑选。

一般说来，造价工程师的基本任务是合理确定并采取有效措施控制建设工程造价，为此，应根据业主的要求及建设的客观条件进行综合研究，实事求是地确定一套切合实际的衡量准则。只要造价控制的方案符合这套衡量准则，取得"令人满意"的结果，就可以说造价控制达到了预期目标。

长期以来，人们一直把控制理解为目标值与实际值的比较，以及当实际值偏离目标值时，分析其产生偏差的原因，并确定下一步的对策。在工程项目建设全过程进行这样的工程造价控制虽然有意义，但这种立足于调查—分析—决策基础之上的偏离—纠偏—再偏离—再纠偏的控制方法，只能发现偏离，不能使已产生的偏离消失，不能预防可能发生的偏离，因而只能说是被动控制。自20世纪70年代初开始，人们将系统论和控制论研究成果用于项目管理后，将控制立足于事先主动地采取决策措施，以尽可能地减少、避免目标值与实际值的偏离，这是主动的、积极的控制方法，因此被称为主动控制。也就是说，我们的工程造价控制，不仅要反映投资决策，反映设计、发包和施工，被动地控制工程造价，更要能动地影响投资决策，影响设计、发包和施工，主动地控制工程造价。

（3）技术与经济相结合原则

技术与经济相结合是控制工程造价最有效的手段。要有效地控制工程造价，应从组织、技术、经济等多方面采取措施。从组织上采取措施，包括明确项目组织结构，明确造价控制者及其任务，明确管理职能分工；从技术上采取措施，包括重视设计多方案选择，严格审查监督初步设计、技术设计、施工图设计、施工组织设计，深入技术领域研究节约投资的可能；从经济上采取措施，包括动态地比较造价的计划值和实际值，严格审核各项费用支出，采取对节约投资的有力奖励措施等。

（四）工程造价管理的特点、目标及对象

工程造价管理的特点主要表现在以下几个方面：时效性，反映的是某一时期内价格的

特性,即随时间的变化而不断变化;公正性,既要维护业主(投资人)的合法权益,也要维护承包商的利益,站在公允的立场上一手托两家;规范性,由于建筑产品千差万别,构成造价的基本要素应分解为便于可比与计量的假定产品,因而要求标准客观、工作程序规范;准确性,即运用科学、技术原理及法律手段进行科学管理,使计量、计价、计费有理有据,有法可依。

建筑产品作为特殊的商品,具有不同于一般商品的特征,如建设周期长、资源消耗大、参与建设人员多、计价复杂等。相应地,反映在工程造价管理上则表现为参与主体多、阶段性管理、动态化管理、系统化管理的特点。

(1)工程造价管理的多主体性

工程造价管理的参与主体不仅包括建设单位项目法人,还包括工程项目建设的投资主管部门、行业协会、设计单位、施工单位、造价咨询机构等。具体来说,决策主管部门要加强项目的审批管理;项目法人要对建设项目从筹建到竣工验收全过程负责;设计单位要把好设计质量和设计变更关;施工企业要加强施工管理等。因此,工程造价管理具有明显的多主体性。

(2)工程造价管理的多阶段性

建设工程项目从可行性研究开始,依次进行设计招标投标、工程施工、竣工验收等阶段,每一个阶段都有相应的工程造价文件,而每一个阶段的造价文件都有特定的作用。例如,投资估算价是进行建设项目可行性研究的重要参数,设计概预算是设计文件的重要组成部分;招标拦标价及投标报价是决算是确定新增固定资产的依据;因此,工程造价的管理需要分阶段进行。

(3)工程造价管理的动态性

工程造价管理的动态性有两个方面:一是工程建设过程中有许多不确定因素,如物价、自然条件、社会因素等,对这些不确定因素必须采用动态的方式进行管理;二是工程造价管理的内容和重点在项目建设的各个阶段是不同的、动态的。例如,可行性研究阶段工程造价管理的重点在于提高投资估算的编制精度以保证决策的正确性;招投标阶段是要使招标拦标价和投标报价能够反映市场;施工阶段是要在满足质量和进度的前提下降低工程造价以提高投资效益。

(4)工程造价管理的系统性

工程造价管理具备系统性的特点。例如,投资估算、设计概预算、招标拦标价(投标报价)、工程结算与竣工决算组成了一个系统。因此应该将工程造价管理作为一个系统来研究,用系统工程的原理、观点和方法进行工程造价管理,才能实施有效的管理,实现最大的投资效益。

工程造价管理的目标是按照经济规律的要求,根据社会主义市场经济的发展形势,利用科学管理方法和先进管理手段,合理地确定工程造价和有效证的关系,贯穿于工程建设全过程。国家计委(现为国家发展和改革委员会)印发的《关于控制建设工程造价的若干规定》指出:"控制工程造价的目的,不仅仅在于控制工程项目投资不超过批准的造价限额,更积极的意义在于合理使用人力、物力、财力,以取得最大的投资效益。"

工程造价管理的对象分客体和主体。客体是工程建设项目,而主体是业主或投资人(建设单位)、承包商或承建商(设计单位、施工企业)以及监理、以及作用各不相同。

第七章　绿色建筑施工技术

第一节　地基及基础工程施工

地基处理就是按照上部结构对地基的要求,对地基进行必要的加固或改良,提高地基土的承载力,保证地基稳定,减少房屋的沉降或不均匀沉降,消除湿陷性黄土的湿陷性,提高抗液化能力等。常用的人工地基处理方法有换土垫层法、重锤表层夯实、强夯、振冲、砂桩挤密、深层搅拌、堆载预压、化学加固等方法。

(一) 换土垫层法

当建筑物基础下的持力层比较软弱,不能满足上部荷载对地基的要求时,常采用换土垫层法来处理软弱地基。换土垫层法是先将基础底面以下一定范围内的软弱土层挖去,然后回填强度较高、压缩性较低、并且没有侵蚀性的材料,如中粗砂、碎石或卵石、灰土、素土、石屑、矿渣等,再分层夯实后作为地基的持力层。换土垫层按其回填的材料可分为灰土垫层、砂垫层、碎(砂)石垫层等。

灰土垫层是将基础底面下一定范围内的软弱土层挖去,用按一定体积比配合的石灰和黏性土拌和均匀后,在最优含水率情况下分层回填夯实或压实而成。适用于地下水位较低,基槽经常处于较干燥状态下的一般黏性土地基的加固。

砂垫层和砂石垫层是将基础下面一定厚度软弱土层挖除,然后用强度较高的砂或碎石等回填,并经分层夯实至密实,作为地基的持力层,以起到提高地基承载力、减少沉降、加速软弱土层排水固结、防止冻胀和消除膨胀土的胀缩等作用。

（二）夯实地基法

锤击加固土层的厚度与单击夯击能有关，重锤夯实法由于锤轻、落点底，只能加固基土表面，而强夯法根据锤重和落点距，可以加固 5~10m 深的基土。

重锤夯实是用起重机械将夯锤提升到一定高度后，利用自由下落时的冲击能重复夯打击实基土表面，使其形成一层比较密实的硬壳层，从而使地基得到加固。适用于处理高于地下水位 0.8m 以上稍湿的黏性土、砂土、湿陷性黄土、杂填土和分层填土地基的加固处理。

强夯法是用起重机械将重锤（一般 8~30t）吊起从高处（一般 6~30m）自由落下，对地基反复进行强力夯实的地基处理方法。适用于处理碎石土、砂土、低饱和度的黏性土、粉土、湿陷性黄土及填土地基等的深层加固。

强夯所产生的振动和噪声很大，对周围建筑物和其他设施有影响，在城市中心不宜采用，必要时应采取挖防震沟（沟深要超过建筑物基础深）等防震、隔振措施。

（三）挤密桩施工法

灰土挤密桩是利用锤击将钢管打入土中，侧向挤密土体形成桩孔，将管拔出后，在桩孔中分层回填 2∶8 或 3∶7 灰土并夯实而成，与桩间土共同组成复合地基以承受上部荷载。

适用于处理地下水位以上、天然含水量 12%~25%、厚度 5~15m 的素填土、杂填土、湿陷性黄土以及含水率较大的软弱地基等。

砂桩和砂石桩统称砂石桩，是指用振动、冲击或水冲等方式在软弱地基中成孔后，再将砂或砂卵石（或砾石、碎石）挤压入土孔中，形成大直径的由砂或砂卵（碎）石所构成的密实桩体，适用于挤密松散砂土、素填土和杂填土等地基，起到挤密周围土层、增加地基承载力的作用。

水泥粉煤灰碎石桩（简称 CFG 桩），是近年发展起来的处理软弱地基的一种新方法。它是在碎石桩的基础上掺入适量石屑、粉煤灰和少量水泥，加水拌合后制成的具有一定强度的桩体。

（四）深层密实法

振冲法，又称振动水冲法，是以起重机吊起振冲器，启动潜水电机带动偏心块，使振冲器产生高频振动,同时开动水泵,通过喷嘴喷射高压水流成孔,然后分批填以砂石骨料,借振冲器的水平及垂直振动,振密填料,形成的砂石桩体与原地基构成复合地基,以提高地基的承载力,减少地基的沉降和沉降差的一种快速、经济有效的加固方法。振冲桩适用于加固松散的砂土地基。

深层搅拌法是利用水泥浆做固化剂,采用深层搅拌机在地基深部就地将软土和固化剂充分拌和,利用固化剂和软土发生一系列物理、化学反应,使之凝结成具有整体性、水稳性好和较高强度的水泥加固体,与天然地基形成复合地基。

深层搅拌法适于加固较深、较厚的淤泥、淤泥质土、粉土和承载力不大于0.12MPa的饱和黏土和软黏土、沼泽地带的泥炭土等地基。

(五)预压法——砂井堆载预压法

砂井堆载预压是在含饱和水的软土或杂填土地基中用钢管打孔,灌砂设置一群排水砂桩(井)作为竖向排水通道,并在桩顶铺设砂垫层作为水平排水通道,先在砂垫层上分期加荷预压,使土中孔隙水不断通过砂井上升至砂垫层,排出地表,从而在建筑物施工之前。

地基土大部分先期排水固结,减少了建筑物沉降,提高了地基的稳定性。适用于处理深厚软土和冲填土地基,多用于处理机场跑道、水工结构、道路、路堤、码头、岸坡等工程地基,对于泥炭等有机质沉积地基则不适用。

①在混凝土浇灌前应先进行基底清理和验槽,轴线、基坑尺寸和土质应符合设计规定。②在基坑验槽后应立即浇筑垫层混凝土,宜用表面振捣器进行振捣,要求表面平整。当垫层达到一定强度后,方可支模、铺设钢筋网片。③在基础混凝土浇灌前,应清理模板,进行模板预检和钢筋的隐蔽工程验收。对于锥形基础,应注意锥体斜面坡度的正确,斜面部分的模板应随混凝土浇捣分段支设并顶压紧,以防模板上浮变形,边角处的混凝土必须注意捣实。严禁斜面部分不支模,用铁锹拍实。④基础混凝土宜分层连续浇筑完成。⑤基础上有插筋时,要将插筋加以固定以保证其位置的正确。⑥基础混凝土浇灌完,应用草帘等覆盖并浇水加以养护。

①施工前,如地下水位较高,可采用人工降低地下水位至基坑底不少于500mm,以保证在无水情况下进行基坑开挖和基础施工。②施工时,可采用先在垫层上绑扎底板、梁的钢筋和柱子锚固插筋,浇筑底板混凝土,待达到25%设计强度后,再在底板上支梁模板,继续浇筑完梁部分混凝土;也可采用底板和梁模板一次同时支好,混凝土一次连续浇筑

完成,梁侧模板采用支架支承并固定牢固。③混凝土浇筑时一般不留施工缝,必须留设时,应按施工缝要求处理,并应设置止水带。④混凝土浇筑完毕,表面应覆盖和洒水养护不少于7d。⑤当混凝土强度达到设计强度的30%时,应进行基坑回填。

①基坑开挖,如地下水位较高,应采取措施降低地下水位至基坑底以下500mm处。当采用机械开挖时,在基坑底面标高以上保留200～400mm厚的土层,采用人工清槽。基坑验槽后,应立即进行基础施工。②施工时,基础底板、内外墙和顶板的支模、钢筋绑扎和混凝土浇筑,可采取分块进行,其施工缝的留设位置和处理应符合钢筋混凝土工程施工及验收规范有关要求,外墙接缝应设止水带。③基础的底板、内外墙和顶板宜连续浇筑完毕。如设置后浇带(按设计要求或按施工组织设计要求不能一次浇注混凝土的位置可设置后浇带),应在顶板浇筑后至少2周以上再施工,使用比设计强度提高一级的细石混凝土。④基础施工完毕,应立即进行回填土。

(一)锤击沉桩法

锤击沉桩法也称打入桩,是利用桩锤下落产生的冲击能克服土对桩的阻力,使桩沉到预定深度或达到持力层。

①施工程序:确定桩位和沉桩顺序→打桩机就位→吊桩喂桩→校正→锤击沉桩→接桩→再锤击沉桩→送桩+收锤→切割桩头。②打桩时,应用导板夹具或桩箍将桩嵌固在桩架内。将桩锤和桩帽压在桩顶,经水平和垂直度校正后,开始沉桩。③开始沉桩时应短距轻击,当入土一定深度并待桩稳定后,再按要求的落距沉桩。④正式打桩时宜用"重锤低击","低提重打",可取得良好效果。锤的重量与桩的重量有一定要求,一般为1∶1。⑤桩身入土深度的控制,对于承受轴向荷载的摩擦桩(由于它承受的是桩体的摩擦力),以标高为主,贯入度作为参考;端承桩(它承受的是桩端力)则以贯入度为主,以标高作为参考。⑥施工时,应注意做好施工记录。⑦打桩时还应注意观察:打桩入土的速度;打桩架的垂直度;桩锤回弹情况;贯入度变化情况等。⑧预制桩的接桩工艺主要有硫黄胶泥浆锚法接桩、焊接法接桩和法兰螺栓接桩法等三种。前一种适用于软弱土层,后两种适用于各类土层。

(二)静力压桩法

①静力压桩的施工一般采取分段压入,逐段接长的方法。施工程序为:测量定位→压桩机就位→吊桩插桩→桩身对中调直→静压沉桩+接桩+再静压沉桩→终止压桩→切割桩头。②压桩时,用起重机将预制桩吊运或用汽车运至桩机附近,再利用桩机自身设

置的起重机将其吊入夹持器中,夹持油缸将桩从侧面夹紧,即可开动压桩油缸。先将桩压入土中1m左右后停止,矫正桩在互相垂直的两个方向的垂直度后,压桩油缸继续伸程动作,把桩压入土层中。伸长完后,夹持油缸回程松夹,压桩油缸回程。重复上述动作,可实现连续压桩操作,直至把桩压入预定深度土层中。③压同一根(节)桩时应连续进行。④在压桩过程中要认真记录桩入土深度和压力表读数的关系,以判断桩的质量及承载力。⑤当压力表数值达到预先规定值,便可停止压桩。

混凝土灌注桩是一种直接在现场桩位上就地成孔,然后在孔内浇筑混凝土或安放钢筋笼再浇筑混凝土而成的桩。按其成孔方法不同,可分为钻孔灌注桩、沉管灌注桩、人工挖孔灌注桩、爆扩灌注桩等。

(一) 钻孔灌注桩

钻孔灌注桩是指利用钻孔机械钻出桩孔,并在孔中浇筑混凝土(或先在孔中吊放钢筋笼)而成的桩。根据钻孔机械的钻头是否在土的含水层中施工,又分为泥浆护壁成孔和干作业成孔两种施工方法。

泥浆护壁成孔灌注桩施工工艺流程:测定桩位→埋设护筒→制备泥浆→成孔→清孔→下钢筋笼→水下浇筑混凝土。

干作业成孔灌注桩施工工艺流程:测定桩位→钻孔→清孔→下钢筋笼→浇筑混凝土。

(二) 沉管灌注桩

沉管灌注桩是指利用锤击打桩法或振动打桩法,将带有活瓣式桩尖或预制钢筋混凝土桩靴的钢套管沉入土中,然后边浇筑混凝土(或先在管内放入钢筋笼)边锤击或振动边拔管而成的桩。前者称为锤击沉管灌注桩,后者称为振动沉管灌注桩。

①沉管灌注桩成桩过程为:桩机就位→锤击(振动)沉管→上料→边锤击(振动)边拔管,并继续浇筑混凝土→下钢筋笼,继续浇筑混凝土及拔管→成桩。②夯压成型沉管灌注桩:夯压成型沉管灌注桩简称夯压桩,是在普通锤击沉管灌注桩的基础上加以改进发展起来的一种新型桩。它是利用打桩锤将内外钢管沉入土层中,由内夯管夯扩端部混凝土,使桩端形成扩大头,再灌注桩身混凝土,用内夯管和桩锤顶压在管内混凝土面形成桩身混凝土。

(三) 人工挖孔灌注桩

人工挖孔灌注桩是指桩孔采用人工挖掘方法进行成孔,然后安放钢筋笼,浇筑混凝土而成的桩。为了确保人工挖孔桩施工过程中的安全,施工时必须考虑预防孔壁坍塌和流沙现象发生,制定合理的护壁措施。护壁方法可以采用现浇混凝土护壁、喷射混凝土护壁、砖砌体护壁、沉井护壁、钢套管护壁、型钢或木板桩工具式护壁等多种。以应用较广的现浇混凝土分段护壁为例说明人工挖孔桩的施工工艺流程。

人工挖孔灌注桩的施工程序是：场地整平→放线、定桩位→挖第一节桩孔土方→支模浇筑第一节混凝土护壁→在护壁二次投测标高及桩位十字轴线→安装活动井盖、垂直运输架、起重卷扬机或电动葫芦、活底吊土桶、排水、通风、照明设施等→第二节桩身挖土→清理桩孔四壁，校核桩孔垂直度和直径→拆上节模板，支第二节模板，浇筑第二节混凝土护壁→重复第二节挖土、支模、浇筑混凝土护壁工序，循环作业直至设计深度→进行扩底（当需扩底时），清理虚土、排除积水，检查尺寸和持力层→吊放钢筋笼就位浇筑桩身混凝土。

地下连续墙是在地面上采用一种挖槽机械，沿着需要深开挖工程的周边轴线，在泥浆护壁条件下，开挖一条狭长的深槽，清槽后在槽内吊放钢筋笼，然后用导管法浇筑水下混凝土，筑成一个单元槽段，如此逐段进行，在地下筑成一道连续的钢筋混凝土墙壁，作为防水、防渗、承重和挡土结构。

（一）修筑导墙

导墙作用：挡土作用；作为测量的基准；作为重物的支撑；维持稳定液面的作用。

现浇钢筋混凝土导墙施工顺序为：平整场地→测量定位→挖槽及处理弃土→绑扎钢筋→支模板→浇筑混凝土→拆模并设置横撑→导墙外侧回填土（如无外侧模板，可不进行此项工作）。

（二）槽段划分

挖槽机最小挖掘长度为一挖掘段单元，一般采用两个挖掘段单元或三个挖掘段单元组成一个槽段，长度为 4~8m。

（三）槽段开挖

使用钻机挖槽，有"分层平挖法"和"分层直挖法"两种方法。
使用抓斗挖槽，有"分条抓"、"分块抓"或"两钻一抓"等方法。

（四）泥浆护壁

泥浆作用：护壁；携渣；冷却和润滑作用。
泥浆制备：泥浆搅拌时间常用的为 4~7min。搅拌后宜贮存 3h 以上再使用。
泥浆循环：分正循环与反循环。

（五）清槽

一般采用吸力泵法、压缩空气法和潜水泥浆泵法排渣。

（六）钢筋笼的加工和吊放

最好按单元槽段做成一个整体。钢筋笼之间在槽段上口采用帮条焊焊接。钢筋保护层应符合规范规定。钢筋笼端部与接头管或混凝土接头面间应留有 15 ~ 20cm 空隙。

钢筋笼的起吊、运输和吊放应制定周密的施工方案，不允许在此过程中产生不能恢复的变形。

（七）混凝土的浇筑

垂直导管法浇筑水下混凝土。导管间距一般在 3m 以下，最大不得超过 4m。

（八）槽段接头施工

地下连续墙的接头分两类，即施工接头和结构接头。施工接头是浇筑地下连续墙时在墙的纵向连接两相邻单元墙段的接头；结构接头是地下连续墙在水平向与其他构件相连接的接头。常用的施工接头为接头管（也称锁口管）接头。

挖好一个单元槽段后在槽段端部吊入接头管，然后吊放钢筋笼浇筑混凝土，待混凝土浇筑后强度达到 0.05 ~ 0.20MPa，开始拔出接头管。一般在混凝土浇筑后 2 ~ 4h 开始拔管，在混凝土浇筑结束后 8h 以内将接头管全部拔出。

然后按以上程序进行下一槽段施工，直至施工完全部地下连续墙。

第二节　砌体工程绿色施工

（一）墙体主要材料

主楼及车库墙体主要材料有蒸压加气混凝土砌块（以下称加气块）和轻质混凝土空心条板（以下称空心条板）两种。

墙厚为 200mm 的墙体均采用加气块砌筑，规格有 600×200×240mm、600×200×250mm 两种，当模数不满足洞口尺寸时采用蒸压灰砂砖以下称灰砂砖进行补砌，灰砂砖规格为 100×200×48mm。墙体材料耐火极限要求按照设计总说明执行。

墙厚为 100mm 的墙体采用空心条板，规格为 600×h×100mm，高度 h 可根据实际尺寸定制。空心条板的容重要求不大于 8KN/m³。

其中托老所和社区服务中心两栋辅助功能用房地下部分外墙采用 360 厚混凝土多孔砖砌筑，地上部分外墙砌筑采用 290 厚自保温复合砌块，内墙采用 200 厚蒸压加气混凝土砌块。

所有二次结构中过梁、构造柱、抱框柱、混凝土带、坎台、挡水门槛等的混凝土强度等级均为 C25 细石混凝土，10mm 及以上钢筋采用 HRB400，8mm 及以下钢筋采用 HPB335，内墙砌筑砂浆采用 M5.0 专用砂浆，外墙砌筑砂浆采用 M10.0 专用砂浆。

蒸压加气混凝土砌块强度级别 A3.5，容重不大于 625kg/m3，级别为（B）合格品，体积密度级别 B06。依据的标准是《蒸压加气混凝土砌块》GB11968—2020。

（二）填充墙做法基本要求

墙体厚度 200mm 设置 2A6 拉结筋，墙体厚度大于 200 的每 120 厚设置一根拉 A6mm 结筋，竖向高度不大于 600mm 通长设置。

坎台仅在卫生间、厨房砌筑墙体和轻质条板隔墙下使用，高度为 200，宽度同墙宽。其中轻质条板隔墙下的 100 宽坎台通过植 C10@500 钢筋与结构楼板固定，另增加 A6 水平筋一道。

砌体结构与主体结构之间的拉结采用植筋的方式进行连接，植筋范围包括过梁、构造柱、抱框柱、混凝土带、墙体拉结筋，钢筋植筋技术要求及验收应满足《混凝土结构后锚固技术规程》的要求，植筋深度 10d。如遇墙下无梁楼板时，应满足钢筋最小保护层厚度。

构造柱（不包含托老所和社区中心地下夹层）设置：墙长大于 5m，需设置构造柱，构造柱与构造柱（或框架柱）间距不大于 4.5m，该部分见深化设计图纸。托老所和社区中心地下夹层构造柱留设参见结构设计图纸。

加气块外墙窗台下设置 150 高现浇混凝土带，混凝土带应延伸至与结构墙体拉结。

加气块墙（空心条板隔墙）与钢筋混凝土墙、柱、构造柱结合缝处以及空心条板隔墙之间为防止抹灰开裂，在抹灰层下和接缝处贴放钢丝网片，网片宽 300mm，沿结合缝居中通长设置。楼梯间的填充墙，应采用钢丝网砂浆面层加强。

门窗过梁可采用预制过梁，混凝土强度及配筋同现浇过梁，窗安装位置如为砌块墙体，每侧应设置 200*200*250（240）预制混凝土块，竖向间距不宜大于 800，且至少保证 2 块。

所有管道井、强弱电间、设备间门的内侧均设置 200mm 高的现浇混凝土挡水门槛，宽度同墙宽，长度同门洞宽。

（一）人员准备

分包设现场生产负责人、技术负责、安全负责人、工长、质检员以及放线工。

（二）技术准备

施工前认真熟悉图纸（包括与建筑图、机电各专业图纸的对应情况）和相关安全质量规范。

培训及交底：施工员依照图纸要求和设计变更等技术文件，根据施工规范和方案对作业层进行详细技术交底，做到不遗漏，并且在实施过程中进行检查。由现场责任师向作业班组长及操作工人进行交底，交底要以书面形式进行；另根据现场实际施工情况不定期开展口头交底活动，尤其本方案采用的各项技术措施须落到实处。

砌筑放线：砌筑前放线要准确及时，不能在没线情况下操作。砌筑时立皮数杆并拉线操作。施工前根据砖缝的厚度制作好皮数杆。皮数杆立于墙的转角处且应满足间距小于15m，门洞口处砌筑时必须拉通线。

（三）机具准备

瓦刀、小撬棍、橡胶锤、线坠、手提切割锯、射钉器、灰槽、手推胶轮车等。

（一）蒸压加气混凝土砌块施工

同品种，同规格，同等级的加气块，每 10000 块为一检验批，尺寸为 100*100*100mm。测试干密度，3 组 9 块；测试强度等级，3 组 9 块。

蒸压灰砂砖每 10 万块为一验收批，不足 10 万块按一批计，抽检数量为 1 组。

对同品种、同强度等级连续进场的干混砌筑砂浆应以 500t 为一个检验批；不足一个检验批的数量时，应按一个检验批计。每检验批应至少留置 1 组抗压强度试块，每组 3 个，尺寸为 70.7*70.7*70.7mm。干混砌筑砂浆宜从搅拌机出料口取样，砌筑砂浆抗压强度试块的制作、养护、试压等应符合现行行业标准《建筑砂浆基本性能试验方法标准》JGJ/T70-2009 的规定。

施工准备－墙体线、标高线施放→设置皮数杆 → 植筋 → 验线、植筋验收 → 基层清理 → 浇筑混凝土坎台 → 砂浆搅拌 → 排砖撑底 → 砌筑（设置拉结筋）→ 混凝土构件（构造柱、过梁、混凝土带、抱框柱）施工 → 顶层斜砌 → 验收。

加气块的产品龄期不应小于 28 天，含水率宜小于 30%。

进场后的砌体材料要检查砖及砌块的产品合格证书、产品性能检测报告，进行见证取样送检，合格后方可使用。

加气块应保证较好的外形尺寸,对严重缺棱掉角(大于50mm)的砌块,物资部应拒收退回,材料现场搬运过程中要轻拿轻放,注重保护。

现场应尽量减少转运次数,要求现场责任工程师按照每层提出材料需用计划,样板间施工完成后应将材料精确到块,进料时按照施工层进行分配,避免多余的材料在层间进行搬运,造成材料损坏和浪费。

材料在楼层存放时不能集中堆放,以免超过楼板的允许荷载。运输及装卸过程中,严禁抛掷和倾倒。

材料进场后按规格分别堆放整齐堆置高度不超2m运输及存放过程中应防止雨淋。

本工程采用成品干混砌筑砂浆,进场后应提供原材检测报告和产品质量证明文件,现场的砂浆应按照砌筑工程量留置试块送检。

砂浆稠度宜为60~80mm。

二次结构混凝土采用商品混凝土,使用要求同主体结构,留置标准养护试块和同条件养护试块。

加气块砌筑前当天对砌体表面喷水湿润,相对含水量40~50%。现场需要切割时必须采用专用切割工具,严禁砍凿。样板间可以在施工层进行切割,大面积开始砌筑后,要在地面设置专用加工场,禁止在施工层进行切割作业。

墙体砌筑之前应按照设计尺寸进行排砖,并适当调整灰缝宽度(灰缝厚度不应大于15mm饱满度不小于80%),设计好灰砂砖的砌筑皮数和位置,严禁随意留设。

加气块与结构相接处也要提前一天洒水湿润以保证砂浆与结构的黏结。

加气块砌筑时,砌块间相互上下错缝,搭接长度不宜小于200。

砌体填充墙砌至接近梁、板底时,应留一定空隙,待砌体变形稳定后(至少间隔7天)采用灰砂砖斜砌顶紧。

墙体与构造柱连接处宜砌成马牙槎,每坯砌块设置一个马牙槎,先退后进,马牙槎伸入墙体60~100mm,顶部马牙槎高度可为200~300mm。

正常施工条件下,每日砌筑高度宜控制在1.5米内。

砌筑时,每砌筑一坯砌块应校正一次,每层拉小线控制平直度,水平灰缝可用铺浆法砌筑,竖缝宜采用挤浆或加浆方法,使其砂浆饱满,严禁用水冲浆灌缝,不得出现透明缝、瞎缝、假缝,并注意应随砌随将舌头灰刮尽。灰缝应采用电工穿线管进行抹光。

转角处和交接处应同时砌筑,严禁无可靠措施的内外墙分砌施工。对不能同时砌筑而又必须留置的临时间断处应砌成斜槎,斜槎水平投影长度不应小于高度的2/3。当不能留斜槎时,除转角处外,可留直槎,但直槎必须做成凸槎。

填充墙与结构之间的拉结筋每两层砌块通长设置一道2A6拉结筋,竖向高度不大于600mm,端部180°弯钩。

二次结构钢筋与主体结构采用植筋方式拉结,植筋采用A级专用植筋胶,孔洞必须清理干净后灌胶植筋,植筋深度 10d。植筋完成后 3d 内要求进行拉拔试验,轴向受拉非破坏承载力检验值为 6KN。抽检钢筋在检验值作用下应基材无裂缝、钢筋无滑移宏观裂损现象,持续 2min 荷载值下降不大于 5%。

砂浆采用干拌砂浆,随搅拌随使用,并在说明书要求的时间内使用完成,落地灰和过夜砂浆严禁加水后直接使用。

所有现浇过梁应延伸至与结构墙体(含门抱框、构造柱、剪力墙)拉结,采用植筋的方式使过梁与混凝土墙连接牢固。

门窗两侧均为砌体墙,且条件允许的情况下,过梁可采用预制过梁,过梁两边支撑长度不小于 250mm。预制过梁的制作、运输、堆放和安装过程中,过梁上要有明显的标记,过梁不得倒放和侧放。堆放时需加垫木,上下垫木需在同一垂直线上。预制过梁运输及安装时,强度等级不得小于设计等级的 75%。

安装预制过梁时,其标高、位置及型号必须准确,坐灰饱满,坐灰厚度超过 20mm 时要用细石混凝土铺垫,过梁安装时两端支承点的长度应一致。

蒸压加气混凝土砌体外隔墙窗台下设置 150 高现浇混凝土带,混凝土带应延伸至与结构墙体拉结。

浇筑构造柱混凝土前应清除落地灰等杂物并将模板浇水湿润,然后注入 50mm 厚与混凝土配比(去掉石子)相同的水泥砂浆,再分段浇灌、振捣混凝土。振捣时振捣棒不应直接触碰墙体。模板与砌体之间需设置密封胶条,防止混凝土漏浆。

在多工种多层次组织交叉流水作业的施工现场,做好成品保护工作有利于保证工程质量和施工进度,并节约材料和人工。因此应采取如下措施:①抓好宣传教育工作,使全体干部职工从思想上重视,行动上注意。②安排生产的主要领导要认真做好工序安排,科学管理。将土建、水、电、空调、消防等各专业工序相互协调,排出工序流程表,各专业按此流程施工,严禁违反程序施工。③不得碰撞已砌筑完毕的墙体。④模板拆除时应能保证其表面及棱角不因拆模而受损。⑤工序交接全部采用书面形式并由双方签字认可,由下道工序作业人员和成品保护人员同时签字确认。下道工序作业人员对防止成品的污染、损坏或丢失负直接责任,成品保护人对成品保护负监督、检查责任。

(二) 混凝土空心条板施工

空心条板进场应分批进行检查、验收,同一厂家、同品种、同规格的空心条板每

5000m² 为一批, 不足 5000m² 按一批计。检查项目为外观质量。

空心条板与辅料进场时应提交产品质量合格证、出场检验报告、有效期内的形势报告等文件。并对进场材料进行复检, 复检主项目有: 空心条板抗压强度, 砂浆粘接强度。复试合格后方可进行下道工序施工。

空心条板与辅料应由专人负责检查、验收, 并将记录和资料归入工程档案, 不合格的空心条板和辅料不得进入施工现场。

材料检验→清理作业面→定位放线→确定安装顺序→立板→调位、顶紧和固定→连续安装→质量检查→封缝填实→清理垃圾

施工顺序: 逐层进行安装施工, 施工一层验收一层。

定位放线: 按结构图、建筑图、砌筑样板施工平面布置图标出空心条板安装线和门(窗)的位置, 进行空心条板定位放线, 经监理工程师验收合格后进行下道工序。

安装顺序: 从主体结构墙柱的一端向另一端顺序安装, 有门洞时, 可从洞口向两侧安装。

立板: 立第一块板定位, 在空心条板的企口处及顶面均匀满刮粘接材料, 上下对准墨线立板。

调位、顶紧和固定: 在立起的空心条板的下端, 采用撬棍调整位置, 在板的两侧对应打入木楔使空心条板向上顶紧, 同时对板的位置和垂直度进行检查后微调定位, 再在空心条板顶端安装加固钢角码(U型卡)固定。

连续安装: 按排板图顺序安装第二块空心条板, 在企口及顶面均匀涂刮好粘接材料, 将板榫头对准榫槽拼接挤紧, 同时调整墙面垂直度和平整度, 合格后进行固定, 随即清理面板, 重复进行上述工序。板与板之间的接缝采用钢丝网铺贴, 抗裂砂浆抹光。

质量检查: 每面墙安装完毕及时检查墙面平整度、垂直度。已安装的空心条板, 应稳定、牢固, 不得撬动。

封缝填实: 墙体与四周主体结构的空隙, 铺贴钢丝网, 用专用黏结剂填实。

墙体与主体结构接缝、阴阳角接缝、门(窗)过梁板等接缝均应在安装固定后, 用专用黏结剂填实、压平。墙体下部应采用 M10 专用砂浆粘接材料填实、压平, 保养三天后, 取出木楔并填实楔孔。

墙体与门、窗框接缝, 线(管)槽等处的密封及防裂处理, 应在其安装、回填完毕 7 天后进行。

空心条板接缝防裂处理应在墙体安装 7 天后进行, 先用专用砂浆打底, 再粘贴盖缝防裂钢丝网片。

墙面修补、清洁、整理宜在墙体安装、接缝处理完毕, 干燥、稳定后进行。墙体不得有穿透通缝, 表面不得有黏结材料、收缩裂纹和脱胶现象。

①配合好水电班组的管线定位工作，水电班组对管线、开关开槽开孔必须在空心条板安装7天以后进行。按照图纸要求弹好墨线，用切割机切割后再用锤凿开槽开孔。竖向布线沿着空心条板的芯孔布置，只需要开好上下线盒孔洞，线管从芯孔内穿行。横向开槽长度小于或等于墙体长度的二分之一。②空心条板与结构柱、混凝土墙和其他墙体结合处应从地面向上300～500mm处开始设置第一道U型卡，第二道以上U型卡之间间距按≤1000mm设置。使空心条板与主体结构牢固连接。③每块空心条板顶部至少设置2个L型镀锌钢角码，射钉、射弹与结构梁、板牢固连接。④门窗板的搁置点要保证有效宽度，≤1500mm的门窗板两边的搁置点宽度要≥100mm，＞1500mm的门窗板两边的搁置点宽度要≥120mm。⑤门窗洞口及墙体拐角处的空心条板，用素混凝土将靠近洞口及拐角处的洞口灌实，确保空心条板端头打入射钉时连接牢固。⑥每一道墙体安装完成后，及时用专用砂浆填塞地缝。填缝前要清除垃圾杂物，喷水湿润，要从墙体两面塞紧塞实。成型后的地缝要与空心条板平面一致，严禁高出墙面。⑦固定空心条板的木楔要待砂浆强度达到5MPa才能拆出。夏季一般是2～3天，冬季5～6天，并用同强度等级的专用砂浆将空洞填实。⑧空心条板之间的企口抹缝要待空心条板安装砂浆终凝以后才开始，通常要7天以后再进行。钢丝网片要置于板缝中心，砂浆的完成面以下2～3mm。⑨对于墙体高度超过3.2M且低于4.5M的墙体安装，要采用错位接板，高低板错位2500mm。上层接板要在下层墙体砂浆终凝以后进行。要注意接板与邻板之间砂浆的密实度、饱满度，高低板之间加设L型小角码连接，上部的接板设小角码与结构梁或结构板连接。

（1）检验批的划分

条板隔墙的检验批应以同一品种的轻质隔墙工程50间（大面积房间和走廊按轻质隔墙的墙面30m² 为一间）划分为一个检验批，不足50间的也应划分为一个检验批。

检查数量：每个检验批应至少抽查10%，但不得少于3间，不足3间时应全数检查。

（2）其他质量要求

①轻质板的各项技术指标、各种材料的规格、轻质板加工的要求、安装时的施工方法、各节点的加固措施必须附和本方案及相关规范、标准的要求。②轻质板安装时，其与结构接触部位水泥胶粘剂的黏结必须饱满、牢固。不应出现干缩裂纹。③轻质板的吊挂点埋件必须牢固，需对吊挂点的吊挂力作测试，测试记录应作为工程技术资料收集归档。④板缝加固所粘贴的钢丝网片应沿板缝居中压贴紧密，不应有皱折、翘边、外露现象。

在施工过程中，墙体应采取防护措施，严禁碰撞。安装后的墙体7天内不得受侧向作用力。

应做好工序交接配合，在进行水、电、气等专业工种施工时，不得对已完成的墙体造成损坏。

成品墙体应防止物料污染、损坏墙面。

（三）混凝土多孔砖外墙施工

墙体采用 360mm 厚混凝土多孔砖，砌筑墙体需与顶板拉结，并在拐角及长墙中部增设构造柱，构造柱间距 2m。

混凝土多孔砖：品种、规格、强度等级必须符合设计要求，规格应一致。进入施工现场的多孔砖养护龄期不得低于 28 天，应有产品合格证和质量保证书。多孔砖进场后应见证取样进行强度等级、干燥收缩率、相对含水率检验。

每一生产厂家，蒸压灰砂砖每 10 万块为一验收批，不足 10 万块按一批计，抽检数量为 1 组。

放线、立皮数杆→砌筑的基层表面杂物清扫 → 确定组砌方法 → 砂浆拌制 → 砌筑 → 质量验收。

（1）定位放线

砌体施工前，施工人员根据建筑图和结构图，准确放出墙体轴线、边线以及控制线。

（2）施工准备

根据施工现场实际情况，选定好多孔砖堆放场地。场地应平整，周边作好排水，混凝土多孔砖堆垛的顶部应采取适当的遮雨措施。搬运装卸混凝土多孔砖时，严禁碰撞、扔摔或翻车倾卸。

砌筑前，将基层清扫干净，并洒水充分湿润基层面。

专业工长充分熟悉施工图纸，明确构造柱设置要求。

砌筑前，对操作工人进行安全技术交底。

（3）砌筑混凝土多孔砖外墙

施工前应试排砖，组砌方法应正确，上下错缝、内外搭接。宜采用一顺一丁或梅花丁的砌筑方式。

水平灰缝不宜大于 15mm，应砂浆饱满，平直道顺，立缝用砂浆填实。

砌筑的灰缝应横平竖直，厚薄均匀，水平灰缝厚度及竖向灰缝宽度宜为 10mm，但不应小于 8mm，也不应大于 12mm。

混凝土多孔砖的空洞应垂直于受压面砌筑，砌至梁或楼板下，斜砌一皮实心砖。

转角及交接处同时砌筑，不得留直槎，斜槎高不大于 1.2m。

拉通线砌筑时应拉通线随砌、随吊、随靠，保证墙体垂直平整，不允许砸砖修墙。

（4）构造柱

墙体与框架柱及构造柱连接处应沿柱高每隔 500mm 或砌体皮数的倍数设置 3A6 的拉筋与柱拉接。与柱连接拉筋采用植筋连接。拉筋伸入墙内长度不应小于墙长的 1/5 且应大于 700mm。

设置构造柱的墙体应先砌墙后浇筑构造柱混凝土。浇筑混凝土前，必须将混凝土多孔砖和模板围成的构造柱孔内壁洒水湿润，并将模板内的杂物清扫干净。

构造柱混凝土用插入式振捣棒振捣密实，振捣棒应避免触碰混凝土多孔砖墙，严禁通过混凝土多孔砖墙传振。

后植的钢筋，施工中不得随意反复弯折，如有歪斜、弯曲，在浇筑混凝土前，应校正到准确位置并绑扎牢固。

砂浆强度不够：计量要准确，保证搅拌时间，砂浆试块的制作、养护、试压应符合规定。

墙体顶面不平直：砌到顶部时不好使线，墙体容易里出外进，应在梁底或板底弹出墙边线，认真按线砌筑，以保证墙体顶部平直通顺。

拉结筋不合砖行：混凝土墙、柱内预埋拉结筋经常不能与砖行灰缝吻合，应预先计算砖行模数、位置、标高控制准确，不应将拉结筋弯折使用。

预埋在墙、柱内的拉结筋任意弯折、切断：应注意保护，不允许任意弯折或切断。

砌筑时每层砖都要做到与皮数杆对平，通线要绷紧拉平，同时砌筑要注意左右两侧，避免接槎处高低不平，水平灰缝厚度不一致。

立皮数杆时，抄平放线要准确，钉皮数杆的木桩要牢固。

留槎要符合要求。在砌体的转角处和交接处同时砌筑，否则应砌成斜槎。

作好专业之间的协调配合，确保孔洞、埋件的位置、尺寸及标高明确，避免事后开洞，影响砌体质量。

板下口与结构接缝处贴 5mm 厚海绵条，以保证拼缝严密不漏浆。

墙体中后植的拉结筋应加强保护，不得踩倒、弯折。

手推车应平稳行驶，防止碰撞墙体。

砂浆稠度应适宜，砌墙时应防止砂浆溅脏墙面。

文

在工人进场接受入场教育时，统一发放由项目部组织从劳保商店或建筑防护专卖店购买的具备出厂合格证的安全帽，并示范正确的安全帽佩戴方法，严禁佩戴摩托车帽或不合格的安全帽。

采购安全带必须是国家认可的合格产品。安全带使用 2 年后，根据情况，必须通过检验合格方可使用。安全带应高挂低用，注意防止摆动碰撞，不准将绳打结使用，也不准将钩直接挂在安全绳上合用，应挂在连接环上，要选择在牢固构件上悬挂。安全带上的各种部位不得任意拆掉。

预留洞口的临时防护栏杆、防护板应在安装正式栏杆或设备等时才能拆除，且应随正式栏杆或设备安装的进度进行拆除，不能一拆到底。拆除时质安员应在现场进行监督，应注意材料的堆放，不能乱抛乱扔，以防伤害他人。

墙体砌筑高度超过 1.2m 以上时，必须及时搭设门式钢管脚手架。不准用不稳定的工具或物体在脚手板面上垫高工作。高处操作时要挂好安全带，安全带挂靠点要牢固。

在楼层施工时，堆放机具砖块等不得超过使用荷载。

不得勉强在超过胸部以上的墙体上进行砌筑，以免将墙体碰撞倒坍或上砖时失手掉下造成安全事故。

砌块在楼面卸下堆放时，严禁倾卸及撞击楼板。在楼板上堆放砌块，宜分散堆放，不得超过楼板的设计允许承载能力。

空心条板安装保证3人一组，竖板时在下部垫好木方，一人撬动空心条板，两侧有人扶稳，防止空心条板倾倒伤人。各楼层上的水平运输应使用专用小推车，或者也可使用 800mm 的结实木棒从两端插入空洞抬运。

空心条板的运输：空心条板一般用提升架送往各楼层。如采用塔式起重机运输，应设集装托板，考虑空心条板侧立的抗弯性能较好，应将空心条板侧立捆扎牢固，用木板等衬垫对钢丝绳与空心条板接触部位加以保护，起吊时吊点位置、吊索与构件的水平夹角等应符合构件安装的有关规定，吊运中不得损坏。

绿色施工是指工程建设中，在保证质量、安全等基本要求的前提下，通过科学管理和技术进步，最大限度地节约资源并减少对环境负面影响的施工活动，实现节能、节地、节水、节材和环境保护（"四节一环保"）。实施绿色施工，应依据因地制宜的原则，贯彻执行国家、行业和地方相关的技术经济政策。绿色施工应是可持续发展理念在工程施工中全面应用的体现，绿色施工并不仅仅是指在工程施工中实施封闭施工，没有尘土飞扬，没有噪声扰民，在工地四周栽花、种草，实施定时洒水等这些内容，它涉及可持续发展的各个方面，如：生态与环境保护、资源与能源利用、社会与经济的发展等内容。

提高人们的绿色施工意识、建立和完善法规制度体系和评价体系，是促进绿色施工的必要措施。随着可持续发展战略的进一步实施，实施绿色施工必将成为社会的必然选择。

砌筑工程施工中除涉及砌筑和空心条板固定外，还包括混凝土分项工程(过梁、构造柱、抱框柱、混凝土带、坎台、挡水门槛)、钢筋工程（拉结筋）、模板及脚手架等内容，针对砌体工程的特点，从环境保护、节约资源等几个方面制定绿色施工措施。

（一）环境保护

①工程二次结构施工采用预制干混砂浆。②砂子以及石子在粒径小于某值时采取覆盖措施。现场设立防雨雪、大风的覆盖设施，如：防雨彩条布、塑料布等，防止恶劣天气下材料被冲刷及扬尘。③施工运输机械，如：砌体运输车辆、砂浆运输车辆及砂浆制备材料的运输车辆进行检查，确保达到相应尾气排放要求。④运输车辆采取相应的防遗洒措施，如加设封闭隔板等。出场前车辆进行车身及轮胎冲洗，车辆冲洗水连同砂浆制备产生污水经现场污水收集设施疏导至沉淀池。⑤砌体砌筑前，先对基层及砌块进行洒水湿润，洒水避免过多造成泥泞或洒水不足造成扬尘。⑥砌块切割应优先在封闭切割棚内进行。施工时工作人员应佩戴口罩、手套等。⑦砂浆在使用过程中采取措施避免撒漏，遇到恶劣天气，妥善存放，防止被冲刷，造成施工现场污染。⑧室外砌筑工程遇到下雨时应停止施工，并用塑料布覆盖已经砌好的砌体，以防止雨水冲刷造成污染和材料损耗。⑨灰浆槽使用完后及时清理干净后备用，以防固化后清理产生扬尘、固体废弃物及噪音。⑩冬期施工时，应优先采用外加剂方法进行防冻，避免采用原材料蓄热及外部加热等施工方法。现场遗撒材料及时清理、收集。成品砂浆包装袋、水泥袋、损坏的皮数尺、墨斗、弹线、清理用纱布等及时清理，交给相应职能部门处理，严禁现场焚烧。

（二）节水与水资源利用

①定期检验整修施工现场的输水管线，保证其状态良好。②输水管线采用节水型阀门。③做好施工现场砌块（包括砖）、石材等需浸润材料的进场和使用时间规划，按时洒水浸润，避免重复作业。④浸润用水依据砌块数量确定用水量，如砖含水率宜取 10% ~ 15%，严禁大水漫灌。⑤制备砂浆用水、砌体浸润用水及基层清理用水优先采用经沉淀后达到使用要求的再生水以及雨水、河水和施工降水等。

（三）节材与材料资源利用

①材料在运输过程中采取措施防止撒漏，如规定辆运输时材料应低于车帮 50mm，现场运输应低于容器边沿 50mm 等。②施工前对砂浆使用量进行规划计算，避免砂浆采购进场或制备后不能在初凝前使用完毕。③对现场砂浆及原料做好保管工作，尽量采用封闭存放，当能确保大部分良好天气情况下露天堆放不对环境造成不可控影响时，可采用露天存放，但现场要配备相应的覆盖设施，如防雨布、草栅等。④及时收集天气信息，做好天气预报工作，有针对性做好成品砂浆、砂石、水泥等的保管工作。⑤认真进行定位放线，包括墙体轴线、外边线、洞口线以及第一皮砌块的分块线等，砌筑前经复核无误后方可施工。⑥砌块浸润应充分合理，避免由于浸润用水过多造成砂浆易撒落以及用水过少导致不易黏结。⑦排砖撂底时进行专门设计，避免砌筑过程中砍砖（或砌块）过多。⑧可选范围内，尽量使预埋件（预留孔）与砌体材料的规格一致，避免砍砖及后期剔凿。⑨砌筑时，在根部设置洁净木板等收集撒落的砂浆，并进行及时清理和再利用。对于砌筑时挤出墙面的舌头

灰,用灰刮将其收集利用。⑩建立半砖(砌块)材料的再利用制度,规定再利用砌块的规格(如超过40%),对某一规格范围内的半砖进行回收、分类和再利用。

①砂浆、制备原料及施工机具等在满足施工要求的前提下,采取就近采购原则。②砂浆制备时,工人、砂石、水泥、水、搅拌机、运输机械合理配置,紧密衔接,确保施工连续流畅,避免施工间断造成机械空载运行。③冬期施工中砂浆的运输和存放采用保温容器。④优先采用加防冻剂方法防止砂浆冻凝。

①砂浆(或砂浆制备材料)、砌块分批进场,材料堆场周转使用,提高土地利用率。②现场制备砂浆时,原料堆放场地设立维护设施,提高单位面积场地利用效率。③砌块类材料进场后多层码放,提高单位面积场地的利用效率。④做好水泥、砂浆等的保存及使用管理,防止胶凝材料污染土地。⑤对非规划硬化区域进行标识,并设立警戒线,砂浆等撒落后及时清理,防止被硬化。

第三节 装饰工程绿色施工

(一) 确定总的施工程序

①建筑装饰工程施工程序一般有先室外后室内、先室内后室外及室内室外同时进行三种情况。应根据工期要求、劳动力配备情况、气候条件、脚手架类型等因素综合考虑。②室内装饰的工序较多,一般是先做墙面及顶面,后做地面、踢脚,室内外的墙面抹灰应在装完门窗及预埋管线后进行;吊顶工程应在通风、水电管线完成安装后进行,卫生间装饰应在做完地面防水层、安装澡盆之后进行,首层地面一般留在最后施工。

(二) 确定流水方向

单层建筑要定出分段施工在平面上的流水方向,多层及高层建筑除了要定出每一层楼在平面上的流向外还要定出分层施工的施工流向,确定流水方向需要根据以下几个因素:①建筑装饰工程施工工艺的总规律是先预埋、后封闭、再装饰。在预埋阶段,先通风、后水暖管道、再电气线路。封闭阶段,先墙面、后顶面、再地面;调试阶段,先电气、后水暖、再空调;装饰阶段,先油漆、后糊裱、再面板。建筑装饰工程的施工流向必须按各工种之间的先后顺序组织平行流水,颠倒工序就会影响工程质量及工期。对技术复杂、工期较长的部位应先施工。有水、暖、电、卫工程的建筑装饰工程,必须先进行设备管线的安装,再进行建筑装饰工程施工。②建筑装饰工程必须考虑满足用户对生产和使用的需要。对要求急的应先进行施工,对于高级宾馆、饭店的建筑装饰改造,往往采用施工一层交一层的做法。

(三) 如何确定施工顺序

施工顺序是指分部分项工程施工的先后顺序,合理确定施工顺序是编制施工进度计划,组织分部分项施工的需要,同时,也是为了解决各工种之间的搭接、减少工种间交叉破坏,达到预定质量目标,实现缩短工期的目的。

①遵循施工总程序,施工总体施工程序规定了各阶段之间的先后次序,在考虑施工顺序时应与之相适应。②按照施工组织要求安排施工顺序并要符合施工工艺的要求。③符合施工安全和质量的要求。如外装饰应在无屋面作业的情况下施工;地面应在无吊顶作业的情况下施工,大面积刷油漆应在作业面附近无电焊的条件下进行。④充分考虑气候条件的影响。如雨季天气太潮湿不宜安排油漆施工;冬季室内装饰施工时,应先安门窗和玻璃,后作其他项目;高温不宜安排室外金属饰面板类的施工。

①装饰工程分为室外装饰工程和室内装饰工程,室外装饰和室内装饰的施工顺序通常有先内后外、先外后内和内外同时进行三种顺序。具体选择那种顺序可根据现场施工条件和气候条件以及合同工期要求选定。通常外装饰湿作业、涂料等项施工应尽可能避开冬、雨季进行,干挂石材、玻璃幕墙、金属板幕墙等干作业施工一般受气候影响不大。外墙湿作业一般是自上而下(石材墙面除外),干作业一般采取自下而上进行。②自上而下的施工通常是指主体结构工程封顶、作好屋面防水层后,从顶层开始,逐层往下施工。此种起点的优点是:新建工程的主体结构完成后,有一定的沉降时间,能保证装饰工程的质量;作好屋面防水层后,可防止在雨季施工时因雨水而影响装饰工程质量;自上而下的施工,各工序之间交叉少,便于组织施工;从上往下清理建筑垃圾也较为方便,缺点是不能与主体施工搭接,施工周期长。③自下而上的起点流向,是指当结构工程施工到一定层后,装饰工程从最下一层开始,逐层向上进行。优点是工期短,特别是高层和超高层建筑工程其优点更为明显,在结构施工还在进行时,下部已经装饰完毕。缺点是工序交叉多,需要很好的组织,并采取可靠的措施和成品保护措施。④自中而下在自上而下的起点流向,综合了上述两者的优缺点,适用于新建工程的中高层建筑装饰工程。⑤室内装饰施工的主要内容有:顶棚、地面、墙面装饰,门窗安装和油漆、固定家具安装和油漆,以及相应配套的水、电、风口(板)安装、灯饰、洁具安装等,施工顺序根据具体条件不同而不同。其基本原则是"先湿作业、后干作业";"先墙顶、后地面","先管线、后饰面",房间使用功能不同,做法不同施工顺序也不同。⑥例如大厅施工顺序:搭架子→墙内管线→石材墙柱面→顶棚内管线→吊顶→线角安装→顶棚涂料→灯饰、风口、烟感、喷淋、广播、监控安装→拆架子→

地面石材安装 → 安门扇 → 墙柱面插座、开关安装 → 地面清理打蜡 → 交验

　　选择装饰工程的施工方法时，应着重考虑影响整个单位工程的分部分项工程的施工方法、主要是选择重点的分部、分项工程。

(一) 室内外水平运输、垂直运输

　　在进行建筑装饰工程施工时一般来说室外水平运输主要采用手推车或人工运输。垂直运输应根据现场实际情况、条件和业主要求来确定，新建工程可利用室外电梯或利用井架解决垂直运输问题，室内外运输、垂直运输对施工进度、费用，甚至施工质量都有较大影响。

(二) 脚手架选择

　　目前室内装饰工程采用人字金属与木梯或木梯搭木板，对于跨度大、建筑空间大的可采用桥式脚手架、移动脚手架、满堂脚手架等，室外采用桥式脚手架、立杆式钢管双排架、吊篮等居多，脚手架选择应注意安全、可靠、经济、方便使用，用于建筑装饰工程的脚手架，使用荷载要求满足 $200kg/m^2$。

　　建筑装饰工程中大多采用扣件式钢管脚手架，单排扣件式或螺栓连接的钢管脚手架的搭设高度，不宜超过 30 米，小横杆在墙上的搁置长度不应小于24cm，不宜用于半砖墙，18 墙轻质空心砖墙，而且不能在砖砌体的砖柱，宽度小于74cm 的窗间墙、梁和梁垫下及其左右各50cm范围内门窗洞口两侧24cm范围内转角处42cm范围内等地方留置脚手眼。

　　吊挂式脚手架在外檐装饰中经常用到，吊挂式脚手架是通过特设的支撑点，利用吊索悬挂吊架或吊篮进行外檐装饰工程施工。

　　木制构件、木制饰物、石材等应充分发挥社会化大生产的优势，应尽可能地采用成品或半成品现场安装。批量化、专业化生产能降低成本，提高施工产品质量，木柜、木线、木窗台板、木踢脚、木门窗等应尽可能地采取场外加工制作，减少现场加工。不能在工厂加工需现场制作的，在加工方法上应尽量采取集中加工、批量加工以充分利用和节约材料，降低成本。

（一）深化完善节点设计

装饰工程施工过程中，在责任工程师的组织领导下，安排专业技术人员对各部位节点进行深化设计，保证施工的可操作性，并符合业主和设计要求。

（二）组织专业施工队伍

装饰施工全部采用责任工程师领导下的专业班组的劳动组织形式。开工前，对各专业班组进行详细的技术交底、安全交底和必要的操作培训，施工中保持人员稳定。

（三）选择优良品质材料

装饰材料选材应配合好业主、设计的要求，不仅要保证装饰材料的质量和档次，而且要保证其色调，色泽，使人置身于家庭和宾馆的轻松温暖的环境和气氛中，置身于清新明快的环境中。

（四）坚持样板确认引路，强调放线大样复验

在工序开始前，制作样板，在样板得到业主、监理、设计认可后，总结样板的工艺做法和注意要点，对所有施工人员进行充分交底说明后，再推广使用，并严格按照样板标准验收；任何分项工程，尤其是涉及多个专业交叉配合的工程，必须先行放线并复验，由各专业工种按线施工，避免位置、布置的冲突。

（五）协调各方配合关系

装饰与机电安装专业分项多，又有其专业的特殊要求，因此作为总包要统筹安排，统一指挥，搞好工种之间的协调配合，合理安排交叉作业，确定统一的参照系，使工程整体合理进行。

（六）贯彻质量管理体系，加强细部做法处理

健全三检，认真贯彻三检制，即自检、互检、工序交接检查，把事故或影响质量、影响效果的因素消灭在萌芽状态。技术资料要与工程进展保持一致，保证工程处于受控状态。工程细部是体现工艺水平和施工质量的最充分的地方，对装饰工程的边、角、接口等要给予高度的重视，在技术交底中应详细说明，在施工过程中要注意纠正操作中的习惯性错误，保证细部干净利索，精细到位。

（七）确保成品保护到位

装饰工程是所有工序的最后一道，完成后代表着工程的最终完成，也最直接地给人

观感，一旦受到污染破坏，将无法弥补。因此，成品保护就显得尤为重要。应设专人负责成品保护工作，并针对不同部位不同材料做法，适当地采用不同的保护措施。同时装饰材料、饰件及有饰面的构件，在运输、保管和施工过程中必须采取措施防止损坏和变形。

（八）室内装饰工程的施工顺序应符合下列规定

①抹灰饰面吊顶和隔断工程应待隔墙钢木门窗框暗装的管道电线管和电器预埋件、预制混凝土楼板灌缝等完工后进行。②钢木门窗、玻璃工程可在抹灰前进行，铝合金、涂色镀锌、钢板、塑料门窗、玻璃工程应在抹灰等湿作业完工后进行。③在抹灰基层的饰面工程、吊顶和轻型花饰工程，应待抹灰工程完工后进行。④涂料、刷浆工程，应在塑料、地毯和硬质纤维板楼、地面的面层和明装电线施工前，以及管道设备工程试压后进行，木地板面层的最后一遍涂料，应待裱糊工程完工后进行。⑤裱糊工程，应待顶棚、墙面、门窗及建筑设备的涂料和刷浆工程完工后进行。⑥室外抹灰和饰面工程的施工，一般应自上而下进行，干挂石材施工一般由下而上进行，高层建筑采取措施后可分段进行。⑦室内抹灰在屋面防水工程完成前施工时，必须采取防护措施。⑧室内吊顶、隔墙和花饰等工程，应待易产生较大湿度的楼（地）面的垫层完工后施工。

在环境问题越来越严峻的今天，在装饰装修过程中始终贯彻绿色施工的环保理念变得尤为重要。装饰装修作为建筑施工中的一个重要分支，在建材生产和建筑施工过程中耗能巨大，还会相应地带来大量建筑废料、有毒废水、粉尘、噪声等危害环境等问题。传统施工中，人们对于环境的装饰装修普遍止于使用及审美方面，对装饰装修材料的环保性能相对考虑不足，随着人们的生活水平及知识水平认知方面提升的同时，也对建筑施工中装修装饰的绿色施工给予了更为密切的关注。

绿色施工是将一个"绿色"的理念融入施工过程中，使用健康环保的装饰装修材料，应用环保节能的施工技术，大大减少建筑施工对环境造成的影响，是社会和环境的共同企盼和要求。这种绿色施工模式也将逐渐地成为整个建筑工程施工领域中贯彻落实可持续生态化发展战略的必然选择。

（一）绿色设计是前提

现代人民生活更多地注重环境绿色和安全，因此在设计时应尽力做到将室内环境与室外环境相呼应，使人们生活在室内也能感受到室外的那份清净和自然。设计可以采用室内通透的方法，给人一个流动的空间环境，使室内可以获得更多的阳光和新鲜空气。同时还可以利用盆景、盆栽或插花等将室内环境改善，增加绿色的面积。在屋内设计壁画，植物等，可以使居民切身感受到绿色的感觉。

（二）绿色建材是基础

装饰构件等材料是完成工程的基本条件，为了保证工程主体具有较高的使用质量及较高的使用寿命，就要采用绿色环保的材料进行科学合理的组合安排，绿色环保建设材料，是指在原材料采用产品制造、工程应用、废料处理和材料再循环等方面，对人类健康有益而且对地球环境问题负荷小的材料。

首先无毒、无害、无污染。在施工过程中及装饰装修完毕入住后不会散发甲醛、苯、氨气等有毒有刺激性气味气体，阻燃，无有害辐射，火烧后不会产生有害烟气及粉尘。其次对人体有一定的保健功能，缓解人体疲劳，加速血液循环，防治心脑血管疾病的发生，保护视力等功能。再者绿色建材不易锈蚀，经久耐用。在房地产如此飞速发展的今天，对于装饰装修工程来讲，应当最大限度地降低资源的浪费，降低成本，避免因材料选择不当造成的维护困难、老化快、扭曲变形、安全性较低、存在安全隐患，强度不足，甚至松动脱落等多种现象的出现。因此施工前要根据材料本身的物理及化学特性对材料进行合理的选择与使用，从而保证工程整体的价值。

在对绿色建材进行选择时，首先应观察是否标有国家检验部门认定合格的中国环境安全标志。在实际装修涂料的选取时尽量选择无机的或者水溶性强的材料，在使用有机涂料时，少加有机助剂，避免挥发性有害气体出现。选取油漆时尽量使用硝基及聚酯类油漆，这些类型的油漆粉刷后溶剂挥发速度快，成膜所需时间短，这样可以有效降低使用后挥发量。

建筑装饰装修施工团队应在平时工作中多总结经验，并且在装修时能尽量形成自己的风格，保证好工程质量，将各个细节做到完美。同时为了保证工程正常顺利完成，建筑负责部门在对施工队进行选择时，应严格按照统一标准对其进行考核，严格执行场地内的各项工作要求，对于施工要求不过关的单位坚决不用，避免对工程造成影响。

（一）施工团队严格要求

在施工团队进行施工时，应当严格按照各项工程工艺流程进行，工程监督部门应切实负起责任，认真完成对施工过程中各项工作进行监督检查职责，对施工方使用的施工方法，施工顺序进行严格监督，尤其是细节方面，这更能反映一个施工团队的整体素质。施工工艺粗糙容易造成材料的浪费现象，而且可能为使用后留下隐患。对于国家要求的标准严格执行，例如私自改装管线的问题，其安全隐患相当大，严重威胁居住人员的安全。有些施工单位为了美观,将水、暖气和煤气管由明设改为暗设,违反国家规定,并且其安全隐患相当大,短期内问题不会太严重,但是长时间过后其管道外皮都会有所影响,影响正常使用,甚至引发重大灾害。

在装饰装修施工中的安全隐患有:私自拆墙打洞,严重破坏楼梯的整体结构,尤其是承重墙,无论对其改动程度是大是小都是对承载力造成极大的影响;平面装修工作,当楼面上部铺设地板,下层装修屋顶时,楼面的上下两部分都受破坏,这使得楼板本身荷载大大增加,而且在装修天花板时,施工方随意打孔,使楼板的强度下降的同时,对隔音防漏的性能也造成很大影响。

(二) 加强项目管理工作

绿色施工的顺利进行必须要对其实行科学有效地管理工作,努力提高企业管理水平,将传统的被动适应型企业转变为主动改变型企业,是企业能制定制度化、规范化的施工流程,充分遵循可持续发展的战略理念,增加绿色施工的经济效益,进一步加强企业推行绿色施工的积极性。绿色施工项目是以后建筑行业的必然趋势,实行绿色施工管理,不仅可以保证工程的安全、质量以及进度要求,同时对也实现了国家的环境目标。各施工企业应转变思想,将绿色施工思维贯穿到每一层企业管理中,将绿色施工管理与技术创新相结合,提高整体企业水平。对施工中的各种材料进行科学管理,防止出现次生问题。

(三) 新技术和新工艺的支持

在绿色施工推行过程中,新的技术和方法会随之出现,建筑施工企业应能适应社会的进步,适时的将新技术引进工作中。对技术落后,操作复杂的设计方案进行限制或摒弃,推行技术创新。绿色施工技术可以运用现场检测技术、低噪音施工技术以及现场污染指数检测技术落实绿色施工要求。加强信息化技术的应用,实现数字化管理模式,通过信息技术对各部分进行周密部署、将设计方案进行立体化展示,对其中的不足之处及时修改,减少返工的可能,实现绿色施工。

节能环保是现代社会的主流话题,也是建筑行业应当追求的工程理念,施工技术环节的节能环保推行工作是必然趋势,即绿色施工。通过对前期设计阶段的不断修改,对施工用材的良好把握以及对施工团队的严格监督工作使得装饰装修工作真正将绿色落到实处。绿色施工不仅仅指的是房屋内部设计的颜色,更是指的居住环境安全健康的理念。大力发展绿色施工技术,认真落实节能环保的施工思想是以后建筑行业的必然要求,是创造节约型社会和可持续发展社会的必然途径。

第四节 钢结构绿色施工

(一) 钢结构材料

①钢结构工程中,常用钢材有普通碳素钢、优质碳素钢、普通低合金钢等三种。②钢材的品种、规格、性能等应符合现行国家产品标准和设计要求。进口钢材产品的质量应符合设计和合同规定标准的要求。③钢材进场正式入库前必须严格执行检验制度,经检验合格的钢材方可办理入库手续。④钢材的堆放要便于搬运,要尽量减少钢材的变形和锈蚀,钢材端部应树立标牌,标牌应标明钢材规格、钢号、数量和材质验收证明书。

(二) 钢结构构件的制作加工

作

钢结构构件加工前,应先进行详图设计、审查图纸、提料、备料、工艺试验和工艺规程的编制、技术交底等工作。

(1) 放样

包括核对图纸的安装尺寸和孔距,以1:1大样放出节点,核对各部分的尺寸,制作样板和样标作为下料、弯制、铁、刨、制孔等加工的依据。

(2) 号料

包括检查核对材料,在材料上画出切割、说刨制孔等加工位置打冲孔,标出零件编号等。号料应注意以下问题:①根据配料表和样板进行套裁,尽可能节约材料。②应有利于切割和保证零件质量。③当工艺有规定时,应按规定取料。

(3) 切割下料

包括氧割(气割)、等离子切割等高温热源的方法和使用机切、冲模落料和锯切等机械力的方法。

(4) 平直矫正

包括型钢矫正机的机械矫正和火焰矫正等。

(5) 边缘及端部加工

方法有铲边、刨边、铣边、碳弧气刨、半自动和自动气割机、坡口机加工等。

（6）滚圆

可选用对称三轴滚圆机,不对称三轴滚圆机和四轴滚圆机等机械进行加工。

（7）腰弯

根据不同规格材料可选用型钢滚圆机、弯管机、折弯压力机等机械进行加工。当采用热加工成型时,一定要控制好温度,满足规定要求。

（8）制孔

包括铆钉孔、普通螺栓连接孔、高强螺栓连接孔、地脚螺栓孔等。制孔通常采用钻孔的方法,有时在较薄的不重要的节点板、垫板、加强板等制孔时也可采用冲孔。钻孔通常在钻床上进行,不便用钻床时,可用电钻、风钻和磁座钻加工。

（9）钢结构组装

方法包括地样法、仿形复制装配法、立装法、胎模装配法等。

（10）焊接

是钢结构加工制作中的关键步骤,要选择合理的焊接工艺和方法,严格按要求操作。

（11）摩擦面的处理

可选用喷丸、喷砂、酸洗、打磨等方法,严格按设计要求和有关规定进行施工。

（12）涂装

严格按设计要求和有关规定进行施工。

钢结构的连接方法有焊接、普通螺栓连接、高强螺栓连接和例接。

（一）焊接

建中工程中钢结构常用的焊接方法:按焊接的自动化程度一般分为手工焊接、半自动焊接和自动化焊接三种。

钢材的可焊性是指在适当的设计和工作条件下材料易于焊接和满足结构性能的程度。可焊性常常受钢材的化学成分、轧制方法和板厚等因素影响。为了评价化学成分对可焊性的影响,一般用碳当量(Ceq)表示,Ceq 越小,钢材的淬硬倾向越小,可焊性就越好;反之,碳当量越大,钢材的淬硬倾向越大,可焊性就越差。

根据焊接接头的连接部位,可以将融化焊接头分为:对接接头、角接接头、T 形接头和十字接头、搭接接头和塞焊接头等。

焊接是一种局部加热的工艺过程。被焊构件将不可避免的产生焊接应力和焊接变形,将不同程度的影响焊接结构的性能。因此在焊接时应合理选择焊接方法、条件、顺序和预热等工艺措施,尽可能把焊接应力和焊接变形控制到最小。必要时应采取合理措施,消减焊接残余应力和变形。

根据设计要求、接头形式、钢材牌号和等级等合理选择、使用和包管号焊接材料和焊剂、焊接气体。

对于全熔透焊接接头中的T形十字形、角接接头、全焊透结构应特别注意Z向撕裂问题，尤其在板厚较大的情况下，为了防止Z向层状撕裂，必须对接头处的焊缝进行补强角焊，补强焊脚尺寸一般应大于t/4（t为较厚钢板的厚度）和小于10mm。当其翼缘板厚度等于或大于40mm时，设计宜采用抗层状撕裂的钢板，钢板的厚底方向性能级别应根据工程的结构类型、节点形式及板厚和受力状态等具体情况选择。

焊接缺陷通常分为6类：裂纹、孔穴、固体夹渣、未熔合、未焊透、形状缺陷和其他缺陷。缺陷产生的原因和处理方法为：①裂纹：通常有热裂纹和冷裂纹之分。产生热裂纹的原因是母材抗裂性能差、焊接材料质量不好、焊接工艺参数选择不当、焊接内应力过大等；产生冷裂纹的主要原因是焊接结构设计不合理、焊缝布置不当、焊接工艺措施不合理，如焊前未预热、焊后冷却快等。处理方法是在裂纹两端钻止裂孔或铲除裂纹处的焊缝金属，进行补焊。②孔穴：通常分为气孔和弧坑缩孔两种。产生气孔的主要原因是焊条药皮损坏严重、焊条和焊剂未烘烤、母材有油污或锈和氧化物、焊接电流过小、弧长过长，焊接速度太快等，其处理方法是铲去气孔处的焊缝金属，然后补焊。产生弧坑缩孔的主要原因是焊接电流太大且焊接速度太快、息弧太快、未反复向息弧处补充填充金属等，处理方法是在弧坑处补焊。③固体夹杂：有夹渣和夹钨两种缺陷。产生夹渣的主要原因是焊接材料质量不好、焊接电流太小、焊接速度太快、熔渣密度太大、阻碍熔渣上浮、多层焊时熔渣未清除干净等，其处理方法是铲除夹渣处的焊缝金属，然后补焊。产生夹钨的主要原因是氩弧焊时钨极与熔池金属接触，其处理方法是挖去夹钨处缺陷金属，重新补焊。④未熔合、未焊透：产生的主要原因是焊接电流太小、焊接速度太快、坡口角度间隙太小、操作技术不佳等。对于未熔合的处理方法是铲除未熔合处的焊缝金属后补焊。对于未焊透的处理方法是对开敞性好的结构的单面未焊透，可在焊缝背面直接补焊。对于不能直接焊补的重要焊件，应铲去未焊透的焊缝金属，重新焊接。⑤形状缺陷：包括咬边、焊瘤、下榻、根部收缩、错边、角度偏差、焊缝超高、表面不规则等。

产生咬边的主要原因是焊接工艺参数选择不当，如电流过大、电弧过长等；操作技术不正确，如焊枪角度不对，运条不当等；焊条药皮端部的电弧偏吹；焊接零件的位置安放不当等。其处理方法是轻微的、浅的咬边可用机械方法修锉，使其平滑过渡；严重的、深的咬边应进行补焊。

产生焊瘤的主要原因是焊接工艺参数选择不正确、操作技术不佳、焊件位置安放不当等。其处理方法是用铲、锉、磨等手工或机械方法除去多余的堆积金属。

其他缺陷：主要有电弧擦伤、飞溅、表面撕裂等。

（二）螺栓连接

钢结构中使用的连接螺栓一般分为普通螺栓和高强螺栓两种。

①常用的普通螺栓有六角螺栓、双头螺栓和地脚螺栓。②φ50以下的螺栓孔必须钻孔成型，φ50以上的螺栓孔可以采用数控气割制孔，严禁气割扩孔。对于精制螺栓（A、B级螺栓），必须是一类孔；对于粗制螺栓（C级螺栓），螺栓孔为二类孔。③普通螺栓作为永久性连接螺栓时，应符合下列要求：螺栓头和螺母（包括螺栓）应和结构件的表面及垫圈密贴；螺栓头和螺母下面应放置平垫圈，以增大承压面；每个螺栓一端不得垫两个以上的垫圈，并不得采用大螺母代替垫圈。螺栓拧紧后，外露丝扣不应少于2扣；对于设计有要求防松动的螺栓应采用有防松动装置的螺栓（即双螺母）或弹簧垫圈，或用人工方法采取放松动措施（如将螺栓外露丝扣打毛或将螺母与外露螺栓点焊等）；对于动荷载或重要部位的螺栓连接应按设计要求放置弹簧垫圈，弹簧垫圈必须设置在螺母一侧；对于工字钢和槽钢翼缘之类上倾斜面的螺栓连接，应放置斜垫圈垫平，使螺母和螺栓的头部支撑面垂直与螺杆；使用螺栓等级、规格、长度、材质等符合设计要求。④普通螺栓常用的连接形式有平接连接、搭接连接和T形连接。螺栓排列主要有并列和交错排列两种形式。⑤普通螺栓的紧固：螺栓的紧固次序应从中间开始，对称向两边进行。螺栓的紧固施工以操作者的手感及连接接头的外形控制为准，对大型接头应采用复拧，即两次紧固方法，保证接头内各个螺栓能均匀受力。⑥永久性螺栓紧固质量，可采用锤击法检查，即用0.3Kg小锤，一手扶螺栓头（或螺母），另一手用锤敲，要求螺栓头（螺母）不偏移、不颤动、不松动，锤声比较干脆；否则，说明螺栓紧固质量不好，需要重新紧固施工。

高强度螺栓按连接形式通常分为摩擦连接、张拉连接和承压连接等，其中，摩擦连接是目前广泛采用的基本连接形式。

安装高强度螺栓前，应做好接头摩擦面清理，摩擦面应保持干燥、整洁，不应有飞边、毛刺、焊接飞溅物、焊疤、氧化铁皮、污垢等，处设计要求外摩擦面不应涂漆。施工前应对大六角头螺栓的扭矩系数、牛腿型螺栓的紧固轴力和摩擦面抗滑移系数进行复核，并对使用的扭矩扳手应按规定进行校准，搬迁应对标定的扭矩扳手校核，合格后方能使用。

高强度螺栓连接应在其结构架设调整完毕后，再对接合件进行矫正，消除接合件的变形、错位和错孔，接合部摩擦面贴紧后，进行安装高强度螺栓。对每一个连接接头，应先用临时螺栓或冲钉定位，严禁把高强度螺栓作为临时螺栓使用。高强度螺栓的穿入，应在结构中心位置调正后进行，其穿入方向应以施工方便为准，每个节点整齐一致；螺母、垫圈均有方向要求，要注意正反面。高强度螺栓的安装应能自由穿入孔，严禁强行穿入。高强度螺栓连接中连接钢板的孔径略大于螺栓直径，并必须采取钻孔成型。高强度螺栓终拧后，螺栓丝扣外露应为2~3扣，其中允许有10%的螺栓丝扣外露1扣或4扣。

高强度螺栓的紧固方法。高强度螺栓的紧固方法是用专门扳手拧紧螺母，使螺杆内产生要求的拉力。具体为：大六角头刚强度螺栓的紧固：一般用两种方法拧紧，即扭矩法和转角法。①扭矩法是用能控制紧固扭矩的专用扳手施加扭矩，使螺栓产生预定的拉力。具体宜通过初拧、复拧和终拧达到紧固。如钢板较薄，板层较少，也可只作初拧和终拧。终拧前接头处各层钢板应密贴。初拧扭矩为施工扭矩的50%左右，复拧扭矩等于或略大于初拧扭矩，终拧扭矩等于施工扭矩。②转角法也宜通过初拧、复拧和终拧达到紧固。初拧、复拧可参照扭矩法，终拧是将复拧（或初拧）后的螺母再转动一个角度，使螺栓杆轴力达到设计要求。转动角度的大小在施工前按有关要求确定。扭剪型高强度螺栓的紧固也宜通过初拧、复拧和终拧达到紧固。初拧、复拧用定扭矩扳手，可参照扭矩法。终拧宜用电动扭剪扳手把梅花头拧掉，使螺栓杆轴力达到设计要求。

高强度螺栓的安装顺序：应从刚度大的部位向不受约束的自由端进行。一个接头上的高强度螺栓，初拧、复拧、终拧都应从螺栓群中部开始向四周扩展逐个拧紧，每拧一遍均应用不同颜色的油漆做上标记，防止漏拧。同一接头中高强度螺栓的初拧、复拧、终拧应在24h内完成。接头如有高强度螺栓连接又有电焊连接时，是先紧固高强度螺栓还是先焊接应按设计规定进行；如设计无规定时，宜按先紧固高强度螺栓后焊接（即先栓后焊）的施工工艺顺序进行。

高强度螺栓连接中，钢板摩擦面的处理方法通常有喷丸法、酸洗法、砂轮打磨法和钢丝刷人工除锈法等。

施工注意事项：①高强度螺栓超拧应更换，并废弃换下来的螺栓，不得重复使用。②严禁用火焰或电焊切割高强度螺栓梅花头。③安装中的错孔、漏孔不应用气割扩孔、开孔。错孔可用铰刀扩孔，扩孔数量应征得设计同意，扩孔后的孔径不应超过1.2d（d为螺栓直径）。漏孔采用机械钻孔。④安装环境温度不宜低于−10℃，当摩擦面潮湿或暴露在雨雪中，停止作业。⑤对于露天使用或接触腐蚀性气体的钢结构，在高强度螺栓拧紧检查验收合格后，连接处板缝及时用防水或耐腐蚀的腻子封闭。

钢结构涂装工程通常分为防腐涂料（油漆类）涂装和防火涂料涂装两种。

（一）防腐涂料涂装

①主要施工工艺流程：基面处理、底漆涂装、中间漆涂装、面漆涂装、检查验收。②涂装施工常用方法：一般可采用刷涂法、滚涂法和喷涂法。③施涂顺序：一般应按先上后下、先左后右、先里后外、先难后易的原则施涂，不漏涂，不流坠，是漆膜均匀、致密、光滑和平整。④涂料、涂装遍数、涂层厚度均应符合设计要求；当设计对涂层厚度无要求时，应符合规范要求。⑤对于有涂装要求的钢结构，通常在钢构件加工后涂装底漆。钢构件现场安装后再进行二次涂装，包括构件表面清清理、底漆损坏部位和未涂部位进行补涂、中间漆和面漆涂装等。

（二）防火涂料涂装

①防火涂料按涂层厚度可分为 B、H 两类。B 类：薄涂型钢结构防火涂料，又称钢结构膨胀防火涂料，具有一定的装饰效果，涂层厚度一般为 2 ~ 7mm，高温时涂层膨胀增厚，具有耐火隔热作用，耐火极限可达 0.5 ~ 2h。H 类厚涂型防火涂料，又称房结构防火隔热涂料。涂层厚度一般为 8 ~ 50mm，粒状表面，密度较小、热导率低，耐火极限可达 0.5 ~ 3h。②主要施工工艺流程：基层处理、调配涂料、涂装施工、检查验收。③涂装施工常用方法：通常采用喷涂方法施涂，对于薄涂型钢结构防火涂料的面装饰涂装也可采用刷涂或滚涂等方法施涂。④涂料种类、涂装层数和涂层厚度等应根据防火设计要求确定。施涂时，在每层涂层基本干燥或固化后，方可继续喷涂下一层涂料，通常每天喷涂一层。

（三）防腐涂料和防火涂料的涂装

①防腐涂料和防火涂料的涂装油漆工属于特殊工种。施涂时，操作者必须有特殊工种作业操作证（上岗证）。②施涂环境温度、湿度，应按产品说明书和规范规定执行，要做好施工操作面的通风，并做好防火、防毒、防爆措施。③防腐涂料和防火涂料应具有相容性。

（一）安装准备工作

包括技术准备、机具准备、构件材料准备、现场基础准备和劳动力准备等。

（二）安装方法和顺序

单层钢结构安装工程施工时，对于柱子、柱间支撑和吊车梁一般采用单件流水法吊装，即一次性将柱子安装并校正后再安装柱间支撑、吊车梁等，此种方法尤其适合移动较方便的履带式起重机；对于采用汽车式起重机时，考虑到移动不方便，可以以 2 ~ 3 个轴线为一个单元进行节间构件安装。

对于屋盖系统安装通常采用"节间综合法"吊装，即吊车一次安装完成一个节间的全部屋盖构件后，在安装下一个节间的屋盖构件。

（三）钢柱安装

一般钢柱的刚性较好，吊装时通常采用一点起吊。常用的吊装方法有旋转法、滑行法和递送法。对于重型钢柱也可采用双机抬吊。

钢柱吊装回直后，慢慢插进地脚锚固螺栓找正平面位置。经过平面位置小郑，垂直度初校、柱顶四面拉上临时缆风钢丝绳，地脚锚固螺栓临时固定后，起重机方可脱钩。再次对钢柱进行复校，具体可优先采用缆风绳校正；对于不便采用缆风绳校正的钢柱，可采用跳撑杆或千斤顶校正。在复校的同时柱脚底板与基础间间隙垫紧垫板，复校后拧紧锚固螺栓,并将垫铁电焊固定,并拆除缆风绳。

(四) 钢屋架安装

钢屋架侧向刚度较差,安装前需进行吊装稳定性验算,稳定性不足时应进行吊装临时加固,通常可在钢屋架上下弦处绑扎杉木杆加固。

钢屋架吊点必须选择在上弦节点处,并符合设计要求。吊装就位时,应以屋架下弦两端的定位标记和柱定的轴线标记严格定位并临时固定。为使屋架起吊后不致发生摇摆,碰撞其他构件,起吊前宜在离支座节间附近用麻绳系牢,随吊随放松,控制屋架位置。第一榀屋架吊装就位后,应在屋架上弦两侧对称设缆风绳固定;第二榀屋架就位后,每坡宜用一个屋架间调正器,进行屋架垂直度校正。在固定两端支座,并安装屋架间水平及垂直支撑、檩条及屋面板等。

如果吊装机械允许,屋面系统结构可采用扩大拼装后进行组合吊装,即在地面上将两榀屋架及其上的天窗架、檩条、支撑等拼装成整体后一次性吊装。

准备工作:包括钢构件预检和配套、定位轴线及标高和地脚螺栓的检查、钢构件现场堆放、安装机械的选择、安装流水段的划分和安装顺序的确定、劳动力的进场等。

多层及高层钢结构吊装,在分片区的基础上,多采用综合吊装法,其吊装程序一般是:平面从中间或某一对称节间开始,以一个柱间的柱网为一个吊装单元,按钢柱钢梁支撑顺序吊装,并向四周扩展;垂直方向由下至上组成稳定结构,同节柱方位内的横向构件,通常由上至下逐层安装。采取对称安装、对称固定的工艺,有利于将安装误差积累和节点焊接变形降低到最小。安装时,一般按吊装程序先划分吊装作业区域,按划分的区域、平等顺序同时进行。当一片区吊装完成后,即进行测量、校正、高强度螺栓初拧等工序,待几个片区安装完成后,再对整体结构进行测量、校正、高强度螺栓终拧、焊接。接着,进行下一节钢柱的吊装。

高层建筑的钢柱通常以 27 层为一节,吊装一般采用一点正吊。钢柱安装到位、对准轴线、校正垂直度、临时固定牢固后才能松开吊钩。安装时,每节钢柱的定位轴线应从地面控制轴线直接引上,不得从下层柱的轴线引上。在每一节柱子范围内的全部构件安装、焊接、拴接完成并验收合格后,再能从地面控制轴线引测上一节柱子的定位轴线。

同一节柱、同一跨范围内的钢梁,宜从上向下安装。钢梁安装完成后,宜立即安装本节柱范围内的各层楼梯及楼面压型钢板。

结构安装时应注意日照焊接等温度变化引起的热影响对构件伸缩和弯曲引起的变化,并应采取相应措施。

钢结构作为现代的"绿色建筑",因其具有自重轻、施工周期短、投资回收快、安装容易、抗震性能好、环境污染少等特点而被广泛应用于住宅、厂房、办公、商业、体育和展览等建筑中,且发展迅速。而如何将钢结构在保证质量达标、满足使用性能的情况下进行绿色施工,实现环保,则是建筑业界各人士应深刻思考的问题。

钢结构因其自重较轻,强度较高,抗震性较强,隔音、保温、舒适性较好等特点而在建筑工程中得到了合理、迅速的应用,其应用标志着建筑工业的发展。伴随着我国社会经济的发展及科学技术的日趋完善,钢结构的生产也实现了质的飞跃。钢结构具备绿色建筑的条件,是有利于保护环境、节约能源的建筑,它顺应时代的发展和市场的需要,已成为中国建筑的主流,同时也为住宅产业化的尽早全面实现奠定了坚实基础。

(一) 钢结构的优点及其应用的必然性

钢结构建筑是以钢材作为建筑的主体结构,通常由型钢和钢板等钢材制成各种建筑构件,表现形式为钢梁、钢柱、钢桁架等,并采用焊缝、螺栓或铆钉的连接方式,将各部件拼装成完整的结构体系,再配以轻质墙板或节能砖等新型材料作为外围墙体建造而成。

当前,国家大力提倡构建和谐社会,发展节能省地型住宅,推广住宅产业化,特别是在一些大中型城市,更需要解决寸土寸金的实际情况及满足人们对生活空间、生存环境等提出的更高要求,人们在追求舒适性的同时越来越注重建筑的美观性及布局的独特性;另外,低碳经济已成为全球经济发展的新潮流,此趋势在我国也同样受到高度重视。综上所述,在这样的大背景下,在此形势的驱动下,钢结构因其自身独特的优点应运而生,并得到广泛使用,同时,利用钢结构,通过灵活设计来实现异形建筑则成为建筑中最好的选择。钢结构建筑承载力高、密闭性好,而且比传统结构用料省,易拆除,且回收率高,另外,此建筑的外围墙体也多采用如节能砖、防火涂料等环保材料,这大大降低了钢铁污染所带来的高风险,符合国家绿色环保、节能减排的政策;同时,多用于超高层及超大跨度建筑中的钢结构,符合可持续发展的理念,能够缓解人多地少的矛盾,拓展了人们的生存空间,提高了人们的生活质量。

建筑施工活动在一定程度上破坏了环境之间的和谐和平衡。近年来,环保一直作为热门话题贯穿于各个行业。在低碳建筑时代,在绿色意识不断强化的今天,建筑形成的每个流程包括建筑材料、建筑施工、建筑使用等过程,都应减少化石能源使用,提高能效,不断降低二氧化碳排放量,这已逐渐成为建筑业的主流趋势。作为绿色建筑的钢结构,其施工过程更应符合绿色环保。

相对于传统的施工活动,绿色施工是绿色建筑全寿命周期的一个组成部分,是随着绿色建筑概念的普及而提出的。绿色施工是指在建设中,以保证质量、安全等为前提,利用科学的管理方法和先进的技术,最大程度地节约资源,减少施工活动对环境的负面影响,满足节地、节能、节水、节材和环境保护以及舒适的要求。绿色施工同绿色建筑一样,是建立在可持续发展理念上,是可持续发展思想在施工中的体现。

(二) 钢结构建筑的绿色施工

实施绿色施工,应在设计方案的基础上,充分考虑绿色施工的要求,结合施工环境和条件,进行优化。绿色施工包括以下几个环节:施工策划、材料采购、现场施工、工程验收等,各个阶段都要加强管理和监督,保障施工活动顺利进行。

审查施工单位现场拼装、吊装和安装的施工组织设计,重点审查施工吊装机具起吊能力施工技术措施、垂直度控制方法和屋架外形控制措施,特殊的吊装方法应有详细的工艺方案。审查施工单位的焊接工艺评定报告、焊工合格证、工作人员资格证书,其中焊接工艺评定报告中的焊接接头形式、焊接方法及材质的覆盖性、焊工合格证的焊接方法、位置、有效期等方面的内容,都要符合施工规范要求,严禁无证上岗。特别应注意是焊接工必须有全位置焊接的证书,而不是一般水平位置焊工证书。

在钢结构设计的整个过程中都应该强调"概念设计",它在结构选型和布置阶段尤其重要。在钢结构设计中应依据从整体结构体系与分体系之间的力学关系、震害、破坏机理、试验现象和工程经验中所获得设计思想,对一些难以做出精确理性分析或规范未规定的问题,要从全局的角度来确定控制结构的布置及细部措施。另外,设计中应尽量使结构布置符合规则性要求,并作除弹性设计外的弹塑性层间位移验算。设计时可依据前期的计算机设计程序,将其各部分构件按生产标准进行后期制作拼装,将设计与生产完美结合,在丰富建筑风格的同时也提高了施工效率。

首先,要降低材料损耗。要保证各种材料的有效利用,杜绝原材料不合理使用而造成浪费现象。其次,要加强定额管理。施工前由项目预算员测算出各工种、各部位的预算定额,然后由专业施工员根据预算定额,分任务给各施工班组,使每个工作人员明白施工目标,把经济效益与职工的劳动紧密地结合起来,充分调动职工的劳动积极性。

在钢结构安装与防护工作中,应建立科学有效的保障体系和操作规范。施工中,必须保证钢构件全部安装,使之具有空间刚度和可靠的稳定性。在安装之前,准备工作要做充分,包括清理场地,修筑道路,运输构件,构件的就位、堆放、拼装、加固、检查清理、弹线编号以及吊装机具的准备等。另外,钢结构的测量,这是钢结构工程中的关键程序,关系到整个工程的质量。测量的主要内容是:土建工序交接的基础点的复测和钢柱安装后的垂直度控制;沉降观测。

贯彻国家劳动保护政策，严格执行施工企业有关安全、文明施工管理制度和规定。明确安全施工责任，贯彻"谁施工，谁负责安全"的制度，责任到人，层层负责，切实地将安全施工落实到实处。加强安全施工宣传，在施工现场显著位置悬挂标语、警告牌，提醒施工人员；施工人员进入施工现场需佩戴安全帽；施工机具、机械每天使用前要例行检查，特别是钢丝绳、安全带每周还应进行一次性能检查，确保完好。

施工单位应尽量选用高性能、低噪音、少污染的设备，施工区域与非施工区域间设置标准的分隔设施，施工现场使用的热水锅炉等必须使用清洁燃料，市区（距居民区1000米范围内）禁用柴油冲击桩机、振动桩机、旋转桩机和柴油发电机，严禁敲打导管和钻杆，控制高噪声污染，综合利用建筑废料，照明灯须采用俯视角，避免光污染等。

为了达到绿色施工的目的，首先，现场搭建活动房屋之前应按规划部门的要求取得相关手续，保证搭建设施的材料符合规范，工程结束后，选择有合法资质的拆除公司将临时设施拆除。其次，建设单位或者施工单位应当采取相应方法，隔断地下水进入施工区域，限制施工降水。最后，还要控制好施工扬尘，保持建筑环境的和谐。除了这些，施工单位还要做好渣土绿色运输、降低声、光排放等，保证建筑活动符合绿色要求。

绿色施工作为在建筑业落实可持续发展战略的重要手段和关键环节，已为越来越多的业内人士所了解、关注和重视。但是我国到目前为止仍没有专门的针对绿色施工的评价体系，缺乏确定的标准来衡量施工企业的绿色施工水平，这对绿色施工的推广和管理造成了障碍。作为建筑施工单位，需要打破传统的建筑观念，不断学习、不断探索、不断创新，充分发挥绿色建筑—钢结构的建筑优势，做好钢结构的绿色施工，努力推动我国建筑业的健康、持续发展。

第八章　绿色施工与环境保护管理措施

第一节　绿色施工与环境管理的基本结构

(一) 绿色施工与环境管理的基本内容

绿色施工应符合国家的法律、法规及相关的标准规范,实现经济效益、社会效益和环境效益的统一。实施绿色施工,应依据因地制宜的原则,贯彻执行国家、行业和地方相关的技术经济政策。

①可持续发展价值观,社会责任。②实施绿色施工,应对施工策划、材料采购、现场施工、工程验收等各阶段进行控制,实施对整个施工过程的管理和监督。具体包括:环境因素识别与评价;环境目标指标;环境管理策划;环境管理方案实施;检查与持续改进。③绿色施工和环境管理是建筑全寿命周期中的重要阶段。

实施绿色施工和环境管理,应进行总体方案优化。在规划、设计阶段,应充分考虑绿色施工和环境管理的总体要求,为绿色施工和环境管理提供基础条件。

(二) 绿色施工与环境管理的基本程序

绿色施工和环境管理程序主要包括组织管理、规划管理、实施管理、评价管理和人员安全与健康管理五个方面。

建立绿色施工和环境管理体系,并制定相应的管理制度与目标。

项目经理为绿色施工和环境管理第一责任人,负责绿色施工和环境管理的组织实施及目标实现,并指定绿色施工和环境管理人员和监督人员。

编制绿色施工和环境管理方案。该方案应在施工组织设计中独立成章,并按有关规定进行审批。

绿色施工和环境管理方案应包括以下内容:①环境保护措施。制定环境管理计划及应急救援预案,采取有效措施,降低环境负荷,保护地下设施和文物等资源。②节材措施。在保证工程安全与质量的前提下,制订节材措施。如进行施工方案的节材优化,建筑垃圾减量化,尽量利用可循环材料等。③节水措施。根据工程所在地的水资源状况,制订节水措施。④节能措施。进行施工节能策划,确定目标,制订节能措施。⑤节地与施工用地保护措施。制订临时用地指标、施工总平面布置规划及临时用地、节地措施等。

绿色施工和环境管理应对整个施工过程实施动态管理,加强对施工策划、施工准备、材料采购、现场施工、工程验收等各阶段的管理和监督。应结合工程项目的特点,有针对性地对绿色施工和环境管理做相应的宣传,通过宣传营造绿色施工和环境管理的氛围。定期对职工进行绿色施工和环境管理知识培训,增强职工绿色施工和环境管理意识。

结合工程特点,对绿色施工和环境管理的效果及采用的新技术、新设备、新材料与新工艺,进行自我评估。成立专家评估小组,对绿色施工和环境管理方案、实施过程,至项目竣工,进行综合评估。

制订施工防尘、防毒、防辐射等职业危害的措施,保障施工人员的长期职业健康。合理布置施工场地,保护生活及办公区不受施工活动的有害影响。施工现场建立卫生急救、保健防疫制度,在安全事故和疾病疫情出现时提供及时救助。提供卫生、健康的工作与生活环境,加强对施工人员的住宿、膳食、饮用水等生活与环境卫生等管理,明显改善施工人员的生活条件。

绿色施工与环境管理体系是实施绿色施工的基本保证。

施工企业应根据国际环境管理体系及绿色评价标准的要求建立、实施、保持和持续改进绿色施工与环境管理体系,确定如何实现这些要求,并形成文件。企业应界定绿色施工与环境管理体系的范围,并形成文件。

(一) 环境方针

环境方针确定了实施与改进组织环境管理体系的方向,具有保持和改进环境绩效的作用。因此,环境方针应当反映最高管理者对遵守适用的环境法律法规和其他环境要求、进行污染预防和持续改进的承诺。环境方针是组织建立目标和指标的基础。环境方针的内容应当清晰明确，使内、外相关方能够理解。应当对方针进行定期评审与修订，以反映不断变化的条件和信息。方针的应用范围应当是可以明确办公室的，并反映环境管理体系覆盖范围内活动、新产品和服务的特有性质、规模和环境影响。

应当就环境方针和所有为组织工作或代表它工作的人员进行沟通，包括和为它工作的合同方进行沟通。对合同方，不必拘泥于传达方针条文，可采取其他形式，如规则、指令、程序等，或仅传达方针中和它有关的部分。如果该组织是一个更大组织的一部分，组织的最高管理者应当在后者环境方针的框架内规定自己的环境方针，将其形成文件，并得到上级组织的认可。

（二）环境因素识别与评价

一个组织的活动、产品或服务中能与环境发生相互作用的要素。简而言之就是一个组织（企业、事业以及其他单位，包括法人、非法人单位）日常生产、工作、经营等活动、提供的产品以及在服务过程中那些对环境有益或者有害影响的因素。

（三）环境因素识别

环境因素提供了一个过程，供企业对环境因素进行识别，并从中确定环境管理体系应当优先考虑的那些重要环境因素。企业应通过考虑和它当前及过去的有关活动、产品和服务、纳入计划的或新开发的项目、新的或修改的活动以及产品和服务所伴随的投入和产出（无论是期望还是非期望的），以识别其环境管理体系范围内的环境因素。这一过程中应考虑到正常和异常的运行条件、关闭与启动时的条件，以及可合理预见的紧急情况。企业不必对每一种具体产品、部件和输入的原材料进行分析，而可以按活动、产品和服务的类别识别环境因素。

环境因素识别应考虑三种时态：过去、现在和将来。过去是指以往遗留的并会对目前的过程、活动产生影响的环境问题。现在是指当前正在发生、并持续到未来的环境问题。将来是指计划中的活动在将来可能产生的环境问题，如新工艺、新材料的采用可能产生的环境影响。

环境因素识别应考虑三种状态：正常、异常和紧急。正常状态是指稳定、例行性的，计划已做出安排的活动状态，如正常施工状态。异常状态是指非例行的活动或事件，如施工中的设备检修，工程停工状态。紧急状态是指可能出现的突发性事故或环保设施失效的紧急状态，如发生火灾事故、地震、爆炸等意外状态。

环境因素识别应考虑八大类环境因素：①向大气排放的污染物。②向水体排放的污染物。③固体废弃物和副产品污染。④向土壤排放的污染物。⑤原材料与自然资源、能源的使用、消耗和浪费。⑥能量释放，如热、辐射、振动等污染。⑦物理属性，如大小、形状、颜色、外观等。⑧当地其他环境问题和社区问题（如噪声、光污染、绿化等）。

选择组织的过程（活动、产品或服务）、确定过程伴随的环境因素、确定环境影响。

（四）环境因素评价

环境因素评价简称环评，英文缩写 EIA，即 Environmental Impact Assessment，是指对规划和建设项目实施后可能造成的环境影响进行分析、预测和评估，提出预防或者减轻不良环境影响的对策和措施，进行跟踪监测的方法与制度。通俗说就是分析项目建成投产后可能对环境产生的影响，并提出污染防止对策和措施。

（五）环境管理策划

第一，应围绕环境管理目标，策划分解年度目标。

目标包括工程安全目标、环境目标指标、合同及中标目标、顾客满意目标等。

分支机构、项目经理部应根据企业的安全目标、环境目标指标和合同要求，策划并分解本项目的安全目标、环境目标指标。

各项目应按照项目—单位工程—分部工程—分项工程逐次进行分解，通过分项工序目标的实施，逐次上升，最终保证项目目标的实现。

企业总的环境目标，要逐年不断完善和改进。各级安全目标、环境目标指标必须与企业的环境方针保持一致，并且必须满足产品、适用法律法规和相关方要求的各项内容。目标指标必须形成文件，做出具体规定。

第二，企业应建立、实施并保持一个或多个程序，用来识别其环境管理体系覆盖范围内的活动、产品和服务中能够控制或能够施加影响的环境因素，此时应考虑已纳入计划的或新的开发、新的或修改的活动、产品和服务等因素；确定对环境具有或可能具有重大影响的因素（即重要环境因素）。组织应将这些信息形成文件并及时更新。

第三，企业应确保在建立、实施和保持环境管理体系时，对重要的环境因素加以考虑。绿色施工与环境管理策划通常包括以下方面内容：①环境管理承诺。包括安全目标和环境管理目标。②环境方针。向公众宣传企业的环境方针和取得的环境绩效。③在追求环境绩效持续改进的过程中，塑造企业的绿色形象。④法律与其他要求。集合有关环境保护法律、法规，发布本项目的环境保护法律、法规清单。⑤项目可能出现的重大环境管理因素。⑥环境目标指标。对各种环境因素提出的具体达标指标。

第四，绿色施工与环境管理体系实施与运行。包括组织机构和职责，管理程序以及环境意识和能力培训等。

第五，重要环境因素控制措施。这是环境管理策划的主要内容。根据不同的施工阶段，从测量要求、机具使用、控制方法、人员安排等方面进行安排。

第六，应急准备和响应、检查和纠正措施、文件控制等。

第七，绿色施工与环境管理方案实施及效果验证。

（六）环境、职业健康安全管理方案

工程开工前，企业或项目经理部应编制旨在实现环境目标指标、职业健康安全目标的管理方案／管理计划。管理方案／管理计划的主要内容包括：①本项目（部门）评价出的重大环境因素或不可接受风险。②环境目标指标或职业健康安全目标。③各岗位的职责。④控制重大环境因素或不可接受风险方法及时间安排。⑤监视和测量。⑥预算费用等。

管理方案／管理计划由各单位编制，授权人员审批。各级管理者应为保证管理方案／管理计划的实施提供必需的资源。

企业内部各单位应对自身管理方案／管理计划的完成情况进行日常监控；在组织环境、安全检查时，应对环境、安全管理方案完成情况进行抽查。在环境、职业健康安全管理体系审核及不定期的监测时，对各单位管理方案／管理计划的执行情况进行检查。

当施工内容、外界条件或施工方法发生变化时，项目（部门）应重新识别环境因素和危险源、评价重大环境因素和职业健康安全风险，并修订管理方案／管理计划。管理方案／管理计划修改时，执行《文件管理程序》的有关规定。

（七）实施与运行

资源、作用、职责和权限的规定要求：①管理者应确保为环境管理体系的建立、实施、保持和改进提供必要的资源。资源包括人力资源专项技能、组织的基础设施、技术和财力资源。②为便于环境管理工作的有效开展，应对作用、职责和权限做出明确规定，形成文件，并予以传达。③企业的最高管理者应任命专门的管理者代表，无论他们是否还负有其他方面的责任，应明确规定其作用、职责和权限，以便：确保按照本标准的要求建立、实施和保持环境管理体系；向最高管理者报告环境管理体系的运行情况以供评审，并提出改进建议。

环境管理体系的成功实施需要为组织或代表组织工作的所有人员的承诺。因此，不能认为只有环境管理部门才承担环境方面的作用和职责，事实上，企业内的其他部门，如运行管理部门、人事部门等，也不能例外。这一承诺应当始于最高管理者，他们应当建立组织的环境方针，并确保环境管理体系得到实施。作为上述承诺的一部分，是指定专门的管理者代表，规定他们对实施环境管理体系的职责和权限。对于大型或复杂的组织，可以有不止一个管理者代表。对于中、小型企业，可由一个人承担这些职责。最高管理者还应当确保提供建立、实施和保持环境管理体系所需的适当资源，包括企业的基础设施（例如建筑物），通信网络、地下贮罐、下水管道等。另一重要事项是妥善规定环境管理体系中的关键作用和职责,并传达到为组织或代表组织工作的所有人员。

(八) 能力、培训和意识

企业应确保所有为它或代表它从事被确定为可能具有重大环境影响的工作的人员,都具备相应的能力。该能力基于必要的教育、培训或经历。组织应保存相关的记录。

企业应确定与其环境因素和环境管理体系有关的培训需求并提供培训,或采取其他措施来满足这些需求。应保存相关的记录。

企业应建立、实施并保持一个或多个程序,使为它或代表它工作的人员都意识到:①符合环境方针与程序和符合环境管理体系要求的重要性。②他们工作中的重要环境因素和实际的或潜在的环境影响,以及个人工作的改进所能带来的环境效益。③他们在实现与环境管理体系要求符合性方面的作用与职责。④偏离规定的运行程序的潜在后果。

企业应当确定负有职责和权限代表其执行任务的所有人员所需的意识、知识、理解和技能。要求:①其工作可能产生重大环境影响的人员,能够胜任所承担的工作。②确定培训需求,并采取相应措施加以落实。③所有人员了解组织的环境方针和环境管理体系,以及与他们工作有关的组织活动、产品和服务中的环境因素。

可通过培训、教育或工作经历,获得或提高所需的意识、知识、理解和技能。企业应当要求代表它工作的合同方能够证实他们的员工具有必要的能力和(或)接受了适当的培训。企业管理者应当确认保障人员(特别是行使环境管理职能的人员)胜任性所需的经验、能力和培训的程度。

(九) 信息交流

企业应建立、实施并保持一个或多个程序,用于有关其环境因素和环境管理体系的:①组织内部各层次和职能间的信息交流;②与外部相关方联络的接收、形成文件和回应。

内部交流对于确保环境管理体系的有效实施至为重要。内部交流可通过例行的工作组会议、通信简报、公告板,内联网等手段或方法进行。

企业应当按照程序,对来自相关方的沟通信息进行接收、形成文件并做出响应。程序可包含与相关方交流的内容,以及对他们所关注问题的考虑。在某些情况下,对相关方关注的响应,可包含组织运行中的环境因素及其环境影响方面的内容。这些程序中,还应当包含就应急计划和其他问题与有关公共机构的联络事宜。

企业在对信息交流进行策划时,一般还要考虑进行交流的对象、交流的主题和内容、可采用的交流方式等方面问题。

企业应决定是否应其重要环境因素与外界进行信息交流,并将决定形成文件。在考虑应环境因素进行外部信息交流时,企业应当考虑所有相关方的观点和信息需求。如果企业决定就环境因素进行外部信息交流,它可以制定一个这方面的程序。程序可因所交流的信息类型、交流的对象及企业的个体条件等具体情况的不同而有所差别。进行外部交流的手段可包括年度报告、通信简报、互联网和社区会议等。

(十) 文件

环境管理体系文件应包括：①环境方针、目标和指标。②对环境管理体系的覆盖范围的描述。③对环境管理体系主要要素及其相互作用的描述，以及相关文件的查询途径。④本标准要求的文件，包括记录。⑤企业为确保对涉及重要环境因素的过程进行有效策划、运行和控制所需的文件和记录。

文件的详尽程度，应当足以描述环境管理体系及其各部分协同运作的情况，并指示获取环境管理体系某一部分运行地更详细信息的途径。可将环境文件纳入组织所实施的其他体系文件中，而不强求采取手册的形式。对于不同的企业，环境管理体系文件的规模可能由于它们在以下方面的差别而各不相同：①组织及其活动、产品或服务的规模和类型。②过程及其相互作用的复杂程度。③人员的能力。

文件可包括环境方针、目标和指标，重要环境因素信息，程序，过程信息，组织机构图，内、外部标准，现场应急计划，记录。

对于程序是否形成文件，应当从下列方面考虑：不形成文件可能产生的后果，包括环境方面的后果；用来证实遵守法律、法规和其他要求的需要；保证活动一致性的需要；形成文件的益处，例如易于交流和培训，从而加以实施，易于维护和修订，避免含混和偏离，提供证实功能和直观性等；出于本标准的要求。

不是为环境管理体系所制定的文件，也可用于本体系。此时应当指明其出处。

(十一) 文件控制

应对环境管理体系所要求的文件进行控制。记录是一种特殊的文件，应该按要求进行控制。企业应建立、实施并保持一个或多个程序，并符合以下规定：①在文件发布前进行审批，确保其充分性和适宜性。②必要时对文件进行评审和更新，并重新审批。③确保对文件的更改和现行修订状态做出标识。④确保在使用处能得到适用文件的有关版本。⑤确保文件字迹清楚，标识明确。⑥确保对策划和运行环境管理体系所需的外部文件做出标识，并对其发放予以控制。⑦防止对过期文件的非预期使用。如需将其保留，要做出适当的标识。

文件控制旨在确保企业对文件的建立和保持能够充分适应实施环境管理体系的需要。但企业应当把主要注意力放在对环境管理体系的有效实施及其环境绩效上，而不是放在建立一个繁琐的文件控制系统。

(十二) 运行控制

企业应根据其方针、目标和指标，识别和策划与所确定的重要环境因素有关的运行，以确保它们通过下列方式在规定的条件下进行：①建立、实施并保持一个或多个形成文件的程序，以控制因缺乏程序文件而导致偏离环境方针、目标和指标的情况。②在程序中规定运行准则。③对于企业使用的产品和服务中所确定的重要环境因素,应建立、实施并保持程序,并将适用的程序和要求通报供方及合同方。

企业应当评价与所确定的重要环境因素有关的运行,并确保在运行中能够控制或减少有害的环境影响,以满足环境方针的要求、实现环境目标和指标。所有的运行,包括维护活动,都应当做到这一点。

(十三) 应急准备和响应

企业应建立、实施并保持一个或多个程序,用于识别可能对环境造成影响的潜在的紧急情况和事故,并规定响应措施。

企业应对实际发生的紧急情况和事故做出响应,并预防或减少随之产生的有害环境影响。

企业应定期评审其应急准备和响应程序。必要时对其进行修订,特别是当事故或紧急情况发生后。可行时,企业还应定期试验上述程序。

每个企业都有责任制定适合它自身情况的一个或多个应急准备和响应程序。组织在制定这类程序时应当考虑现场危险品的类型,如存在易燃液体,贮罐、压缩气体等,以及发生溅洒或意外泄漏时的应对措施;对紧急情况或事故类型和规模的预测;处理紧急情况或事故的最适当方法;内、外部联络计划;把环境损害降到最低的措施;针对不同类型的紧急情况或事故的补救和响应措施;事故后考虑制定和实施纠正和预防措施的需要;定期试验应急响应程序;对实施应急响应程序人员的培训;关键人员和救援机构(如消防、泄漏清理等部门)名单,包括详细联络信息;疏散路线和集合地点;周边设施(如工厂、道路、铁路等)可能发生的紧急情况和事故;邻近单位相互支援的可能性。

(十四) 检查及效果验证

企业应建立、实施并保持一个或多个程序,对可能具有重大环境影响的运行的关键特性进行例行监测和测量。程序中应规定将监测环境绩效、适用的运行控制、目标和指标符合情况的信息形成文件。

企业应确保所使用的监测和测量设备经过校准或验证,并予以妥善维护。且应保存相关的记录。一个企业的运行可能包括多种特性。例如在对废水排放进行监测和测量时,值得关注的特点可包括生物需氧量、化学需氧量、温度和酸碱度。

对监测和测量取得的数据进行分析,能够识别类型并获取信息。这些信息可用于实施纠正和预防措施。

关键特性是指组织在决定如何管理重要环境因素、实现环境目标和指标、改进环境绩效时须要考虑的那些特性。

为了保证测量结果的有效性,应当定期或在使用前,根据测量标准对测量器具进行校准或检验。测量标准要以国家标准或国际标准为依据。如果不存在国家或国际标准,则应当对校验，所使用的依据做出记录。

（十五）合规性评价

为了履行遵守法律法规要求的承诺，企业应建立、实施并保持一个或多个程序，以定期评价对适用法律法规的遵守情况。企业应保存对上述定期评价结果的记录。

企业应评价对其他要求的遵守情况。企业应保存上述定期评价结果的记录。

企业应当能证实它已对遵守法律、法规要求（包括有关许可和执照的要求）的情况进行了评价。企业应当能证实它已对遵守其他要求的情况进行了评价。

（十六）持续改进

企业应建立、实施并保持一个或多个程序，用来处理实际或潜在的不符合，采取纠正措施和预防措施。程序中应规定以下方面的要求：①识别和纠正不符合，并采取措施减少所造成的环境影响。②对不符合进行调查，确定其产生原因，并采取措施避免再度发生。③评价采取的措施，以预防不符合的需求：实施所制订的适当措施，以避免不符合的发生。④记录采取的纠正措施和预防措施的结果。

⑤评审所采取的纠正措施和预防措施的有效性。所采取的措施应与问题和环境影响的严重程度相符。企业应确保对环境管理文件进行必要的更改。

企业在制定程序以执行本节的要求时，根据不符合的性质，有时可能只需制定少量的正式计划，即能达到目的，有时则有赖于更复杂、更长期的活动。文件的制定应当和这些措施的规模相适配。

（十七）记录控制

企业应根据需要，建立并保持必要的记录，用来证实对环境管理体系和本标准要求的符合，以及所实现的结果。

企业应建立、实施并保持一个或多个程序，用于记录的标识、存放、保护、检索、留存和处置。

环境记录可包括抱怨记录；培训记录；过程监测记录；检查、维护和校准记录；有关的供方与承包方记录；偶发事件报告；应急准备试验记录；审核结果；管理评审结果；和外部进行信息交流的决定；适用的环境法律法规要求记录；重要环境因素记录；环境会议记录；环境绩效信息；对法律法规符合性的记录；和相关方的交流。

应当对保守机密信息加以考虑。环境记录应字迹清楚，标识明确，并具有可追溯性。

第二节 绿色施工与环境管理责任

(一) 勘察设计单位应遵循的原则

绿色施工的基础是绿色设计。绿色建筑应坚持"可持续发展"的建筑理念。理性的设计思维方式和科学程序的把握,是提高绿色建筑环境效益、社会效益和经济效益的基本保证。绿色建筑除满足传统建筑的一般要求外,尚应遵循以下基本原则:

建筑从最初的规划设计到随后的施工建设、运营管理及最终的拆除,形成了一个全寿命周期。关注建筑的全寿命周期,意味着不仅在规划设计阶段充分考虑并利用环境因素,而且确保施工过程中对环境的影响最低,运营管理阶段能为人们提供健康、舒适、低耗、无害空间,拆除后又对环境危害降到最低,并使拆除材料尽可能再循环利用。

充分利用建筑场地周边的自然条件,尽量保留和合理利用现有适宜的地形、地貌、植被和自然水系。①在建筑的选址、朝向、布局、形态等方面,充分考虑当地气候特征和生态环境。②建筑风格与规模和周围环境保持协调,保持历史文化与景观的连续性。③尽可能减少对自然环境的负面影响,如减少有害气体和废弃物的排放,减少对生态环境的破坏。

绿色建筑应优先考虑使用者的适度需求,努力创造优美和谐的环境;保障使用的安全,降低环境污染,改善室内环境质量;满足人们生理和心理的需求,同时为人们提高工作效率创造条件。

①通过优良的设计和管理,优化生产工艺,采用适用技术、材料和产品。②合理利用和优化资源配置,改变消费方式,减少对资源的占有和消耗。③因地制宜,最大限度利用本地材料与资源。④最大限度地提高资源的利用效率,积极促进资源的综合循环利用。⑤增强耐久性能及适应性,延长建筑物的整体使用寿命。⑥尽可能使用可再生的、清洁的资源和能源。

（二）绿色建筑规划设计技术要点

建筑场地：①优先选用已开发且具城市改造潜力的用地。②场地环境应安全可靠，远离污染源，并对自然灾害有充分的抵御能力。③保护自然生态环境，充分利用原有场地上的自然生态条件，注重建筑与自然生态环境的协调。④避免建筑行为造成水土流失或其他灾害。

节地：①建筑用地适度密集，适当提高公共建筑的建筑密度，住宅建筑立足创造宜居环境确定建筑密度和容积率。②强调土地的集约化利用，充分利用周边的配套公共建筑设施，合理规划用地。③高效利用土地，如开发利用地下空间，采用新型结构体系与高强轻质结构材料，提高建筑空间的使用率。

低环境负荷：①建筑活动对环境的负面影响应控制在国家相关标准规定的允许范围内。②减少建筑产生的废水、废气、废物的排放。③利用园林绿化和建筑外部设计以减少热岛效应。④减少建筑外立面和室外照明引起的光污染。⑤采用雨水回渗措施，维持土壤水生态系统的平衡。

绿化：①优先种植乡土植物，采用少维护、耐候性强的植物，减少日常维护的费用。②采用生态绿地、墙体绿化、屋顶绿化等多样化的绿化方式，应对乔木、灌木和攀缘植物进行合理配置，构成多层次的复合生态结构，达到人工配置的植物群落自然和谐，并起到遮阳、降低能耗的作用。③绿地配置合理，达到局部环境内保持水土、调节气候、降低污染和隔绝噪声的目的。

交通：①充分利用公共交通网络。②合理组织交通，减少人车干扰。③地面停车场采用透水地面，并结合绿化为车辆遮阴。

降低能耗：①利用场地自然条件，合理考虑建筑朝向和楼距，充分利用自然通风和天然采光，减少使用空调和人工照明。②提高建筑围护结构的保温隔热性能，采用由高效保温材料制成的复合墙体和屋面及密封保温隔热性能好的门窗，采用有效的遮阳措施。③采用用能调控和计量系统。

提高用能效率：①采用高效建筑供能、用能系统和设备。合理选择用能设备，使设备在高效区工作；根据建筑物用能负荷动态变化，采用合理的调控措施。②优化用能系统，采用能源回收技术。考虑部分空间、部分负荷下运营时的节能措施；有条件时宜采用热、电、冷联供形式，提高能源利用效率；采用能量回收系统，如采用热回收技术；针对不同能源结构，实现能源梯级利用。③使用可再生能源。充分利用场地的自然资源条件，开发利用可再生能源，如太阳能、水能、风能、地热能、海洋能、生物质能、潮汐能以及通过热力等先进技术获取自然环境（如大气、地表水、污水、浅层地下水、土壤等）的能量。可再生能源的使用不应造成对环境和原生态系统的破坏以及对自然资源的污染。

确定节能指标：①各分项节能指标。②综合节能指标。

节水与水资源利用。节水规划：根据当地水资源状况，因地制宜地制定节水规划方案，如废水、雨水回用等，保证方案的经济性和可实施性。

提高用水效率：①按高质高用、低质低用的原则，生活用水、景观用水和绿化用水等按用水水质要求分别提供、梯级处理回用。②采用节水系统、节水器具和设备，如采取有效措施，避免管网漏损，空调冷却水和游锋池用水采用循环水处理系统，卫生间采用低水量冲洗便器、感应出水龙头或缓闭冲洗阀等，提倡使用免冲厕技术等。③采用节水的景观和绿化浇灌设计，如景观用水不使用市政自来水，尽量利用河湖水、收集的雨水或再生水，绿化浇灌采用微灌、滴灌等节水措施。

雨污水综合利用：①采用雨水、污水分流系统，有利于污水处理和雨水的回收再利用。②在水资源短缺地区，通过技术经济比较，合理采用雨水和废水回用系统。③合理规划地表与屋顶雨水径流途径，最大程度降低地表径流，采用多种渗透措施增加雨水的渗透量。

施工单位应规定各部门的职能及相互关系（职责和权限），形成文件，予以沟通，以促进企业环境管理体系的有效运行。

（一）施工单位的绿色施工和环境管理责任

①建设工程实行施工总承包的，总承包单位应对施工现场的绿色施工负总责。分包单位应服从总承包单位的绿色施工管理，并对所承包工程的绿色施工负责。②施工单位应建立以项目经理为第一责任人的绿色施工管理体系，制定绿色施工管理责任制度，定期开展自检、考核和评比工作。③施工单位应在施工组织设计中编制绿色施工技术措施或专项施工方案，并确保绿色施工费用的有效使用。④施工单位应组织绿色施工教育培训，增强施工人员绿色施工意识。⑤施工单位应定期对施工现场绿色施工实施情况进行检查，做好检查记录。⑥在施工现场的办公区和生活区应设置明显的节水、节能、节约材料等具体内容的警示标识，并按规定设置安全警示标志。⑦施工前，施工单位应根据国家和地方法律、法规的规定，制定施工现场环境保护和人员安全与健康等突发事件的应急预案。⑧按照建设单位提供的设计资料，施工单位应统筹规划，合理组织一体化施工。

（二）总经理

①主持制定、批准和颁布环境方针和目标，批准环境管理手册。②对企业环境方针的实现和环境管理体系的有效运行负全面和最终责任。③组织识别和分析顾客和相关方的明确及潜在要求，代表企业向顾客和相关方做出环境承诺，并向企业传达顾客和相关方要求的重要性。④决定企业发展战略和发展目标，负责规定和改进各部门的管理职责。⑤主持对环境管理体系的管理评审，对环境管理体系的改进做出决策。⑥委任管理者代表并听取其报告。⑦负责审批重大工程（含重大特殊工程）合同评审的结果。⑧确保环境管理

体系运行中管理、执行和验证工作的资源需求。⑨领导对全体员工进行环境意识的教育、培训和考核。

(三) 管理者代表 (环境主管领导)

①协助法人贯彻国家有关环境工作的方针、政策,负责管理企业的环境管理体系工作。②主持制定和批准颁布企业程序文件。③负责环境管理体系运行中各单位之间的工作协调。④负责企业内部体系审核和筹备管理评审,并组织接受顾客或认证机构进行的环境管理体系审核。⑤代表企业与业主或其他外部机构就环境管理体系事宜进行联络。⑥负责向法人提供环境管理体系的业绩报告和改进需求。

(四) 企业总工程师

①主持制定、批准环境管理措施和方案。②对企业环境技术目标的实现和技术管理体系的运行负全面责任。③组织识别和分析环境管理的明确及潜在要求。④协助决定企业环境发展战略和发展目标,负责规定和改进各部门的管理职责。⑤主持对环境技术管理体系的管理评审,对技术环境管理体系的改进做出决策。⑥负责审批重大工程(含重大特殊工程)绿色施工的组织实施方案。

(五) 企业职能部门

工程管理部门:①收集有关施工技术、工艺方面的环境法律、法规和标准。②识别有关新技术、新工艺方面的环境因素,并向企划部传递。③负责对监视和测量设备、器具的计量管理工作。④负责与设计结合,研发环保技术措施与实施方面的相关问题。⑤负责与国家北京市政府环境主管部门的联络信息交流和沟通。⑥负责组织环境事故的调查、分析、处理和报告。

采购部门:①收集关于物资方面的环境法律、法规和标准,并传送给合约法律部。②收集和发布环保物资名录。③编制包括环保要求在内的采购招标文件及合同的标准文本。④负责有关物资采购、运输、贮存和发放等过程的环境因素识别,评价重要环境因素,并制定有关的目标、指标和环境管理方案/环境管理计划。⑤负责有关施工机械设备的环境因素识别和制定有关的环境管理方案。⑥负责由其购买的易燃、易爆物资及有毒有害化学品的采购、运输、入库、标识、存储和领用的管理,制定并组织实施有关的应急准备和响应措施。⑦向供应商传达企业环保要求并监督实施。⑧组织物资进货验证,检查所购物资是否符合规定的环保要求。

企业各级员工:

第一,企业代表。①企业工会主席作为企业职业健康安全事务的代表,参与企业涉及职业健康安全方针和目标的制定、评审,参与重大相关事务的商讨和决策。②组织收集和宣传关于员工职业健康安全方面的法律、法规,并监督行政部门按适用的法律、法规贯彻落实。③组织收集企业员工意见和要求，负责汇总后向企业行政领导反映，并向员工反馈协商结果。④按企业和相关法律、法规规定，代表员工适当参与涉及员工职业健康安全事件调查和协商处理意见，以维护员工合法权利。

第二，内审员。①接受审核组长领导，按计划开展内审工作，在审核范围内客观、公正地开展审核工作。②充分收集与分析有关的审核证据，以确定审核发现并形成文件，协助编写审核报告。③对不符合、事故等所采取的纠正行动、纠正措施实施情况进行跟踪验证。

第三，全体员工。①遵守本岗位工作范围内的环境法律、法规，在各自岗位工作中，落实企业环境方针。②接受规定的环境教育和培训，提高环境意识。③参加本部门的环境因素、危险源辨识和风险评价工作，执行企业环境管理体系文件中的相关规定。④按规定做好节水、节电、节纸、节油与废弃物的分类回收处置，不在公共场所吸烟，做好工作岗位的自身防护，对工作中的环境、职业健康安全管理情况提出合理化建议。⑤特殊岗位的作业人员必须按规定取得上岗资格，遵章守法、按章作业。

第四，项目经理部。①认真贯彻执行适用的国家、行业、地方政策、法规、规范、标准和企业环境方针及程序文件和各项管理制度，全面负责工程项目的环境目标，实现对顾客和相关方的承诺。②负责具体落实顾客和上级的要求，合理策划并组织实施管理项目资源，不断改进项目管理体系，确保工程环境目标的实现。③负责组织本项目环境方面的培训，负责与项目有关的环境、信息交流、沟通、参与和协商，负责工程分包和劳务分包的具体管理，并在环境、职业健康安全施加影响。④负责参加有关项目的合同评审，编制和实施项目环境技术措施，负责新技术、新工艺、新设备、新材料的实施和作业过程的控制，特殊过程的确认与连续监控，工程产品、施工过程的检验和试验、标识及不合格品的控制，以增强顾客满意。⑤负责收集和实施项目涉及的环境法律、法规和标准，组织项目的适用环境、职业健康安全法律、法规和其他要求的合规性评价，负责项目文件和记录的控制。⑥负责项目涉及的环境因素、危险源辨识与风险评价，制定项目的环境目标，编制和实施环境、职业健康安全管理方案和应急预案，实施管理程序、惯例、运行准则，实现项目环境、职业健康安全目标。⑦负责按程序、惯例、运行准则对重大环境因素和不可接受风险的关键参数或环节进行定期或不定期的检查、测量、试验，对发现的环境、职业健康安全的不符合项和事件严格处置，分析原因、制定、实施和验证纠正措施和预防措施，不断改善环境、职业健康安全绩效。⑧负责对项目测量和监控设备的管理，并按程序进行检定或校准，对计算机软件进行确认，组织内审不符合项整改，执行管理评审提出的相关要求，在"四新技术"推广中制定和实施环境、职业健康安全管理措施，持续改进管理绩效和效率。

第五，项目经理。项目经理的绿色施工和环境责任包括：①履行项目第一责任人的作用，对承包项目的节约计划负全面领导责任。②贯彻执行安全生产的法律法规、标准规范和其他要求，落实各项责任制度和操作规程。③确定节约目标和节约管理组织，明确职能分配和职权规定，主持工程项目节约目标的考核。④领导、组织项目经理部全体管理人员负责对施工现场的可能节约因素的识别、评价和控制策划，并落实负责部门。⑤组织制定节约措施，并监督实施。⑥定期召开项目经理部会议，布置落实节约控制措施。⑦负责对分包单位和供应商的评价和选择,保证分包单位和供应商符合节约型工地的标准要求。⑧实施组织对项目经理部的节约计划进行评估,并组织人员落实评估和内审中提出的改进要求和措施。⑨根据项目节约计划组织有关管理人员制定针对性的节约技术措施,并经常监督检查。⑩负责对施工现场临时设施的布置,对施工现场的临时道路、围墙合理规划,做到文明施工不铺张。⑪合理利用各种降耗装置,提高各种机械的使用率和瞒着率。⑫合理安排施工进度,最大限度发挥施工效率,做到工完料尽和质量一次成优。⑬提高施工操作和管理水平,减少粉刷、地坪等非承重部位的正误差。⑭负责对分包单位合同履约的控制,负责向进场的分包单位进行总交底,安排专人对分包单位的施工进行监控。⑮实施现场管理标准化,采用工具化防护,确保安全不浪费。

第六,技术负责人。项目技术负责人的绿色施工和环境责任包括:①负责对已识别浪费因素进行评价,确定浪费因素,并制定控制措施、管理目标和管理方案,组织编制节约计划。②编制施工组织设计,制定资源管理、节能降本措施,负责对能耗较大的施工操作方案进行优化。③和业主、设计方沟通,在建设项目中推荐使用新型节能高效的节约型产品。④积极推广十项新技术,优先采用节约材料效果明显的新技术。⑤鼓励技术人员开发新技术、新工艺、建立技术创新激励机制。⑥制定施工各阶段对新技术交底文本,并对工程质量进行检查。

第七,施工员。项目施工员的绿色施工和环境责任包括:①参与节约策划,按照节约计划要求,对施工现场生产过程进行控制。②负责在上岗前和施工中对进入现场的从业人员进行节约教育和培训。③负责对施工班组人员及分包方人员进行有针对性的技术交底,履行签字手续,并对规程、措施及交底执行情况经常检查,随时纠正违章作业。④负责检查督促每项工作的开展和接口的落实。⑤负责对施工过程中的质量监督,对可能引起质量问题的操作,进行制止、指导、督促。⑥负责进行工序间的验收,确保上道工序的问题不进入下一道工序。⑦按照项目节约计划要求,组织各种物资的供应工作。⑧负责供应商有关评价资料的收集,实施对供应商进行分析、评价,建立合格供应商名录。⑨负责对进场材料按场容标准化要求堆放,杜绝浪费。⑩执行材料进场验收制度,杜绝不合格产品流入现场。⑪执行材料领用审批制度,限额领料。

第八,安全员。项目安全员的绿色施工和环境责任包括:①参与浪费因素的调查识别和节约计划的编制,执行各项措施。②负责对施工过程的指导、监督和检查,督促文明施工、安全生产。③实施文明施工"落手清"工作业绩评价,发现问题处理,并及时向项目副经理汇报。

环保员(可以与安全员兼职):①实施作业人员的班组级环境教育培训,特种作业人员必须持证上岗,并将花名册、特种作业人员复印件进行备案。(特种作业人员包括电工作业、金属焊接、气割作业、起重机械作业、登高架设作业、机械操作人员等)。②负责组织分包单位负责人及作业班组长接受环境教育,并签订相关的环境生产责任制。办理相关手续后方可组织施工。③工人入场一律接受三级环境教育,办理相关环境手续后方可进入现场施工,如果分包人员需要变动,必须提出计划报告,按规定进行教育,考核合格后方可上岗。④特种作业人员的配置必须满足施工需要,并持有有效证件,有效证件必须与操作者本人相符合。⑤工人变换工种时,要通知总包方对转场或变换工种人员进行环境技术交底和教育,分包方要进行转场和转换工种教育。

分包单位的环境管理责任:①分包单位应执行班前活动制度,班前活动不得少于15min,班前活动的内容必须填写相关的记录表格。②分包单位应执行总包方的安全检查制度。③分包单位应接受总包方以及上级主管部门和各级政府、各行业主管部门的安全生产检查。④分包单位应按照总包方的要求配备专职或兼职安全员。⑤分包单位应设立专职或兼职安全员实施日常安全生产检查及工长、班长跟班检查和班组自检。⑥分包单位对于检查出的各种安全隐患必须按时按质的整改到位,并通过施工员、安全员验收合格后方可继续施工。如自身不能解决的可以书面形式通知总包方进行协商解决。⑦分包单位应严格执行安全防护措施,设备验收制度和教育作业人员认真执行本工种的安全技术操作规程。⑧分包单位自带的各类施工机械设备,必须是合格产品且性能良好,各种安全防护装置齐全、灵敏、可靠,符合环保要求。⑨分包单位的中小型机械设备和一般防护设施执行自检后报总包方验收合格后方可使用。⑩分包单位的大型防护设施和大型机械设备,在自检的基础上申报总包方,接受专职部门的专业验收。分包单位应按规定提供设备技术数据,防护装置技术性能,设备履历档案以及防护设施支搭方案,其方案应满足有关规定。⑪分包单位应执行安全防护验收表和施工变化后交接检验制度。⑫分包单位应预防和治理职业伤害与中毒事故。⑬分包单位应执行职工伤亡报告制度。⑭分包单位职工在施工现场从事施工过程中所发生的伤害事故为工伤事故。如发生工伤事故,分包单位应在10min内通知总包方,报告事故的详情,由总包方及时逐级上报上级有关部门,同时积极组织抢救工作采取相应的措施,保护好现场,如因抢救伤员必须移动现场设备、设施,要做好记录或拍照,总包方为抢救提供必要的条件。⑮分包单位要积极配合总包方、上级主管部门对事故的调查和现场勘查。凡因分包单位隐瞒不报,做伪证或擅自拆毁事故现场,所造成的一切后果均由分包单位承担。⑯分包单位应承担因为自身原因造成的安全事故的经济责任和法律责任。⑰分包单位应承担因为自身原因造成的环境污染的经济责任和法律责任。⑱分包单位应执行安全生产奖罚制度:要教育和约束职工严格执行施工现场安全管理规定,对遵章守纪者给予表扬和奖励,对违章作业、违章指挥、违反劳动纪律和规章制度者给予处罚。⑲分包单位要对分包工程范围内的工作人员的安全负责。⑳分包单位应采取一切严密的符合安全标准的预防措施,确保所有工作场所的安全,不得在危及工作人员安全和健康的危险情况下施工,并保证建筑工地所有人员或附近人员免遭本班组施工区域或相关区域可能发生的一切危险。

其他。施工单位在交工前应整理好关于施工期环境保护的有关资料,一般应包括以下内容:①工程资料。包括施工内容、施工工艺、大型船舶机械设备、施工平面图、施工周期、施工人数及污染物排放等基本工程概况。②环保制度与措施。包括生活区、施工现场及船舶机械设备环保管理措施与制度。③环保自查记录、整改措施与环境保护月报。④与监理单位往来文件。包括环境保护监理备忘录、环境保护监理检验报告表、环保事故报告表、环境保护监理业务联系单及回复单等。⑤环境恢复措施，主要包括：临时设施处置计划。主要内容有建筑物、构筑物（包括沉淀池、化粪池等）的处置计划；生态恢复及生态补偿措施等。主要包括取（弃）土场整治、道路（便道、便桥）及预制（拌和）场地、生活及建筑垃圾的处置，边坡整治、绿化等生态恢复和补偿措施。

（一）供应商的绿色施工和环境责任

在绿色施工和环境管理方面，供应商的主要责任是根据项目需求，提供合格的绿色建材产品。

绿色建材的定义是采用清洁生产技术，少用天然资源的能源，大量使用工业或城市固态废弃物生产的无毒害、无污染、有利于人体健康的建筑材料。它是对人体、周边环境无害的健康、环保、安全（消防）型建筑材料，是"绿色产品"大概念中的一个分支概念，国际上也称之为生态建材、健康建材和环保建材。20世纪90年代初，国际学术界明确提出绿色材料的定义：绿色材料是指在原料采取、产品制造、使用或者再循环以及废料处理等环节中对地球环境负荷为最小和有利于人类健康的材料，也称之为"环境调和材料"。

绿色建材就是绿色材料中的一大类。从广义上讲，绿色建材不是单独的建材品种，而是对建材"健康、环保、安全"属性的评价，包括对生产原料、生产过程、施工过程、使用过程和废弃物处置五大环节的分项评价和综合评价。绿色建材的基本功能除了作为建筑材料的基本实用性外，还在于维护人体健康、保护环境。绿色建材的基本特征与传统建材相比，绿色建材可归纳出以下五方面的基本特征：①生产所用原料尽可能少用天然资源，大量使用尾矿废渣垃圾废液等废弃物。②采用低能耗制造工艺和不污染环境的生产技术。③在产品配制或生产过程中，不使用甲醛、卤化物溶剂或芳香族碳氢化合物产品中不得含有汞及其化合物，不得使用含铅、铬及其化合物的颜料和添加剂。④产品的设计是以改善生活环境、提高生活质量为宗旨，即产品不仅不损害人体健康，而且应有益于人体健康，产品具有多功能化，如抗菌、灭菌、防雾、除臭、隔热、阻燃、防火、调温、调湿、消声、消磁、防射线、抗静电等。⑤产品可循环或回收再生利用，无污染环境的废弃物。

（二）监理单位的绿色施工和环境责任

监理单位受建设单位委托，依据《中华人民共和国环境保护法》及相关法律法规，对施工单位施工过程中的绿色施工活动和环境管理活动进行监督管理，确保各项措施满足环保要求，对施工过程中污染环境、破坏生态的行为进行监督管理。

监理进行落实施工依据的国家有关的法律、法规。包括《宪法》《中华人民共和国环境保护法》《中华人民共和国水法》《中华人民共和国土地管理法》《中华人民共和国水土保持法》《中华人民共和国文物保护法》《中华人民共和国水污染防治法》《中华人民共和国大气污染防治法》《中华人民共和国环境噪声污染防治法》《中华人民共和国固体废物污染环境保护法》等。

国家有关条例、办法、规定。包括《建设项目环境保护管理条例》《建设项目环境保护设施竣工验收管理规定》《关于开展交通工程环境监理工作的通知》《关于加强自然资源开发建设项目的生态环境管理的通知》《关于涉及自然保护区的开发建设项目环境管理工作有关问题的通知》等。

地方性法规、文件。地方人民代表大会及其常务委员会可以颁布地方性环境保护法规，它们同样是施工环境保护监理的依据。

国家标准。包括《城市区域环境噪声标准》《建筑施工场界噪声限值》《工业企业厂界噪声标准》《大气污染物综合排放标准》《锅炉大气污染物排放标准》《地表水环境质量标准》《污水综合排放标准》《城市区域环境振动标准》等。

作

监理单位应对建设工程的绿色施工管理承担监理责任。监理单位应审查施工组织设计中的绿色施工技术措施或专项施工方案，并在实施过程中做好监督检查工作。

监理单位在施工过程中，应依照以下程序进行绿色施工和环境管理方面的监理工作：①依据监理合同、设计文件、环评报告、水土保持方案以及施工合同、施工组织设计等编制施工环境保护监理规划。②按照施工环境保护监理规划、工程建设进度、各项环保对策措施编制施工环境保护监理实施细则。③依据编制的施工环境保护监理规划和实施细则，开展施工期环境保护监理。④工程交工后编写施工环境保护监理总结报告，整理监理档案资料，提交建设单位。⑤参与工程竣工环保验收。

作

（1）施工准备阶段

①参加设计交底，熟悉环评报告和设计文件，掌握沿线重要的环境保护目标，了解建设过程的具体环保目标，对敏感的保护目标做出标识。②审查施工单位的施工组织设计和开工报告，对施工过程的环保措施提出审查意见。③审查施工单位的临时用地方案是否符合环保要求，临时用地的恢复计划是否可行。④审查施工单位的环保管理体系是否责任明确，切实有效。⑤参加第一次工地会议，对工程的环保目标和环保措施提出要求。

（2）施工阶段

①审查施工单位编制的分部（分项）工程施工方案中的环保措施是否可行。②对施工现场、施工作业进行巡视或旁站监理，检查环境保护措施的落实情况。③监测各项环境指标，出具监测报告或成果。④向施工单位发出环保工作指示，并检查指令的执行情况。⑤编写环境监理月报。⑥参加工地例会。⑦建立、保管环境保护监理资料档案。⑧处理或协助主管部门和建设单位处理突发环保事件。

（3）交工及缺陷责任期。

①定期检查施工单位对环保遗留问题整改计划的实施，并根据工程具体情况，建议施工单位对整改计划进行调整。②检查已实施的环保达标工程和环保工程，对交工验收后发生的环保问题或工程质量缺陷及时进行调查和记录，并指示施工单位进行环境恢复或工程修复。③督促施工单位按合同及有关规定完成环保施工资料。④参加交工检查，确认现场清理工作、临时用地的恢复等是否达到环保要求。⑤检查施工单位的环保资料是否达到要求。⑥评估环保任务或环保目标的完成情况，对尚存的主要环境问题提出继续监测或处理的方案和建议。⑦完成缺陷责任期环境保护监理工作。

（4）竣工环保验收阶段

整理施工环境保护监理竣工资料，主要内容有：①施工环境保护监理规划。②施工环境保护监理实施细则。③与建设单位、施工单位、设计单位来往环保监理文件。④监理通知单及回复单。⑤因环保问题签发的停（复）工通知单。⑥与环境保护有关的会议记录和纪要。⑦施工环境保护监理月报。

编制工程环境保护监理总结报告。

提出竣工前所需的环保部门的各种批件，并协助办理。

收集保存竣工验收时环保主管部门的所需资料。

完成竣工验收小组交办的工作。

①协助建设单位落实施工过程的环境监测计划。②监测应定期进行，使数据有可比性，为制定环境保护监理措施和判断环保措施执行效果提供必要的依据。③施工环境保护监理有时候会需要一些监测点以外的即时监测数据，因此环保监理单位有必要自备一些常用的监测设备，能够自行监测一些比较简单的项目，如噪声、TSP 等。一般定期监测的项目有空气质量、地表水质量、声环境质量等。

根据不同项目的实际情况，环境影响报告会提出不同的环保措施，甚至会有比较特殊的措施。对于环境影响报告提出的已经批准的措施，应协助建设单位有效实施。

①施工环境保护监理规划。②施工环境保护监理实施细则。③与建设单位、施工单位、设计单位来往环保监理文件。④监理通知单及回复单。⑤因环保问题签发的停（复）工通知单。⑥与环境保护有关的会议记录和纪要。⑦施工环境保护监理月报。

（三）建设单位的绿色施工和环境责任

建设单位的绿色施工和环境责任十分重要，其对施工企业的环境行为影响重大，包括：①建设单位应向施工单位提供建设工程绿色施工的相关资料，保证资料的真实性和完整性。②在编制工程概算和招标文件时,建设单位应明确建设工程绿色施工的要求,并提供包括场地、环境、工期、资金等方面的保障。③建设单位应会同建设工程参建各方接受工程建设主管部门对建设工程实施绿色施工的监督、检查工作。④建设单位应组织协调建设工程参建各方的绿色施工管理工作。

第三节 施工环境因素及其管理

(一) 环境因素的识别

对环境因素的识别与评价通常要考虑以下方面:①向大气的排放。②向水体的排放。③向土地的排放。④原材料和自然资源的使用。⑤能源使用。⑥能量释放(如热、辐射、振动等)。⑦废物和副产品。⑧物理属性,如大小、形状、颜色、外观等。

除了对它能够直接控制的环境因素外,企业还应当对它可能施加影响的环境因素加以考虑。例如与它所使用的产品和服务中的环境因素,以及它所提供的产品和服务中的环境因素。以下提供了一些对这种控制和影响进行评价的指导。不过,在任何情况下,对环境因素的控制和施加影响的程度都取决于企业自身。

应当考虑的与组织的活动、产品和服务有关的因素,如:①设计和开发。②制造过程。③包装和运输。④合同方和供方的环境绩效和操作方式。⑤废物管理。⑥原材料和自然资源的获取和分配。⑦产品的分销、使用和报废。⑧野生环境和生物多样性。

对企业所使用产品的环境因素的控制和影响因不同的供方和市场情况而有很大差异。例如,一个自行负责产品设计的组织,可以通过改变某种输入原料有效地施加影响;而一个根据外部产品规范提供产品的组织在这方面的作用就很有限。

一般说来,组织对它所提供的产品的使用和处置(例如用户如何使用和处置这些产品),控制作用有限。可行时它可以考虑通过让用户了解正确的使用方法和处置机制来施加影响。完全地或部分地由环境因素引起的对环境的改变,无论其有益还是有害,都称之为环境影响。环境因素和环境影响之间是因果关系。

在某些地方,文化遗产可能成为组织运行环境中的一个重要因素,因而在理解环境影响时应当加以考虑。

由于一个企业可能有很多环境因素及相关的环境影响,应当建立判别重要环境的准则和方法。唯一的判别方法是不存在的,原则是所采用的方法应当能提供一致的结果,包括建立和应用评价准则,例如有关环境事务、法律法规问题,以及内、外部相关方的关注等方面的准则。

对于重要环境信息, 组织除在设计和实施环境管理地应考虑如何使用外, 还应当考虑将它们作为历史数据予以留存的必要。

在识别和评价环境因素的过程中, 还应当考虑到从事活动的地点、进行这些分析所需的时间和成本, 以及可靠数据的获得。对环境因素的识别不要求作详细的生命周期评价。

对环境因素进行识别和评价的要求, 不改变或增加组织的法律责任。

确定环境因素的依据: 客观地具有或可能具有环境影响的; 法律、法规及要求有明确规定的; 积极的或负面的; 相关方有要求的; 其他。

(二) 识别环境因素的方法

识别环境因素的方法有物料衡算、产品生命周期、问卷调查、专家咨询、现场观察 (查看和面谈)、头脑风暴、查阅文件和记录、测量、水平对比内部、同行业或其他行业比较、纵向对比—组织的现在和过去比较等。这些方法各有利弊, 具体使用时可将各种方法组合使用, 下面介绍几种常用的环境因素识别方法。

由有关环保专家、咨询师、组织的管理者和技术人员组成专家评议小组, 评议小组应具有环保经验、项目的环境影响综合知识, IS014000 标准和环境因素识别知识, 并对评议组织的工艺流程十分熟悉, 才能对环境因素准确、充分的识别。在进行环境因素识别时, 评议小组采用过程分析的方法, 在现场分别对过程片段的不同的时态、状态和不同的环境因素类型进行评议, 集思广益。如果评议小组专业人员选择得当, 识别就能做到快捷、准确的结果。

问卷评审是通过事先准备好的一系列问题, 通过到现场察看和与人员交谈的方式, 来获取环境因素的信息。问卷的设计应本着全面和定性与定量相结合的原则。问卷包括的内容应尽量覆盖组织活动、产品, 以及其上、下游相关环境问题中的所有环境因素, 一个组织内的不同部门可用同样的设计好的问卷, 虽然这样在一定程度上缺乏针对性, 但为一个部门设计一份调查卷是不实际的。典型的调查卷中的问题可包括以下内容: ①产生哪些大气污染物? 污染物浓度及总量是多少? ②产生哪些水污染物? 污染物浓度及总量是多少? ③使用哪些有毒有害化学品? 数量是多少? ④在产品设计中如何考虑环境问题? ⑤有哪些紧急状态? 采取了哪些预防措施? ⑥水、电、煤、油用量各多少? 与同行业和往年比较结果如何? ⑦有哪些环保设备? 维护状况如何? ⑧产生哪些有毒有害固体废弃物? 如何处置的? ⑨主要噪声源有哪些? 厂界是否达标? ⑩是否有居民投诉情况? 做没做调查?

以上只是部分调查内容, 可根据实际情况制订完整的问卷提纲。

现场观察和面谈都是快速直接地识别出现场环境因素最有效的方法。这些环境因素可能是已具有重大环境影响的,或者是具有潜在的重大环境影响的,有些是存在环境风险的。如:①观察到较大规模的废机油流向厂外的痕迹。②询问现场员工,回答"这里不使用有毒物质",但在现场房角处发现存有剧毒物质。③员工不知道组织是否有环境管理制度,而组织确是存在一些环境制度。④发现锅炉房烟囱黑烟。⑤听到厂房传出刺耳的噪声。⑥垃圾堆放场各类废弃物混放,包括金属、油棉布、化学品包装瓶、大量包装箱、生活垃圾等。

现场面谈和观察还能获悉组织环境管理的其他现状,如环保意识、培训、信息交流、运行控制等方面的缺陷,另一方面也能发现组织增强竞争力的一些机遇。如果是初始环境评审,评审员还可向现场管理者提出未来体系建立或运行方面的一些有效建议。

一般的组织都存在有一定价值的环境管理信息和各种文件,评审员应认真审查这些文件和资料。需要关注的文件和资料包括:①排污许可证、执照和授权。②废物处理、运输记录、成本信息。③监测和分析记录。④设施操作规程和程序。⑤过去场地使用调查和评审。⑥与执法当局的交流记录。⑦内部和外部的抱怨记录。⑧维修记录、现场规划。⑨有毒、有害化学品安全参数。⑩材料使用和生产过程记录,事故报告。

(一)环境影响评价的基本条件

环境影响评价具备判断功能、预测功能、选择功能与导向功能。理想情况下,环境影响评价应满足以下条件:①基本上适应所有可能对环境造成显著影响的项目,并能够对所有可能的显著影响做出识别和评估。②对各种替代方案(包括项目不建设或地区不开发的情况)、管理技术、减缓措施进行比较。③生成清楚的环境影响报告书,以使专家和非专家都能了解可能影响的特征及其重要性。④包括广泛的公众参与和严格的行政审查程序。⑤及时、清晰的结论,以便为决策提供信息。

(二)环境因素的评价指标体系的建立原则

建立环境因素评价指标体系的原则:①简明科学性原则:指标体系的设计必须建立在科学的基础上,客观、如实地反映建筑绿色施工各项性能目标的构成,指标繁简适宜、实用、具有可操作性。②整体性原则:构造的指标体系全面、真实地反映绿色建筑在施工过程中资源、能源、环境、管理、人员等方面的基本特征。每一个方面由一组指标构成,各指标之间既相互独立,又相互联系,共同构成一个有机整体。③可比可量原则:指标的统计口径,含义、适用范围在不同施工过程中要相同;保证评价指标具有可比性;可量化原则是要求指标中定量指标可以直接量化,定性指标可以间接赋值量化,易于分析计算。④动态导向性原则:要求指标能够反映我国绿色建筑施工的历史、现状、潜力以及演变趋势,揭示内部发展规律,进而引导可持续发展政策的制定、调整和实施。

(三) 环境因素的评价的方法

环境因素的评价是采用某一规定的程序方法和评价准则对全部环境因素进行评价，最终确定重要环境因素的过程。常用的环境因素评价方法有：是非判断法、专家评议法、多因子评分法、排放量/频率对比法、等标污染负荷法、权重法等。这些方法中前三种属于定性或半定量方法，评价过程并不要求取得每一项环境因素的定量数据；后四种则需要定量的污染物参数，如果没有环境因素的定量数据则评价难以进行，方法的应用将受到一定的限制。因此，评价前，必须根据评价方法的应用条件，适用的对象进行选择，或根据不同的环境因素类型采用不同的方法进行组合应用，才能得到满意的评价结果。下面介绍几种常用的环境因素评价方法：

是非判断法根据制定的评价准则，进行对比、衡量并确定重要因素。当符合以下评价准则之一的，即可判为重要环境因素。该方法简便、操作容易，但评价人员应熟悉环保专业知识，才能做到判定准确。评价准则如下：①违反国家或地方环境法律法规及标准要求的环境因素（如超标排放污染物，水、电消耗指标偏高等）。②国家法规或地方政府明令禁止使用或限制使用或限期替代使用的物质（如氟利昂替代、石棉和多氯联苯、使用淘汰的工艺、设备等）。③属于国家规定的有毒、有害废物（如国家危险废物名录共47类，医疗废物的排放等）。④异常或紧急状态下可能造成严重环境影响（如化学品意外泄漏、火灾、环保设备故障或人为事故的排放）。⑤环保主管部门或组织的上级机构关注或要求控制的环境因素。⑥造成国家或地方级保护动物伤害、植物破坏的(如伤害保护动物一只以上，或毁残植物一棵以上)（适用于旅游景区的环境因素评价）。⑦开发活动造成水土流失而在半年内得到控制恢复的(修路、景区开发、开发区开发等)。

应用时可根据组织活动或服务的实际情况、环境因素复杂程度制定具体的评价准则。评价准则应适合实际，具备可操作、可衡量，保证评价结果客观、可靠。

多因子评分法是对能源、资源、固废、废水、噪声等五个方面异常、紧急状况制定评分标准。制定评分标准时尽量使每一项环境影响量化，并以评价表的方式，依据各因子的重要性参数来计算重要性总值，从而确定重要性指标，根据重要性指标可划分不同等级，得到环境因素控制分级，从而确定重要环境因素。

在环境因素评价的实际应用中，不同的组织对环境因素重要性的评价准则略有差异，因此，评价时可根据实际情况补充或修订，对评分标准做出调整，使评价结果客观、合理。

(四) 环境因素更新

环境因素更新包括日常更新和定期更新。企业在体系运行过程中，如本部门环境因素发生变化时，应及时填写"环境因素识别、评价表"以便及时更新。当发生以下情况时，应进行环境因素更新：①法律法规发生重大变更或修改时，应进行环境因素更新。②发生重大环境事故后应进行环境因素更新。③项目或产品结构、生产工艺、设备发生变化时，应进行环境因素更新。④发生其他变化需要进行环境因素更新时，应进行环境因素的更新。

（五）施工环境因素的基本分类

环境因素的基本分类包括：①水、气、声、渣等污染物排放或处置。②能源、资源、原材料消耗。③相关方的环境问题及要求。④其他。

（六）环境因素评价与确定

环境因素评价与确定要依据环境影响的范围、性质和时限性，以及11个方面。应考虑：①施工的一般和正常活动。②所有进入工作场所的人员（包括员工和相关方人员）的活动及环境影响。③企业人员能力、意识和培训情况。④产生于工作场所之外、能够对工作场所内组织控制下的人员产生有影响的、已辨识的环境因素。⑤工作场所附近，由组织控制下的工作活动产生的环境因素。⑥工作场所的基础设施、设备和材料中的环境因素，无论是否由组织或外界提供。⑦企业内，活动或材料的变化或计划的变化。⑧绿色施工与环境管理体系的改变，包括临时变化，以及对运行、过程和活动的影响。⑨任何与环境影响评价和必要控制措施的实施相关的适用法律义务。⑩法律、法规及相关影响因素的变化。⑪其他。

施工企业应关注上述因素的权重及变化趋势，根据施工情况的情况变更，调整相关环境因素，确定重要环境因素，并进行有效的环境影响管理。具体程序：①评价环境影响。②确定环境影响评价权重。③评估变化的情况。④对比分析。⑤确定重要环境因素。⑥及时进行相关调整。⑦形成重要环境因素清单。

第四节　绿色施工与环境目标

绿色施工与环境管理是针对环境因素，特别是重要环境因素的管理行为。

绿色施工的目标指标是围绕环境因素，根据企业的发展需求、法规要求、社会责任等集成化内容确定的。相关措施是为了实现目标指标而制定的实施方案。

（一）绿色施工与环境管理的编制依据

①法规、法律及标准、规范要求。②企业环境管理制度。③相关方需求。④施工组织设计及实施方案。⑤其他。

（二）绿色施工与环境管理方案的内容

①环境目标指标。②环境因素识别、评价结果。③环境管理措施。④相关绩效测量方法。⑤资源提供规定。

（三）绿色施工与环境管理方案审批

①按照企业文件批准程序执行。②由授权人负责实施审批。

（一）节材措施

①图纸会审时，应审核节材与材料资源利用的相关内容，达到材料损耗率比定额损耗率降低30%。②根据材料计划用量用料时间，选择合适供应方，确保材料质高价低，按用料时间进场。建立材料用量台账，根据消耗定额，限额领料，做到当日领料当日用完，减少浪费。③根据施工进度、库存情况等合理安排材料的采购、进场时间和批次，减少库存。④现场材料堆放有序。储存环境适宜，措施得当。保管制度健全，责任落实。⑤材料运输工具适宜，装卸方法得当，防止损坏和遗撒。根据现场平面布置情况就近卸载，避免和减少二次搬运。⑥采取技术和管理措施提高模板、脚手架等的周转次数。⑦优化安装工程的预留、预埋、管线路径等方案。⑧应就地取材，施工现场500km以内生产的建筑材料用量占建筑材料总重量的70%以上。⑨减少材料损耗，通过仔细的采购和合理的现场保管，减少材料的搬运次数，减少包装，完善操作工艺，增加摊销材料的周转次数等降低材料在使用中的消耗，提高材料的使用效率。

（二）结构材料节材措施

①推广使用预拌混凝土和商品砂浆。准确计算采购数量、供应频率、施工速度等，在施工过程中动态控制。结构工程使用散装水泥。②推广使用高强钢筋和高性能混凝土，减少资源消耗。③推广钢筋专业化加工和配送。④优化钢筋配料和钢构件下料方案。钢筋及钢结构制作前应对下料单及样品进行复核，无误后方可批量下料。⑤优化钢结构制作和安装方法。大型钢结构宜采用工厂制作，现场拼装；宜采用分段吊装、整体提升、滑移、顶升等安装方法，减少方案的措施用材量。⑥采取数字化技术，对大体积混凝土、大跨度结构等专项施工方案进行优化。

（三）围护材料节材措施

①门窗、屋面、外墙等围护结构选用耐候性及耐久性良好的材料,施工确保密封性、防水性和保温隔热性。②门窗采用密封性、保温隔热性能、隔声性能良好的型材和玻璃等材料。③屋面材料、外墙材料具有良好的防水性能和保温隔热性能。④当屋面或墙体等部位采用基层加设保温隔热系统的方式施工时,应选择高效节能、耐久性好的保温隔热材料,以减小保温隔热层的厚度及材料用量。⑤屋面或墙体等部位的保温隔热系统采用专用的配套材料,以加强各层次之间的黏结或连接强度,确保系统的安全性和耐久性。⑥根据建筑物的实际特点,优选屋面或外墙的保温隔热材料系统和施工方式,例如保温板粘贴、保温板干挂、聚氨酯硬泡喷涂、保温浆料涂抹等,以保证保温隔热效果,并减少材料浪费。⑦加强保温隔热系统与围护结构的节点处理,尽量降低热岛效应。针对建筑物的不同部位保温隔热特点,选用不同的保温隔热材料及系统,以做到经济适用。

（四）装饰装修材料节材措施

①贴面类材料在施工前,应进行总体排版策划,减少非整块材的数量。②采用非木质的新材料或人造板材代替木质板材。③防水卷材、壁纸、油漆及各类涂料基层必须符合要求,避免起皮、脱落。各类油漆及胶粘剂应随用随开启,不用时及时封闭。④幕墙及各类预留预埋应与结构施工同步。⑤木制品及木装饰用料、玻璃等各类板材等宜在工厂采购或定制。⑥采用自粘类片材,减少现场液态胶粘剂的使用量。

（五）周转材料节材措施

①应选用耐用、维护与拆卸方便的周转材料和机具。②优先选用制作、安装、拆除一体化的专业队伍进行模板工程施工。③模板应以节约自然资源为原则,推广使用定型钢模、钢框竹模、竹胶板。④施工前应对模板工程的方案进行优化。多层、高层建筑使用可重复利用的模板体系,体系与措施模板支撑宜采用工具式支撑。⑤优化高层建筑的外脚手架方案,采用整体提升、分段悬挑等方案。⑥推广采用外墙保温板替代混凝土施工模板的技术。⑦现场办公和生活用房采用周转式活动房。现场围挡应最大限度地利用已有围墙,或采用装配式可重复使用围挡封闭。力争工地临房、临时围挡材料的可重复使用率达到70%。

（六）节水与水资源利用

①施工中采用先进的节水施工工艺。②施工现场喷洒路面、绿化浇灌不宜使用市政自来水。现场搅拌用水、养护用水应采取有效的节水措施,严禁无措施浇水养护混凝土。③施工现场供水管网应根据用水量设计布置,管径合理、管路简洁,采取有效措施减少管网和用水器具的漏损。④现场机具、设备、车辆冲洗用水必须设立循环用水装置。施工现场办公区、生活区的生活用水采用节水系统和节水器具,提高节水器具配置比率。项目临时

用水应使用节水型产品,安装计量装置,采取针对性的节水措施。⑤施工现场建立可再利用水的收集处理系统,使水资源得到梯级循环利用。⑥施工现场分别对生活用水与工程用水确定用水定额指标,并分别计量管理。⑦大型工程的不同单项工程、不同标段、不同分包生活区,凡具备条件的应分别计量用水,量。在签订不同标段分包或劳务合同时,将节水定额指标纳入合同条款,进行计量考核。⑧对混凝土搅拌站点等用水集中的区域和工艺点进行专项计量考核。施工现场建立雨水、废水或可再利用水的搜集利用系统。

①优先采用废水搅拌、废水养护,有条件的地区和工程应收集雨水养护。②处于基坑降水阶段的工地,宜优先采用地下水作为混凝土搅拌用水、养护用水、冲洗用水和部分生活用水。③现场机具、设备、车辆冲洗、喷洒路面、绿化浇灌等用水,优先采用非传统水源,尽量不使用市政自来水。④大型施工现场,尤其是雨量充沛地区的大型施工现场建立雨水收集利用系统,充分收集自然降水用于施工和生活中适宜的部位。⑤力争施工中非传统水源和循环水的再利用量大于30%。

在非传统水源和现场循环再利用水的使用过程中,应制定有效的水质检测与卫生保障措施,确保避免对人体健康、工程质量以及周围环境产生不良影响。

(七) 节地与施工用地保护

①根据施工规模及现场条件等因素合理确定临时设施,如临时加工厂、现场作业棚及材料堆场、办公生活设施等的占地指标。临时设施的占地面积应按用地指标所需的最低面积设计。②要求平面布置合理、紧凑,在满足环境、职业健康与安全及文明施工要求的前提下尽可能减少废弃地和死角,临时设施占地面积有效利用率大于90%。

①应对深基坑施工方案进行优化,减少土方开挖和回填量,最大限度地减少对土地的扰动,保护周边自然生态环境。②红线外临时占地应尽量使用荒地、废地,少占用农田和耕地。工程完工后,及时对红线外占地恢复原地形、地貌,使施工活动对周边环境的影响降至最低。③利用和保护施工用地范围内原有绿色植被。对于施工周期较长的现场,可按建筑永久绿化的要求,安排场地新建绿化。

①施工总平面布置应做到科学、合理,充分利用原有建筑物、构筑物、道路、管线为施工服务。②施工现场搅拌站、仓库、加工厂、作业棚、材料堆场等布置应尽量靠近已有交通线路或即将修建的正式或临时交通线路,缩短运输距离。③临时办公和生活用房应采用经济、美观、占地面积小、对周边地貌环境影响较小,且适合于施工平面布置动态调整的多

层轻钢活动板房、钢骨架水泥活动板房等标准化装配式结构。生活区与生产区应分开布置，并设置标准的分隔设施。④施工现场围墙可采用连续封闭的轻钢结构预制装配式活动围挡减少建筑垃圾，保护土地。⑤施工现场道路按照永久道路和临时道路相结合的原则布置。施工现场内形成环形通道，减少道路占用土地。⑥临时设施布置应注意远近结合（本期工程与下期工程），努力减少和避免大量临时建筑拆迁和场地搬迁。

（八）环境保护

①现场扬尘排放达标：现场施工扬尘排放达到国家要求的粉尘排放标准。②施工期间加强环保意识、保持工地清洁、控制扬尘、杜绝材料浪费。③现场主要道路：为降低施工现场扬尘发生，施工现场主要道路采用二灰石路面，每天派专人随时清扫现场主要施工道路，清扫前适量洒水压尘；同时对于黄土露天的部分场地进行随机插入式绿化，以减少扬尘。④运送土方、垃圾、设备及建筑材料等，不污损场外道路。运输容易散落、飞扬、流漏的物料的车辆，必须采取措施封闭严密，保证车辆清洁。施工现场出口应设置洗车槽。⑤土方作业阶段，采取洒水、覆盖等措施，达到作业区目测扬尘高度小于1.5m，不扩散到场区外。现场不堆放土方，运输时在车上覆盖密目网，防止扬尘。挖土期间，在车辆出门前，派专人清洗泥土车轮胎，运输坡道上可设置钢筋网格或基层废旧密目网振落轮胎上的泥土。在院全硬化的混凝土道路上设置淋湿地毡，防止车辆带土和扬尘。⑥结构施工、安装装饰装修阶段，作业区目测扬尘高度小于0.5m。对易产生扬尘的堆放材料应采取覆盖措施；对粉末状材料应封闭存放；场区内可能引起扬尘的材料及建筑垃圾搬运应有降尘措施，如覆盖、洒水等；浇筑混凝土前清理灰尘和垃圾时尽量使用吸尘器，避免使用吹风器等易产生扬尘的设备；机械剔凿作业时可用局部遮挡、掩盖、水淋等防护措施；高层或多层建筑清理垃圾应搭设封闭性临时专用道或采用容器吊运。⑦模板施工阶段，每次模板拆模后设专人及时清理模板上的混凝土和流浆，模板清理过程中的垃圾及时清运到施工现场垃圾存放点，保证模板及堆放场地清洁。⑧施工现场非作业区达到目测无扬尘的要求。对现场易飞扬物质采取有效措施，如洒水、地面硬化、围挡、密网覆盖、封闭等，防止扬尘产生。⑨回填土施工所采用的石灰用袋装进入现场，及时入库。禁止将白灰沿槽边倾倒，以免石灰颗粒飘散产生扬尘。⑩切割、钻孔的防尘措施：齿锯切割木材时，在锯机的下方设置遮挡锯末挡板，使锯末在内部沉淀后回收。钻孔用水钻进行，在下方设置疏水槽，将浆水引至容器内沉淀后处理。⑪水泥、石灰和其他易飞扬物、细颗粒散体材料，安排在室内存放或严密遮盖，运输时言防止遗洒、飞扬，卸运时采用码放措施，减少污染。⑫钢筋加工棚、木工加工棚、封闭仓库地面，均采用水泥砂浆面层，并每天清扫，经常洒水降尘，木工操作面要及时清理木屑、锯末。⑬构筑物机械拆除前，做好扬尘控制计划。可采取清理积尘、拆除体洒水、设置隔挡等措施。⑭建筑结构内的施工垃圾清运采用搭设封闭式临时专用垃圾道运输或采用袋装吊运，严禁随意凌空抛洒，并适量洒水，减少扬尘对空气的污染。

⑮ 构筑物爆破拆除前，做好扬尘控制计划。可采用清理积尘、淋湿地面、预湿墙体、屋面敷水袋楼面蓄水、建筑外设高压喷雾状水系统、搭设防尘排栅和直升机投水弹等综合降尘。选择风力小的天气进行爆破作业。⑯ 在场界四周隔挡高度位置测得的大气总悬浮颗粒物（TSP）月平均浓度与城市背景值的差值不大于 0.08mg/m3。

①施工现场严禁焚烧各类废弃物。②施工车辆、机械设备的尾气排放应符合国家和北京市规定的排放标准。③建筑材料应有合格证明。对含有害物质的材料应进行复检，合格后方可使用。④民用建筑工程室内装修严禁采用沥青、煤焦油类防腐、防潮处理剂。⑤施工中所使用的阻燃剂、混凝土外加剂氨的释放量应符合国家标准。⑥废气排量控制：与运输单位签署环保协议，使用满足本地区尾气排放标准的运输车辆，不达标的车辆不允许进入施工现场。项目部自用车辆均要为排放达标车辆。所有机械设备由专业企业负责提供，有专人负责保养、维修，定期检查，确保完好。

①对于噪声的控制是防止环境污染、提高环境品质的一个重要方面。中国已经出台相应规定对施工噪声进行限制。绿色施工也强调对施工噪声的控制，以防止施工扰民。合理安排施工时间，实施封闭式施工，采用现代化的隔离防护设备，采用低噪声、低振动的建筑机械，如无声振捣设备等是控制施工噪声的有效手段。②现场噪声排放不得超过国家标准《建筑施工场界环境噪声排放标准》的规定。③在施工场界对噪声进行实时监测与控制。监测方法执行国家标准。④加强环保意识的宣传，采用有力的措施控制人为的施工噪声，严格管理，最大限度减少噪声污染。⑤使用低噪声、低振动的机具，采取隔声与隔振措施，避免或减少施工噪声和振动。⑥现场混凝土振捣采用低噪声混凝土振动棒，振捣混凝土时，不得振捣钢筋和模板，并做到快插慢拔。⑦模板脚手架在支设、拆除和搬运时，必须轻拿轻放，上下、左右有人传递。⑧木材切割噪声控制：在木材加工场地切割机周围搭设一面围挡结构，尽量减少噪声污染。⑨使用电锯切割时，应及时在锯片上刷油，且锯片送速不能太快。⑩使用电锤、电钻时，应使用合格的产品，及时在钻头上注油或水。⑪塔吊指挥使用对讲机来消除起重工的哨声带来的噪声污染。⑫对高噪声的设备实行封闭式隔声处理。⑬车辆进入现场时速不得超过 5km，不得鸣笛。

①尽量避免或减少施工过程中的光污染。夜间室外照明灯加设灯罩，透光方向集中在施工范围。②灯光集中照射，避免干扰周边场所。③进出运输材料车辆一律不允许开大灯。④灯尽量选择既能满足照明要求又不刺眼的新型灯具，夜间室外照明灯加设灯罩，只照射施工区而不影响周边场所。⑤电焊作业采取遮挡措施，避免电焊弧光外泄。具体措施：设置焊接光棚，钢结构焊接部位设置遮光棚，防止强光外射对工地周围区域造成影响。对于板钢筋的焊接，可以用废旧模板钉维护挡板；对于大钢结构采用钢管扣件、防火帆布搭设，可拆卸循环利用。⑥控制照明光线的角度：工地周边及塔吊上设置大型罩式灯，随着工地

的进度及时调整罩灯的角度,保证强光线不射出工地外。施工工地上设置的碘钨灯照射方向始终朝向工地内侧。

①施工现场污水排放应达到国家标准《污水综合排放标准》的要求。②在施工现场应针对不同的污水,设置相应的处理设施,如沉淀池、隔油池、化粪池等。具体措施有:a.雨水:雨水经过沉淀池后排入市政管网。b.污水排放:现场设置厕所,定期清理、定期检查,间隔时间要短。c.设置隔油池:在工地食堂洗碗池下方设置隔油池。每天清扫、清洗,油物随生活垃圾一同收入生活垃圾桶,由专门养殖场收走。d.设置沉淀池:沉淀池设置在现场大门处,清洗混凝土搅拌车、泥土车等的污水经过沉淀后,可再利用在现场洒水和混凝土养护等。e.对于化学品等有毒材料、油料的储存地,应有严格的隔水层设计,做好渗漏液收集和处理。③污水排放应委托有资质的单位进行废水水质检测,提供相应的污水检测报告。④保护地下水环境。采用隔水性能好的边坡支护技术。在缺水地区或地下水位持续下降地区,基坑降水尽可能少地抽取地下水;当基坑开挖抽水量大于 50 万 m^3 时,应进行地下水回灌,并避免地下水被污染。⑤对于化学品等有毒材料、油料的储存地,应有严格的隔水层设计,做好渗漏液收集和处理。

①保护地表环境,防止土壤侵蚀、流失。因施工造成的裸土,及时覆盖砂石或种植速生草种,以减少土壤侵蚀;因施工造成容易发生地表径流土壤流失的情况,应采取设置地表排水系统、稳定斜坡、植被覆盖等措施,减少土壤流失。②沉淀池、隔油池、化粪池等不发生堵塞、渗漏、溢出等现象。及时清掏各类池内沉淀物,并委托有资质的单位清运。定期清理排水沟和沉淀池。③对于有毒有害废弃物,如电池、墨盒、油漆、涂料等应回收后交给有资质的单位处理,不能作为建筑垃圾外运;废旧电池要回收,在领取新电池时交回旧电池,最后由项目部统一处理,避免污染土壤和地下水。④机械机油处理:在机械的下方铺设苫布,上面铺上一层沙吸油,最后集中找有资质的单位处理。⑤施工后应恢复施工活动破坏的植被(一般指临时占地内)。与当地园林、环保部门或当地植物研究机构进行合作,在先前开发地区种植当地或其他合适的植物,以恢复剩余空地貌或科学绿化,补救施工活动中人为破坏植被和地貌造成的土壤侵蚀。

①制定建筑垃圾减量化计划,如住宅建筑,每万虻的建筑垃圾不宜超过400t。②加强建筑垃圾的回收再利用,力争建筑垃圾的再利用和回收率达到30%,建筑物拆除产生的废弃物的再利用和回收率大于40%。对于碎石类、土石方类建筑垃圾,可采用地基填埋、铺路等方式提高再利用率,力争再利用率大于50%。③对建筑垃圾进行分类,生活垃圾与施工垃圾分开,实施全封闭管理。现场设立固定的垃圾临时存放点,并在各区域内设立足够尺寸的垃圾箱。所有垃圾在当天清运至指定垃圾场。④施工现场生活区设置封闭式垃圾容器,施工场地生活垃圾实行袋装化,及时清运。⑤采取"减量化、资源化和无害化"措施。

①工程开工前,建设单位应组织对施工场地所在地区的土壤环境现状进行调查,制定科学的保护或恢复措施,防止施工过程中造成土壤侵蚀、规划,减少施工活动对土壤环境的破坏和污染。②建设项目涉及古树名木保护的,工程开工前,应有建设单位提供政府主管部门批准的文件,未经批准,不得施工。③建设项目施工中涉及古树名木确需迁移,应按照古树名木移植的有关规定办理移植许可证和组织施工。④对场地内无法移栽、必须原地保留的古树名木应划定保护区域,严格履行园林部门批准的保护方案,采取有效保护措施。⑤施工单位在施工过程中一旦发现文物,应立即停止施工,保护现场并通报文物管理部门。⑥建设项目场址内因特殊情况不能避开地上文物,应积极履行经文物行政主管部门审核批准的原址保护方案,确保其不受施工活动损害。⑦对于因施工而破坏的植被、造成的裸土,必须及时采取有效的措施,以避免土壤侵蚀、流失,如采取覆盖砂石、种植速生草种等措施。施工结束后,被破坏的原有植被场地必须恢复或进行合理绿化。

文

①施工前应调查清楚地下各种设施,做好保护计划,保证施工场地周边的各类管道、管线、建筑物、构筑物的安全运行。②在工程现场发掘出的所有化石、硬币、有价值物品或文物、建筑结构及有地质或考古价值的其他以及或物品,均属于国家财产。施工过程中一旦发现上述文物,立即停止施工,保护现场并通报文物部门并协助做好工作。③避让、保护施工场区及周边的古树名木。④逐步开展统计分析施工项目的二氧化碳排放量,以及各种不同植被和树种的二氧化碳固定量的工作。

①尽可能合理地安排施工顺序,使会受到不利气候影响的施工工序能够在不利气候来临前完成。例如在雨季来临之前完成土方工程、基础工程的施工,以减少地下水位上升对施工的影响,减少其他需要增加的额外雨期施工保证措施。②安排好全场性排水、防洪,减少对现场及周边环境的影响。③施工场地布置应结合气候,符合劳动保护、安全、防火的要求。产生有害气体和污染环境的加工场(如沥青熬制、石灰熟化)及易燃的设施(如木工棚、易燃物品仓库)应布置在下风向,且不危害当地居民;起重设施的布置应考虑风、雷电的影响。④在冬季、雨季、风季、炎热夏期施工中,应针对工程特点,尤其是对混凝土工程、土方工程、深基础工程、水下工程和高空作业等,选择适合的季节性施工方法或有效措施。

参考文献

[1] 李慧民, 张扬, 田卫. 旧工业建筑绿色再生概论 [M]. 北京: 中国建筑工业出版社, 2017.04.

[2] 杨文领. 建筑工程绿色监理 [M]. 杭州: 浙江大学出版社, 2017.10.

[3] 刘冰. 绿色建筑理念下建筑工程管理研究 [M]. 成都: 电子科技大学出版社, 2017.12.

[4] 海晓凤. 绿色建筑工程管理现状及对策分析 [M]. 长春: 东北师范大学出版社, 2017.07.

[5] 张亮. 绿色建筑设计及技术 [M]. 合肥: 合肥工业大学出版社, 2017.05.

[6] 孔清华. 建筑桩基的绿色创新技术 [M]. 上海: 同济大学出版社, 2017.04.

[7] 吴瑞卿, 祝军权. 绿色建筑与绿色施工 [M]. 长沙: 中南大学出版社, 2017.01.

[8] 于群, 杨春峰. 绿色建筑与绿色施工 [M]. 北京: 清华大学出版社, 2017.06.

[9] 张彤, 鲍莉. 绿色建筑设计教程 [M]. 北京: 中国建筑工业出版社, 2017.10.

[10] 沈鑫, 陈旭, 丛玲玲. 绿色建筑与节能工程 [M]. 长春: 吉林科学技术出版社, 2017.09.

[11] 姚建顺, 毛建光, 王云江. 绿色建筑 [M]. 北京: 中国建材工业出版社, 2018.11.

[12] 沈艳忱, 梅宇靖. 绿色建筑施工管理与应用 [M]. 长春: 吉林科学技术出版社, 2018.12.

[13] 胡德明, 陈红英. 生态文明理念下绿色建筑和立体城市的构想 [M]. 杭州: 浙江大学出版社, 2018.07.

[14] 王燕飞. 面向可持续发展的绿色建筑设计研究 [M]. 中国原子能出版社, 2018.05.

[15] 张柏青. 绿色建筑设计与评价技术应用及案例分析 [M]. 武汉: 武汉大学出版社, 2018.11.

[16] 郝永池, 袁利国. 绿色建筑 [M]. 北京: 化学工业出版社, 2018.05.

[17] 李继业, 郗忠梅, 刘燕. 绿色建筑节能工程监理 [M]. 北京: 化学工业出版社, 2018.06.

[18] 康忠山, 梁亮. 绿色建筑设计与建设 [M]. 西安: 西北工业大学出版社, 2018.07.

[19] 杨培志. 绿色建筑节能设计 [M]. 长沙: 中南大学出版社, 2018.12.

[20] 刘经强, 刘乾宇, 刘岗. 绿色建筑节能工程设计 [M]. 北京: 化学工业出版社,

2018.07.

[21] 赵永杰, 张恒博, 赵宇 . 绿色建筑施工技术 [M]. 长春: 吉林科学技术出版社, 2019.06.

[22] 华洁, 衣韶辉, 王忠良 . 绿色建筑与绿色施工研究 [M]. 延吉: 延边大学出版社, 2019.05.

[23] 胡文斌 . 教育绿色建筑及工业建筑节能 [M]. 昆明: 云南大学出版社, 2019.

[24] 杨绍红, 沈志翔 . 绿色建筑理念下的建筑工程设计与施工技术 [M]. 北京: 北京工业大学出版社, 2019.10.

[25] 王禹, 高明 . 新时期绿色建筑理念与其实践应用研究 [M]. 中国原子能出版社, 2019.03.

[26] 宋娟, 贺龙喜, 杨明柱 . 基于 BIM 技术的绿色建筑施工新方法研究 [M]. 长春: 吉林科学技术出版社, 2019.05.

[27] 章峰, 卢浩亮 . 基于绿色视角的建筑施工与成本管理 [M]. 北京: 北京工业大学出版社, 2019.10.

[28] 刘素芳, 蔡家伟 . 现代建筑设计中的绿色技术与人文内涵研究 [M]. 成都: 电子科技大学出版社, 2019.05.

[29] 董莉莉 . 绿色建筑设计与评价 [M]. 北京: 中国建筑工业出版社, 2019.10.

[30] 郭晋生 . 绿色建筑设计导论 [M]. 中国建筑工业出版社, 2019.09.

[31] 宋金灿 . 绿色建筑施工关键技术与应用研究 [M]. 西北农林科技大学出版社, 2019.05.

[32] 张甡 . 绿色建筑工程施工技术 [M]. 吉林科学技术出版社有限责任公司, 2020.04.

[33] 侯立君, 贺彬, 王静 . 建筑结构与绿色建筑节能设计研究 [M]. 中国原子能出版社, 2020.05.